主　编＼王让新
副主编＼龙小平

自然辩证法概论

Ziran Bianzhengfa Gailun

（第二版）

四川大学出版社

责任编辑：曾春宁
责任校对：蒋姗姗
封面设计：何东琳设计工作室
责任印制：李　平

图书在版编目(CIP)数据

自然辩证法概论 / 王让新主编. —2 版. —成都：四川大学出版社，2011.2
ISBN 978-7-5614-5200-4

Ⅰ. ①自…　Ⅱ. ①王…　Ⅲ. ①自然辩证法—概论　Ⅳ. ①N031

中国版本图书馆 CIP 数据核字（2011）第 023907 号

书名　**自然辩证法概论（第二版）**

主　编　王让新
出　版　四川大学出版社
地　址　成都市一环路南一段 24 号（610065）
发　行　四川大学出版社
书　号　ISBN 978-7-5614-5200-4
印　刷　四川盛图彩色印刷有限公司
成品尺寸　170 mm×230 mm
印　张　18.5
字　数　319 千字
版　次　2011 年 2 月第 2 版
印　次　2019 年 7 月第 5 次印刷
定　价　48.00 元

◆读者邮购本书，请与本社发行科联系。
电话：(028)85408408/(028)85401670/(028)85408023　邮政编码：610065
◆本社图书如有印装质量问题，请寄回出版社调换。
◆网址：http://press.scu.edu.cn

目　　录

第三篇　科学研究与科学发展篇

第四篇　技术进步与创新型国家篇

第五篇　科学技术与社会篇

一个民族想要站在科学的最高峰，就一刻也不能没有理论思维。正当自然过程的辩证性质以不可抗拒的力量迫使人们不得不承认它，因而只有辩证法能够帮助自然科学战胜理论困难的时候，人们却把辩证法和黑格尔派一起抛到大海里去了，因而又无可奈何地沉溺于旧的形而上学。①

——恩格斯

绪　论

自然辩证法是研究自然界和自然科学技术的本质及发展的一般规律、人类与自然及科学技术与社会辩证关系的哲学学说，是人类对认识自然和改造自然过程中的成果和活动进行科学总结的结果，是马克思主义理论的重要组成部分。它是辩证唯物主义自然观、自然科学技术方法论和自然科学技术观有机统一的科学理论体系，是随着科学技术的发展和应用不断丰富和发展的开放的理论体系。

一、自然辩证法的研究对象、性质和内容

（一）自然辩证法的研究对象

最初出现的自然辩证法一词是恩格斯在给自己的自然科学哲学著作部分手稿所写的一个归类标题，即 Dialectics of Nature。其本意是自然界的辩证法。20 世纪以来，自然辩证法理论得到迅速发展，逐步发展成为一门相对独立的学科（属哲学类二级学科，定名为“科学技术哲学”）。在当代意义上，自然辩证法中的“自然”已不再仅仅指自然界，而是自然界和自然科学（包括技术科学）的总称，其内容包括马克思主义的自然观、科学技术方法论、科学技术观等。其研究的对象主要包括四个方面：

首先，研究自然界的本质及其联系与发展的普遍规律。把自然界的本质及

① 恩格斯. 自然辩证法. 北京：人民出版社，1971：28—29

其联系与发展的普遍规律作为研究对象，体现了自然辩证法学科与自然科学技术和唯物辩证法的差异。自然辩证法依据自然科学技术研究的成果和自然科学技术史，研究、概括出普遍的规律和共同的本质，以揭示自然界发展的辩证法，从而形成、丰富和发展了辩证唯物主义的自然观。自然辩证法既不像自然科学技术那样研究各种自然事物的特殊本质和特殊规律，又不像唯物辩证法那样研究自然、社会和思维领域共同的本质及适用于此三大领域的最普遍的规律，它存在于各门自然科学技术所揭示的特殊的自然本质和特殊规律中。自然辩证法以自然界为研究对象，从总体上研究自然界运动变化的规律；以科学技术为研究对象，从哲学角度研究其整体性和规律，研究人们进行科学认识和技术发明的方法论以及科学技术与社会发展的关系。因此，自然辩证法的研究对象包括自然界的辩证法和科学技术的辩证法，涉及自然界、科学、技术和人类社会等一系列领域。

其次，研究自然科学技术的本质及其发展的普遍规律。所谓自然科学技术，即指自然科学和技术，包括基础科学、技术科学和工程技术以及农林、医等科技领域。努力发展自然科学技术是揭示和掌握自然事物的规律性，运用自然规律和进行技术创造，正确认识和处理人与自然的矛盾，实现人类与自然和谐共处、协调发展的需要。而促进自然科学技术的发展，就必须研究自然科学技术的本质、功能及其发展的普遍规律等。

第三，研究进行自然科学技术研究的一般方法。自然科学技术研究的一般方法是指人类通过自然科学技术实践活动去认识自然和改造自然的一般方法，主要是从辩证唯物主义认识论的角度探索一般方法的性质、建立的哲学基础、在科技创新中的特殊作用和各种方法之间的关系，以及运用一般方法应坚持的基本原则等，从而阐明自然科学技术研究方法的辩证法。

第四，研究和揭示人类与自然及科学技术与社会的辩证关系。通过科学技术发展研究和揭示人类与自然的互动关系及其内在机制，科学技术与社会的互动关系及其内在机制，研究科学技术和工程在人类与自然的关系、科学技术与社会的关系中扮演的角色和承担的责任，并以此为依据研究科学技术和工程人员的伦理道德与工作规范，从而丰富和发展自然辩证法的学科内容，拓展自然辩证法的发展空间。

自然辩证法研究对象的四个部分之间既有区别，又有密切联系。其区别主要在于：自然界的本质及其普遍规律体现为自然界的辩证法，即客观的辩证法，支配着整个自然界；自然科学技术研究的一般方法，是人类认识自然和改造自然多种方法的哲学概括，属于主观的辩证法，即自然科学技术方法论；自然科学技术的本质及其发展的普遍规律，体现自然科学技术发展的辩证法；人与自然、科学技术与社会的辩证关系是研究人与自然、科学技术与社会的互动中应该遵循的规则，体现了人与自然、科学技术与社会互动中的辩证法。这四个领域各有其特殊性，因此，它们之间是有区别的。

它们之间的联系在于：正确地认识和科学地解决人与自然的矛盾这一主线始终贯串于自然辩证法研究和应用的全过程。自然辩证法研究自然界的辩证法，研究人与自然的关系；研究自然科学技术探索中的一般方法，研究自然科学技术发展的普遍规律，研究人与自然互动中的规律，其最终目的都是为了探索自然的奥秘，繁荣自然科学技术，归根结底都是为科学地、更有效地解决人与自然的矛盾服务的。

（二）自然辩证法的学科性质

自然辩证法是辩证唯物主义自然观、自然科学技术方法论和自然科学技术观辩证统一的科学理论体系，是辩证唯物主义哲学的一个分支学科。它属于哲学，体现在自然辩证法的研究对象和基本内容中。

首先，从自然观上看，自然观是人们对自然界的总的看法，因而自然辩证法属于哲学。辩证唯物主义自然观认为，自然界的存在和发展有其本身固有的客观规律，人们对自然界本质与规律的研究过程中创造的各种范畴、对人与自然关系的认识及人类自然观的发展史等，都属哲学性质。

其次，从方法论上看，人们关于自然科学技术方法论的研究及其成果，属于哲学性质。科学研究方法是分层次的，哲学方法居于方法体系中的最高层次（概括的范围和抽象的程度最高），各门自然科学技术的具体研究方法属于特殊的研究方法；而自然科学技术研究的一般方法，即自然科学技术方法论属于方法体系中的中间层次，其研究既受辩证唯物主义哲学方法的指导，又对自然科学技术的特殊研究领域和特殊方法有着指导作用。

第三，从自然科学技术观上看，自然科学技术观运用辩证唯物主义哲学的世界观、方法论和原理对自然科学技术系统的性质及其发展规律进行分析和研究，在对自然科学技术的共同本质以及发展的普遍规律进行哲学总结的基础上形成理论体系，当属哲学范畴。

第四，从自然辩证法与辩证唯物主义哲学的关系上看，自然辩证法是以辩证唯物主义哲学为指导的学科。辩证唯物主义哲学以自然界、社会和人类思维的一般规律为研究对象，并对其中的普遍规律进行的高度科学抽象或概括，是概括层次最高的科学。而自然辩证法是以辩证唯物主义哲学为指导的学科，依据自然科学技术成果和科技史，研究自然界、自然科学技术发展的一般规律和科学技术研究的一般方法，属于辩证唯物主义的自然哲学范畴。自然辩证法与历史唯物主义和思维的辩证法（即辩证逻辑）相并列，同属辩证唯物主义哲学的分支学科。

第五，从自然辩证法与自然科学技术的关系上看，两者是一般和特殊的关系。自然科学技术以分门别类的自然物质、物体及其运动形式为研究对象，直接地揭示自然事物具体的性质、特殊的运动规律和创造新的技术发明方法及新物品。自然辩证法则通过对自然科学技术研究的成果和历史以及各门自然科学技术特殊的研究方法进行哲学概括，间接地揭示自然界和自然科学技术发展的普遍规律及一般的研究方法。普遍的规律和一般的研究方法存在于特殊的规律和特殊的方法之中，在各门自然科学技术的具体研究对象和具体的研究方法中，有着一些普遍的属性和共同的本质及规律，人们把这些普遍性的内容概括或抽取出来，并建立或形成一门学科，这就是自然辩证法。自然辩证法不是“自然科学概论”，自然辩证法研究不同于具体的自然科学技术研究工作。自然辩证法对自然科学技术研究工作提供辩证唯物主义自然观、自然科学技术观和自然科学技术方法论的指导。因此，两者不能互相代替。

（三）自然辩证法的逻辑体系

本书突出了人与自然界的关系这一中心线索，结合自然辩证法研究的最新成果，分为科学与人文篇、人类与自然篇、科学研究与科学发展篇、技术进步与创新型国家篇、科学技术与社会篇，展示自然辩证法全貌。

第一篇科学与人文篇，包括第一章和第二章。

第一章通过对科学、技术、工程进行科学解读，深刻揭示科学、技术与工程的涵义和特征以及科学、技术和工程的联系与区别及其发展趋势，帮助读者确立正确的科学技术工程观，为将来从事科学技术工程工作奠定良好的素质基础。

第二章通过剖析科学精神、人文精神的内涵、精髓和相互关系，揭示科学精神、人文精神的本质，以及两者的融合对人类社会发展特别是现代社会发展的重要性和人才培养的重要地位，有利于帮助读者综合素质的提高和健康成长。

第二篇人类与自然篇，包括第三章、第四章和第五章。

第三章通过分析人类自然观的演变和人与自然关系的发展，揭示了人类自然观演变的趋势和原因，以及人与自然关系发展的历史轨迹和客观规律。通过对本章内容的学习，有利于帮助读者从历史的角度理解人类自然观和人与自然的关系，强化读者对待自然的责任感。

第四章通过论述科学自然观确立和丰富发展的过程，比较全面地分析了马克思主义自然观的创立和基本内容，以及马克思主义自然观发展的最新理论成果——系统自然观、生态自然观。

第五章通过剖析转变社会经济发展方式的自然观依据和历史必然性，深刻揭示了实现人与自然和谐相处的发展理念的科学性及其在社会经济发展中的重要地位，在此基础上全面论述了可持续发展的思想、战略和实践。

第三篇科学研究与科学发展篇，包括第六章和第七章。

第六章介绍了科学研究的基本方法，论述了科学研究的过程，分析了逻辑思维与非逻辑思维，使读者能够了解科学研究的方法，培养自身的科研思维方式。

第七章通过对科学理论发展历史的回顾和梳理，分析了理论发展的基本模式及其创新意义，并对其进行了评价和检验，能够使读者了解科学理论的发展脉络和演进方向，有利于掌握科学理论创新的方法。

第四篇技术进步与创新型国家篇，包括第八章和第九章。

第八章介绍了技术方法，分析了技术方法的特点和种类，有利于读者能够更加深入地了解技术方法，从而更加有效地掌握之。

第九章论述了技术创新和建设创新型国家，介绍了技术创新的内涵与基本类型、技术创新活动的构成要素等，对我国当前所面临的现实问题进入了深入分析，阐述了我国在新世纪发展自主创新、建立创新型国家的主要任务，让读者了解到提高自身创意识、培养创新性思维的重要性和紧迫性。

第五篇科学技术与社会篇，包括第十章和第十一章。

第十章分析了科学技术的社会运行机制，论述了科学共同体及其所应该遵循的社会规范，阐述了科学技术社会运行的保障机制，明晰了学术自由和社会干涉之间的关系，以增强读者的社会责任感。

第十一章介绍了科学技术与社会的互动，论述了科学技术对人类社会的影响以及社会对科学技术的影响，分析了现代科学技术革命与经济增长方式之间的关系，并对如何加快科学技术发展、早日实现中国的现代化进行了研究，以利于读者明晰科学技术与社会两者的关系，从而增强自身的使命感。

从整体上看，本教材采用了基础－分论的逻辑结构，围绕人与自然界的关系这一中心线索，理论结合实际，阐释了自然辩证法的历史、发展、内涵及未来发展趋势。第一篇对自然辩证法的基本概念、含义、特征、基本内容、发展趋势及其相互关系等进行了介绍分析，论述了教材的目的，属于本教材的基础篇。第二篇介绍了自然观的发展历史及其最新成果，论述了进行社会经济发展方式转变的必然和依据。第三篇通过对科学研究方法和科学发展过程的论述，为读者提供方法论和培养创新思维方面的指导。第四篇通过对技术方法和技术创新机制的介绍，为我国当前的实施创新战略提供了思路。第五篇研究和揭示了人类与自然的互动关系及其内在机制、科学技术和工程在人类与自然的关系中扮演的角色和承担的责任、科学技术和工程人员的伦理道德与工作规范，丰富和发展了自然辩证法的学科内容，拓展了自然辩证法的发展空间。第二、三、四、五篇是分论部分，属于自然辩证法的重要内容。

二、自然辩证法的创立和发展

（一）马克思恩格斯之前的自然辩证法思想

1841 年，马克思写出第一篇有关辩证自然观论文之前，自然辩证法主要包含在自然哲学的自然观、方法论以及科学技术思想的演进之中，其中主要包括古代自然哲学、近代自然哲学及德国自然哲学。

1. 古代自然哲学

古代自然哲学是古代人对自然界的看法和观点。在生产力低下的原始社会，万物有灵的原始宗教迷信思想中就有着朴素唯物主义自然观的萌芽。在奴隶社会，人类达到对自然界自发的唯物主义和朴素的辩证法的理解，形成了古代朴素的自然观和方法论。古代人们主要是从直觉出发，依靠观察和思辨，对自然界做出总体的考察和说明，所回答的是“万物的本原是什么”、“万物是怎样生成和变化的”之类关于宇宙的根本问题。那时，自然科学研究和哲学探索融为一体，科学家通常也是哲学家，尝试着以自然哲学形式对自然界做出合理阐释。古代西方，古希腊自然哲学家泰勒斯认为，“水”为万物本源，自然界源之于水，又复归于水。阿那克西美尼认为，“气”的密度不同构成了事物的差异性和多样性。赫拉克利特用“活火”说明物质的统一性及变化规律。恩培多克勒提出“四元素”说，认为万物是由火、气、水、土四种元素构成。留基伯和德谟克里特提出原子论，认为万物本原是原子。亚里士多德综合概括和系统总结了古希腊自然哲学的主要成就，揭示了自然界的紧密联系与不断转化。

古代东方，古代中国也有一些自然哲学思想，如“五行”说、“阴阳”说、“八卦”说及“元气”说等。“五行”说认为水、火、木、金、土是世界的本原；“阴阳”说用“阴”“阳”对立说明宇宙万物的消长和变化；“八卦”说认为构成自然界万物的基本物质主要有八种自然事物，即天（乾）、地（坤）、雷（震）、风（巽）、水（坎）、火（离）、山（艮）、泽（兑），天地为父母，从而产生雷、风、水、火、山、泽六个子女。“元气”说认为“天地合气，万物自生”，元气是构成宇宙万物的基础。

古代朴素自然观实现了唯物论与辩证法的自发结合。尽管对自然界本原的回答各异，但都试图从自然界本身说明自然现象，并将其看成是运动、变化和发展的，朴素的唯物主义和朴素的辩证法自发地结合起来。但这种自然观具有直观性、思辨性、猜测性等历史局限性，这是由于古代没有系统的科学实验作为基础，只能通过简单的经验观察，经思维推理和概括得来的缘故。这种局限性造成古代自然观虽然在总体上勾画出一个本质上正确的自然界的总画面，但在细节方面缺乏科学依据，呈现出笼统、模糊、粗糙的特征。古代自然观首先受到宗教神学自然观的冲击，后被形而上学的唯物主义自然观所代替。

古代社会在科学研究方面产生了观察方法和较为原始的实验方法，并且形成了以演绎为主的逻辑方法体系，古代哲学家也提出了一些重要的方法论思想，以亚里士多德的逻辑方法最为突出，但这些方法也带有与自然观相同的历史局限性。

2. 近代自然哲学

15 世纪下半叶到 18 世纪，欧洲社会的大变革带来自然科学发展的历史性转折，以牛顿力学为基础的科学体系得以建立，同时，形成了形而上学唯物主义的自然观和科学技术的方法论，以及具有唯物主义倾向的科学技术观。

15 世纪末 16 世纪初，欧洲各国在各方面都获得飞速发展。城市商业经济的发展，促进了自然科学的产生和发展。1543 年，哥白尼的《天体运行论》出版，标志着自然科学开始摆脱神学的束缚，逐步走上独立发展的道路。同时，科学方法也出现变革，近代科学把对自然界的认识建立在观察和实验基础上，将实验方法与数学方法结合起来。

实验科学是近代自然科学的基本形态，其奠基人与主要代表人物为伽利略。伽利略在天文学、力学、物理学、数学等方面都有很深造诣，尤其是他发现了自由落体定律、惯性原理和抛物体运动规律，奠定了动力学的基础。开普勒利用观察资料和数学推导的方法，发现了行星运动的三条定律，解决了天体运动学方面的问题。牛顿总结出力学运动的三大规律，推导并且论证了万有引力定律，其科学巨著《自然哲学的数学原理》于 1687 年发表，确立了经典力学的基本理论体系，将“天上”和“地上”两个力学世界统一起来，揭示了自然界宏观低速运动的一般规律，具有划时代的科学意义。

在自然科学发展的同时，自然哲学的发展也进入了近代阶段。以培根为代表的以实验科学为基础的哲学将传统哲学作为目标，认为亚里士多德的认识方法只重思辨而忽视了经验，只重演绎而轻视了归纳，主张将哲学和实验科学相结合，从而创立了唯物主义的自然观、经验论的认识论和归纳法的方法论。在《新工具》一书中，培根提出科学方法包括两个方面，一是科学研究应该扫除偏见；二是科学研究应采用实验归纳法，即获取知识靠观察和实验，整理经验材料、发展知识靠归纳。培根还依据经验和理性相结合的原则，发展了由个别、特殊推导出一般概念、公理的“新归纳法”。培根的实验归纳法给科学提供了一个概括经验事实、正确形成概念和发展规律的有力手段；但他片面地强调归纳法，而忽视了演绎法，没有认识到归纳和演绎相互补充的辩证关系，从而对形而上学的思想方法的形成产生深刻影响。

从培根到18世纪法国唯物主义，唯物主义哲学取得很大发展，在自然观上形成了一个完整的思想体系。近代自然观具有坚实的科学基础，对自然界细节的认识和对材料的整理上都要高出古代；但近代自然观是带有形而上学和机械论特征的唯物主义自然观，在对自然界整体的看法上低于古代。究其原因，是由于当时自然科学的发展研究方法的特点所决定的。17到18世纪，尽管自然科学在研究宏观物体的力学上取得较大发展，但所能够搜集到的资料尚不足以说明各种自然现象之间的联系、发展和变化。人们往往用力学尺度去衡量一切，用力学原理去解释一切，将力学定律普遍化、绝对化，将一切运动都归结为机械运动，将一切运动的原因归结为力，将自然界视为一个大机器，其中的一切事物都是机器，包括植物、动物甚至人。这一时期，基于观察和实验的分析方法，在认识自然界、自然现象和自然过程中，往往将自然界分割为各个自然领域加以分门别类的研究，将某一自然现象解剖为细微部分，将某一自然过程分成若干阶段，进行静止、孤立地研究。这种研究方法“把自然界的事物和过程孤立起来，撇开广泛的总的联系去进行考察，因此就不是把它们看作运动的东西，而是看作静止的东西，不是看作本质上变化着的东西，而是看作永恒不变的东西；不是看作活的东西，而是看作死的东西。”①

形而上学唯物主义自然观是以唯物主义与辩证法相分离为特征的，其形成有其历史的必然性。这一自然观本质上是不科学的，常常导致唯心主义和神秘主义。与此相应的是，近代唯物主义科学观也存在类似问题。资产阶级出于发展资本主义生产的需要，使他们与奴隶主、地主阶级鄙视科学技术的腐朽观念相抗争，十分关心科学研究，重视发展科学技术。培根认为，科学技术是改造世界的雄伟力量，提出“知识就是力量，力量就是知识”的口号，提出科学的合理目标就是给人类生活提供新的发现和力量，并在其《论科学的价值和进

---

① 马克思恩格斯选集（第3卷）. 北京：人民出版社，1972：60－61

展》中研究了科学的对象和分类。培根还研究了科学和技术的关系，认为二者是相辅相成的，学者与工匠应当结合，实现“经验和理性职能的真正的合法的婚配”。尽管这些科学技术观都是进步的，但由于唯物主义的不彻底性，给唯心主义留下渗透的空隙。牛顿时代，近代自然科学又与神学相妥协，把神学引入了科学。

3. 德国自然哲学

18 世纪工业革命推动了科学技术的发展，工业革命对科学技术的革命提出更多需要，也提供了新的研究课题和先进的技术，使科学研究在研究方法上也发生了根本转变。19 世纪，自然科学研究从分门别类地研究既成事物、以搜集材料为主的阶段，进入到研究事物发展的过程和事物间的联系、系统整理材料的阶段，突破形而上学局限的要求被提上了日程，因而在德国古典哲学中首先出现了辩证的自然观。

康德、黑格尔等人在继承古代朴素辩证法，概括经验自然科学成果的基础上，批判了形而上学自然观，将辩证法发展到一个新阶段。康德著名的星云假说和潮汐摩擦延缓地球自转假说，第一次论证了天体起源和演化的辩证过程。

黑格尔提出了唯心辩证法的自然观。他认为，自然界是绝对理念的外化，自然界的一切应该用精神的内在活动加以解释，从而第一次将整个自然界描述成一个不断运动、变化、发展的过程，并揭示了这种运动、变化和发展的内在联系，也第一次系统论述了辩证法的一般规律和基本内容。但由于科学认识成果的不足，使黑格尔只能在概念的辩证法中猜测到事物的辩证法，这一辩证法被深深束缚于唯心主义体系之中。

费尔巴哈恢复了唯物主义的权威，将自然界和人作为哲学的出发点，但在批判黑格尔的唯心主义体系的同时，将其合理的辩证法也全盘否定了。马克思和恩格斯批判吸取了黑格尔唯心主义辩证法的合理内核，完成了哲学史上由形而上学到唯物辩证法的伟大革命，在建立和完善辩证唯物主义哲学体系的过程中创立了自然辩证法。

（二）自然辩证法的创立

19 世纪自然科学和哲学都取得重大发展，为马克思主义创始人研究和阐述自然界和自然科学的辩证法提供了重要基础，推动了自然辩证法的产生。

18 世纪下半叶开始的资本主义工业革命是在自然科学发展基础上产生的，同时也为自然科学的发展提供了新的事实材料和实验手段，推动了近代自然科学在 19 世纪由经验领域进入理论领域，取得一系列理论成果，特别是天文学领域的康德-拉普拉斯星云假说，地质学领域的赖尔的渐变论，物理学领域的能量守恒与转化定律和电磁理论，化学领域的原子论和元素周期律，生物学领域的细胞学说和进化论，打开了形而上学自然观的缺口，揭示出自然界普遍联系和变化发展的客观辩证法。同时，黑格尔从其唯心主义的观点出发，提出了辩证法的规律和范畴，批判了自然科学研究中的形而上学思维方法和经验主义倾向。

在自然科学和哲学发展的基础上，马克思和恩格斯共同提出了关于自然界和自然科学的辩证法思想，其研究和创立主要是由恩格斯完成，因为马克思的主要精力在于研究资本主义经济运动规律。

1858 年 7 月 14 日，恩格斯在给马克思的信中指出，他在研究生理学和比较解剖学中，发现了 19 世纪 30 年代以来自然科学所取得的成就显示出自然界的辩证性质，并提到了细胞理论的建立、能量转化的发现、胚胎发育显示的生物进化等科学研究最新成果。此信被认为是记载自然辩证法思想的第一个历史文献。[①]

1873 年 5 月 30 日，恩格斯在致马克思的信中第一次提出了研究自然辩证法的纲要："今天早晨躺在床上，我脑子里出现了下面这些关于自然科学的辩证思想。""自然科学的对象是运动着的物质，物体。物体和运动是不可分的，在各种物体的运动中观察物体，才能认识物体。对运动的各种形式的认识，就是对物体的认识。"[②] 基于此信，恩格斯撰写了《自然辩证法》的第一篇札记《自然科学的辩证法》。

从 1873 年 5 月到 1876 年 5 月，恩格斯全力投入探索自然辩证法的工作中，写了 94 篇札记，包括 1875—1876 年间写成的《自然辩证法》全书的精髓——《导言》。该文生动总结了近代科学的成长和发展，特别是自然观的变化和发展，深刻揭示了自然界的辩证本性，正确指出"自然界不是存在着，而是生成着并消逝着"[③]。

恩格斯对《自然辩证法》的写作经历了两次中断。第一次是 1876 年 5 月，应德国社会民主党领袖李卜克内西的请求，恩格斯不得不暂时放下自然辩证法的研究而去"啃"杜林哲学"这枚酸果"，写作《反杜林论》。1878 年 8 月，在完成对杜林哲学的批判之后，恩格斯又继续进行自然辩证法的研究，写出了许多论文和 70 多篇札记。1883 年 3 月 14 日，马克思去世，恩格斯不得不再

---

① 许良英．恩格斯《自然辩证法》的准备、写作和出版的过程．北京：人民出版社，1984：361
② 恩格斯著；于光远，等译．自然辩证法．北京：人民出版社，1984：329
③ 恩格斯著；于光远，等译．自然辩证法．北京：人民出版社，1984：12

次中断自然辩证法的研究而去整理出版《资本论》。直到 1895 年 8 月 5 日恩格斯逝世，他都没有能够重新回到自然辩证法的研究中来。

恩格斯的《自然辩证法》是一部没有完成的著作，是恩格斯的 181 篇论文、札记和片断组成的手稿。在《自然辩证法》中，恩格斯通过对 19 世纪自然科学和哲学的考察，阐明了两者的关系，尤其是唯物辩证法与 19 世纪自然科学的关系；运用丰富的自然科学材料，论述了唯物辩证法的基本规律和重要范畴，阐明了认识自然的科学方法论；通过分析物质运动形式和科学分类，阐明了物质运动及其形式的基本原理和科学分类的基本原则，确立了自然科学辩证法的基本内容；运用唯物辩证法分析了各门自然科学中的辩证内容，论证了辩证法是自然科学唯一正确的思维形式；阐明了自然界向人类社会的过渡，把辩证唯物主义的自然观和历史观有机结合起来。恩格斯还根据唯物辩证法，对自然科学未来的发展提出了许多科学预见，如关于原子可分、生命本质、各门学科的交叉点上必然产生新的边缘学科等，都得到了科学发展事实的佐证。尽管恩格斯未能最终正式完成《自然辩证法》的著作，但是自然辩证法作为马克思主义理论体系中的一个重要组成部分，已经被实际地建立起来了。我国学者刘猷桓教授高度评价《自然辩证法》是“创立辩证自然观与辩证科学观的开创性和奠基性著作”①。

1925 年，《自然辩证法》手稿由苏联俄共马克思主义研究院收集整理出来，以德文原文和俄文译文对照的形式第一次正式出版。目前出版的《自然辩证法》是基于恩格斯遗留下的 4 束材料，共包括 10 篇论文，169 段札记，2 个计划草案共有 181 部分，涵盖了辩证法、数学、力学、天文学、物理学、化学、生物学、社会科学等各方面的内容。《自然辩证法》的日文版、英文版分别于 1929 年、1939 年相继问世，自然界和自然科学的辩证发展思想在世界范围内随之传播开来。

（三）自然辩证法的发展

1. 列宁对自然辩证法的发展

20 世纪初，物理学的三大发现，即 X 射线、电子和放射线，揭开了自然科学革命的序幕，其提出的一系列新问题，诸如“物质消失了”、“没有物质的运动”、“运动与物质相分离”等，促进了探索自然科学的哲学问题的再度兴起。列宁于 1908 年写出了《唯物主义和经验批判主义》以及其他一些哲学著作，对这些问题进行了深入分析和批驳，丰富和发展了自然辩证法。

---

① 刘猷桓．走进恩格斯——《自然辩证法》探索．长春：吉林大学出版社，2005：32

在自然观上，列宁考察了以X射线、电子和放射线三大发现为契机的现代物理学革命，认为由三大发现而引起的哲学思想的混乱主要原因是不懂得辩证法，特别是不懂得自然科学认识发展的辩证法。“新物理学陷入唯心主义，主要就是因为物理学家不懂得辩证法。”[①] 列宁批判了马赫主义“物质消失了”的错误观点，指出电子的发现并非“物质的消失”，只是旧物理学关于物质结构的界限和关于物质结构的形而上学观点“正在消失”，那些以前被认为是绝对、不变、原本的物质特性，即不可入性、惯性、质量等正在消失，而显现出相对的特性。物理学的三大发现再次表明：“日益发展的人类科学在认识自然界上的这一切里程碑都具有暂时的、相对的、近似的性质。电子和原子一样，也是不可穷尽的；自然是无限的，而且它无限地存在着。”[②] 列宁对物质的概念进行定义，认为“物质是标志客观实在的哲学范畴，这种客观实在是人通过感觉感知的，它不依赖于我们的感觉而存在，为我们的感觉所复写、摄影、反映”[③]。列宁还批驳了马赫主义的主观时空论，捍卫和发展了辩证唯物主义时空观。“世界上除了运动着的物质，什么也没有，而运动着的物质只能在空间和时间中运动。人类的时空观是相对的，但绝对真理是由这些相对的观念构成的；这些相对的观念在发展中走向绝对真理，接近绝对真理。”“人类的时空观念的可变性也没有推翻空间和时间的客观实在性。”[④]

在科学观上，列宁强调了人类认识中感性经验背后的客观实在，同时又指出了人类认识在特定历史阶段的相对性、绝对性和客观性。“在认识论上和科学的其他一切领域中一样，我们应该辩证地思考，也就是说，不要以为我们的认识是一成不变的，而要去分析怎样从不知到知，怎样从不完全的不确切的知到比较完全比较确切的知。”[⑤] 列宁指出，现代物理学正在走“从形而上学的唯物主义提高到辩证唯物主义”，唯物辩证法是自然科学的“唯一正确的方法和唯一正确的哲学”。1914年，列宁在《哲学笔记》中强调，辩证法内容必须由科学史检验其正确性，“要继承黑格尔的事业，就应当辩证地研究人类思想、科学和技术的历史”[⑥]。1922年，列宁在《论战斗唯物主义的意义》一文中，要求战斗唯物主义者要同自然科学家结成联盟，用唯物辩证法研究哲学问题。

---

① 列宁．唯物主义和经验批判主义．北京：人民出版社，1960：262
② 列宁全集（第18卷）．北京：人民出版社．1988：275
③ 列宁选集（第2卷）．北京：人民出版社．1995：89
④ 列宁全集（第18卷）．北京：人民出版社，1988：180
⑤ 列宁全集（第18卷）．北京：人民出版社，1988：101
⑥ 列宁全集（第18卷）．北京：人民出版社，1988：122

列宁还指出："自然科学的唯物主义要成为人类伟大解放斗争中的真正战无不胜的武器，必须扩展为历史唯物主义。"① 人们不能仅仅停留在自发的自然科学唯物主义上，还应该自觉地掌握与坚持辩证唯物主义和历史唯物主义。

2. 自然辩证法在中国的发展

1932 年 8 月，上海神州国光社出版了《自然辩证法》的第一个中译本，自然辩证法逐渐在中国传播开来，成为中国人民寻求独立和解放的革命运动的一个组成部分，成为知识分子理解和掌握马克思主义的重要途径。

(1) 毛泽东时期自然辩证法的发展

毛泽东十分关心和重视自然辩证法的研究。1937 年 7—8 月，毛泽东为延安抗大干部讲授哲学时撰写了《辩证唯物论讲授提纲》；1938 年，延安成立新哲学研究会，《自然辩证法》成为详读著作；同年，由高士奇发起成立了隶属于边区国防科学社的自然辩证法座谈会；1939 年，在延安自然科学研究院的科学讨论会上，怎样把唯物辩证法运用到自然科学中成为讨论的问题之一。1940 年，在陕甘宁边区自然科学研究会成立大会上，毛泽东指出："自然科学是人们争取自由的一种武装。……人们为着要在自然界里得到自由，就要用自然科学来了解自然、克服自然和改造自然，从自然里得到自由。""大家要来研究自然科学，否则世界上就有许多不懂的东西，那就不算一个最好的革命者。"② 经毛泽东提议，1944 年在延安大学开设大课，传授内容包括自然发展史、社会发展史和当前现实理论问题三个基本部分，成为大学开设自然发展史——自然辩证法课程的开端。

新中国成立后，毛泽东对自然辩证法的研究提出了一些深刻的意见。他强调，自然界无论是微观方面还是宏观方面，都是无限的，自然科学的发展也是如此。这一基本观点通过辩证法的自然发展史和自然科学史得以充分证明。1955 年，在我国的原子能科学事业会议上，毛泽东指出：质子中子应该还是可分的。"原子里头分为原子核与电子，它们是对立的统一。原子核里头又分为质子和中子，它们也是对立面的统一。一分为二是普遍的现象。质子、中子、电子仍然是可分的。"③ 为此，诺贝尔奖获得者、美国哈佛大学教授格拉肖于 1977 年在夏威夷召开的第七届国际粒子物理学讨论会上建议，把比夸克和轻子更为基本的东西称为"毛粒子"，即"毛泽东粒子"，"有好多次，科学

① 列宁全集（第 18 卷）．北京：人民出版社，1988：373
② 毛泽东文集（第 2 卷）．北京：人民出版社，1993：269—270
③ 何祚庥．毛泽东与"粒子物理学研究"．中国科学报，1994—2—4

家都相信他们已经找到了自然界的最基本的部分，但却又发现还有更简单的结构……今天，所剩下的真正的基本粒子的候选者只有夸克和5种不同的轻子，或许将来还会发现更多……夸克和轻子是否都有共同的更基本的组成部分呢？许多中国物理学家一直是维护这种观念的。我提议把构成物质的所有这些假设的组成部分命名为‘毛粒子’，以纪念已故的毛主席，因为他一贯主张自然界有更深的统一。”① 毛泽东还指出，自由是对必然的认识和对客观世界的改造；并论述了真理发展的辩证法，提出“百家争鸣”是发展科学的必由之路，等等。其哲学著作《矛盾论》和《实践论》，对学习马克思主义认识论和辩证法、开展自然辩证法研究起到了重要作用。毛泽东还直接关心自然辩证法研究工作。1960年8月，在中国科学院哲学研究所于哈尔滨召开的全国第一次大型自然辩证法学术会议上，哈尔滨工业大学提交的《从设计“积木式”机床试论机床内部矛盾运动的规律》论文，受到了毛泽东的高度重视并向全党全国推介。

毛泽东时期，中国许多自然科学和哲学工作者对现代自然科学的新发展提出的种种哲学问题进行了研究和探索。1956年2月，在周恩来总理主持下，国务院领导制订了《全国自然科学和社会科学十二年（1956－1967）发展远景规划》，自然辩证法是“科学发展远景规划”的一个重要组成部分，形成了《自然辩证法〈数学和自然科学中的哲学问题〉十二年（1956－1967）研究规划草案》。该规划草案指出，自然辩证法是介于哲学和自然科学之间的一门学科。规划草案还对自然辩证法研究的内容进行了规定。根据这个规划草案，新中国第一个自然辩证法的专业研究机构——中国科学院哲学研究所自然辩证法研究组于1956年成立，创办了第一个自然辩证法的专业学术期刊——《自然辩证法研究通信》。

（2）改革开放时期自然辩证法的发展

十年动乱结束后，尤其是进入改革开放的新时期，中国的自然辩证法研究进入了一个新的历史时期。作为全国科学技术规划会议一部分的全国自然辩证法规划会议于1977年12月到1978年1月在北京召开。会议强调了大力开展学习和研究自然辩证法的意义与作用，制定了《1978－1985年自然辩证法发展规划纲要草案》。会议期间，于光远、周培源、李昌、钱三强等发起成立了中国自然辩证法研究会，1978年1月16日获得中央领导的批准。1981年10月，中国自然辩证法研究会成立大会暨首届学术年会正式召开。

---

① 何祚庥．毛泽东与“粒子物理学研究”．中国科学报，1994－2－4

自然辩证法研究与教学与中国的改革开放伟大事业相伴而行，成为高等学校理工农医管硕士研究生必修的一门马克思主义理论课，自然辩证法在新的历史时期被赋予了新的历史使命。包括硕士研究生的《自然辩证法概论》和博士研究生的《现代科技革命与马克思主义》两门必修课在内的自然辩证法教学体系已日渐成熟。教育部共组织编写了三次自然辩证法的教材，其中第一个版本是由孙小礼主持编写的《自然辩证法讲义（初稿）》[①]，于 1979 年出版；第二个版本是由吴延涪等人主持编写的《自然辩证法概论》（修订版）[②]，于 1991 年出版；第三个版本是由黄顺基担任主编的《自然辩证法概论》[③]，于 2004 年出版。这三个版本的统编教材在基本框架和实质内容上是一脉相承的，弘扬科学精神、树立科学观念、提倡科学方法、抵制封建迷信和伪科学、贯彻落实科技是第一生产力、走可持续发展之路等，都遵循着自然辩证法教学与研究的主线。

自然辩证法专业的研究生从 1978 年起开始招收，1981 年实施《中华人民共和国学位条例》以来，一大批自然辩证法（科学技术哲学）硕士、博士学位授予单位获得批准。面对改革开放和现代科学技术革命的新情况、新问题，为了便于开展国际交流，1987 年初，国务院学位委员会评议通过了将该专业名称修改为科学技术哲学（自然辩证法）。

（3）新世纪自然辩证法的发展与创新

新世纪，随着现代自然科学技术的发展，网络与信息成为社会发展不可或缺的组成部分，出现了科学技术社会化，科学、技术、产业、经济、社会一体化的新趋势，自然辩证法在其研究对象和内容上也都有了很大变化。上世纪 90 年代，于光远提出自然辩证法是一个“科学群或科学部门体系”，“狭义的自然辩证法”是“作为对自然界的一般规律和自然科学方法论的科学论述”，“同历史唯物论处于并列的地位，也是辩证唯物主义的应用和证明”；而作为“科学群或科学部门”的自然辩证法“是具有马克思主义的特色或色彩的诸科学部门的总称”，带有哲理性质，“其中包括许多不属于哲学的科学部门”[④]。龚育之在关于我国自然辩证法研究“特色”的概括中也指出：自然辩证法不仅研究“天然的自然”，而且研究“人工的自然”，从而促进哲学、自然科学、技

---

① 《自然辩证法讲义》编写组．自然辩证法讲义（初稿）．北京：人民教育出版社，1979

② 国家教委社会科学研究与艺术教育司．自然辩证法概论（修订版）．北京：高等教育出版社，1991

③ 教育部社会科学研究与思想政治教育司．自然辩证法概论．北京：高等教育出版社，2004

④ 于光远．一个哲学学派正在中国兴起．南昌：江西科学技术出版社，1996：555—557

术科学和社会科学等部门的广泛交叉与结合。作为一门交叉学科，自然辩证法涉及哲学、史学、社会学、政治学、文化学乃至传播学等。因此，继1981年中国科学院主办的《自然辩证法通讯》杂志增加了“关于自然科学的哲学、历史和社会学的综合性、理论性杂志”的副标题之后，2004年又进一步将副标题修改为“关于自然、科学、技术的跨学科研究和多维度透视的综合性学术刊物”，表现了对自然辩证法学科建设的新探索和新认识。除此之外，中国自然辩证法研究会主办的《自然辩证法研究》杂志副标题为“自然哲学、科学哲学、技术哲学、工程哲学、科技与社会”，山西大学主办的《科学技术与辩证法》杂志副标题为“科学技术哲学、科学技术史学、科学技术与社会”。这些都表明自然辩证法学科群的拓展，其不再仅仅局限于科学技术哲学，包括科学方法论、科学技术史、科学技术社会学、科技管理等基础理论研究都应属于这一群体。

新世纪，自然辩证法的名称又一次被修改。上世纪80年代，“自然辩证法”学科名称调整为“科学技术哲学”，使得自然辩证法学科性质和地位得到确定，在与国际接轨的过程中获得新发展。进入新世纪，自然辩证法学科创新的呼声日渐高涨，有学者认为应该把自然辩证法更名为“科学技术学”(Science and Technology Studies)，并且由哲学的二级学科上升为一级学科，认为“这是历史的启示，学理的引导，也是现实的需要”[①]。他们把“科学技术学”定义为：“以研究科学技术为主要对象，从总体上研究其存在与发展规律，并以协调人与自然的关系，促进科学技术和社会可持续发展为主要目的的具有交叉、综合性质的学科”[②]。从严格的意义上说，科学技术学是介于自然科学类和管理科学类、人文及社会科学类之间相对独立的交叉、综合科学类，是集这些学科的特点及性质于一体的学科群，是一门相对独立的一级学科，而不是任何学科的二级学科。正如恩格斯所言：“随着自然科学领域里的每一个划时代的发现，唯物主义必然要改变自己的形式。”[③] 中国的自然辩证法事业与中国特色社会主义的建设相伴而行，随着科学技术的重大发展和进步，不断地与时俱进，不断地创新内容和改变着形式。

---

① 曾国屏．论走向科学技术学．科学学研究，2003 (1)：6

② 张明国．从“科学技术哲学”到“科学技术学”——实现自然辩证法学科建设的第二次调整．科学技术与辩证法，2003 (1)：11

③ 马克思恩格斯全集（第21卷）．北京：人民出版社，1965：320

三、学习和研究自然辩证法的意义与方法

自然辩证法从它的对象、内容和历史来看，它是马克思主义关于科学技术发展及其引发的人与自然、社会关系的概括和总结。自然辩证法是促进科学技术进步，实现人与自然全面协调可持续发展的思想武器。学习自然辩证法是提高科学技术工作者，尤其是理工农医学科在校研究生基本素养和能力的需要。

（一）学习和研究自然辩证法的意义

1. 自然辩证法是指导当前中国社会发展的重要思想武器

（1）学习和研究自然辩证法是全面建设小康社会与和谐社会的需要

当前，我国进入全面建设小康社会、构建社会主义和谐社会的历史阶段。和谐社会以民主法治、公平正义、诚信友爱、充满活力、安定有序、人与自然和谐相处为基本特征。人与自然和谐相处是自然辩证法的重要内容。“自然界是不依赖任何哲学而存在的，它是我们人类即自然界的产物本身赖以生长的基础，在自然界和人以外不存在任何东西。”[①] 人和人类社会是自然界经过长期发展的产物。人类赖以生存的地球是一个动态的自组织系统，其构成因素包括生物生产者（绿色植物及具有自养能力的低等菌类）、生物消费者（动物）、生物分解者（微生物）和无机环境（空气、水、矿物质、土壤、阳光等）。这一生物链条在太阳和宇宙物质环境作用下保持着动态平衡，人是这一链条上的一个要素。“自然界中死的物体的相互作用包含着和谐和冲突，活的物体的相互作用则既包含有意识的和无意识的合作，也包含有意识和无意识的斗争。因此，在自然界中决不允许单单标榜片面的‘斗争’。”[②] 人在自然界中生存与发展，说明人与自然界原来是和谐的。人们改造自然、创造人工自然的目的是为自身创造更加美好的生存环境。然而，自然界常常出现人类无法控制的现象，出现种种灾难。这些灾难一方面是自然界自发地、按照自身固有规律运动发展而对人类产生的影响，另一方面是人类按照自己的意愿干扰自然界而造成的灾难性后果。人类要解决人工自然招致的问题，不是要消极维持自然平衡而“回到自然中去”，而是要用系统的、联系的观点看待人工自然在整个自然界的关系。“我们必须时时记住：我们统治自然界，决不像征服者统治异民族一样，决不像站在自然界以外的人一样，——相反地，我们连同我们的肉、血和头脑都是属于自然界，存在于自然界的；我们对自然界的整个统治，是在于我们比

① 马克思恩格斯选集（第 4 卷）. 北京：人民出版社，1972：218
② 马克思恩格斯选集（第 3 卷）. 北京：人民出版社，1972：572

其他一切动物强，能够认识和正确运用自然规律。”[①] 人与自然的关系是：人既不能做自然的奴隶，自然也不应该成为人的奴隶，人与自然应该协调发展。这是我们当前所提倡的建设小康社会与和谐社会的重要内容之一，而自然辩证法则是指导人与自然和谐共处的重要思想武器。

（2）学习和研究自然辩证法是建设资源节约型、环境友好型社会的需要

党的十七大把坚持节约资源和保护环境作为关系人民群众切身利益和中华民族生存发展的基本国策，提出建设资源节约型和环境友好型社会。所谓资源节约型，是指在生产、流通、消费等环节，通过采取经济、法律、行政等措施，提高资源的利用效率，在追求更高生活质量的前提下，以最少的资源消耗获得最大的经济、社会和生态效益，实现社会的可持续发展。所谓环境友好型，是指采取行政、经济、科学技术、宣传教育以及法律等多种措施，保护和改善人们的生活环境与自然生态环境，合理利用自然资源，防治污染及其他公害，使之更适合于人类的生存和发展，使人与自然友好相处。建设这“两型”社会，要求人类的活动要遵循自然规律，合理地开发和利用自然资源，自觉地保护自然环境，走可持续发展之路。自然辩证法以全新的自然观为思想基础，内在地蕴涵着一种新的科学发展观。它既要求科学、技术、经济与社会之间横向的协调发展，又要求当代人与其子孙后代之间纵向的可持续发展。这一发展思路既不是浪漫主义对工业文明义愤填膺的谴责和声讨，也不是形而上学家别出心裁地对所谓“生态文明”的片面强调，而是两种思想的辩证结合，从而为当代社会的健康发展提供了一条新的发展思路。

（3）学习和研究自然辩证法是提高自主创新能力，建设创新型国家的需要

提高自主创新能力，建设创新型国家是我国发展战略的核心和提高综合国力的关键。所谓自主创新，就是从增强国家的创新能力入手，加强原始创新、集成创新和消化吸收再创新。自主创新能力是国家竞争力的核心，提高自主创新能力是实现建设创新型国家的根本途径。提高自主创新能力是我国应对未来挑战的重大选择，也是统领我国未来科技发展的战略主线。自然辩证法的全部内容贯串一条中心线，即创造性。学习和研究自然辩证法能够提高人们勇于创新的心理素质和增强创新能力。学习自然辩证法可以培育人们的求异、求实、求是和求胜心理，可以从自然观、科技方法论和科技观三个方面提高研究者的科技创新意识，帮助研究者树立勇攀高峰的理想和信心，也可以使研究者扩大视野、开阔思路、活跃思想、扩大知识面、改善知识结构等。这些无疑是提高

① 马克思恩格斯选集（第3卷）. 北京：人民出版社，1972：518

自主创新能力、建设创新型国家的必然要求。

2. 自然辩证法对推动经济建设具有重要意义

首先，自然辩证法能够为经济建设提供理论和思维方式上的指导。新中国成立以来，我们在探索社会、经济发展道路中犯了一些错误，出了一些问题，主要在诸如人与自然关系、科学技术与社会的关系等总体或战略上违背了辩证法。一个国家的经济建设的过程也是人们认识自然和改造自然的过程，人们只有遵循自然界、自然科学技术、经济和社会发展的客观规律，才能在同自然界作斗争中取得胜利，获得自由。自然辩证法就是研究自然界、自然科学技术发展的普遍规律以及自然科技方法论的科学，能够为经济建设提供一种科学理论和思维方式上的指导。

其次，自然辩证法能为现代自然科学技术和现代化管理提供理论指导。当今世界，科学技术已经成为第一生产力，成为推动人类社会发展和进步的决定性的革命力量。在不断推动物质文明建设的今天，现代自然科学技术和现代化科学管理已经成为提高经济效益的决定性因素，在根本上决定我国现代化建设的进程。自然辩证法为现代自然科学技术和现代化管理（包括科技管理）提供了理论基础、科学思维方法以及科技方法论上的指导，促进了知识形态的自然科学技术向物质生产力转化，加快了科技成果运用于生产建设的速度，有力地推动着物质文明建设的发展。

3. 学习自然辩证法能够提高科研工作者的素质和能力

首先，自然辩证法为科研工作者提供了丰富的辩证内容和思想范畴。自然辩证法能够不断总结和概括数学及各门自然科学的最新理论成果，并上升到哲学高度进行阐释，从而形成了科学而具哲理的辩证范畴，诸如物质与运动、系统与层次、结构与功能、平衡与非平衡、有序与无序、可逆与不可逆、对称与非对称、进化与退化、渐变与突变、简单性与复杂性、精确性与模糊性等一系列辩证范畴，对科研工作者具有思想启迪和实际指导作用。

其次，自然辩证法为科研工作者提供了科学的认识论和方法论。学习自然辩证法，有助于我们掌握和运用科学的思维工具。科技史表明，思维方式和研究方法的突破是科技进步和科研成败的关键。巴甫洛夫说："我们研究的成效就依赖于方法的完善。方法掌握着研究的命运。"① 爱因斯坦说："科学要是没有认识论——只要这真是可以设想——就是原始的混乱的东西。"② "哲学一经

① 巴甫洛夫全集（第5卷）. 北京：人民卫生出版社，1959：18

② 爱因斯坦文集. 北京：商务印书馆，1976：480

建立并广泛地被人们接受以后，它们又常常促使科学思想的进一步发展，指示科学如何从许多可能的道路中选择一条路线。”① 自然辩证法的科学技术方法论既是一种科学的认识论，也是一种科学的方法论，是科学发展史和认识发展史的哲学概括与总结，不仅能够为科学技术活动提供认识原则，也能够为具体的科学技术研究提供方法论的指导，对自然科学研究具有普遍的指导意义。如恩格斯所言：“恰好辩证法对今天的自然科学来说是最重要的思维形式，因为只有它才能为发生于自然界中的发展过程，为自然界中的普遍联系，为从一个研究领域到另一个研究领域的过渡提供类似物，并从而提供说明方法。”② 西方科学哲学的一个重点内容就是关于科学方法论的研究，日本物理学界就非常重视对辩证思维的探讨，并且十分推崇恩格斯的自然辩证法。我国一些著名的科学家们都十分重视理论思维和科学方法的应用，强调学习和钻研哲学、自然辩证法理论与方法的重要性。

第三，学习自然辩证法能够提高科研工作者贯彻执行我国重大发展战略的自觉性。我国 20 世纪 90 年代中期相继确立并实施的科教兴国战略与可持续发展战略是关系中华民族振兴大业和人类前途命运的重大举措。掌握科学的自然观和科学技术观，真正理解人与自然的对象性关系，确立正确的科学技术价值观取向，是实施可持续发展战略的需要。掌握正确的科学技术观和科学方法论，充分认识科技的社会功能，大力培养具有创新能力的科技和管理人才，是实施科教兴国战略的需要。学习自然辩证法可以提高科研工作者贯彻执行科教兴国战略与可持续发展战略的自觉性和主动性，从而为建设中国特色社会主义事业作出更大贡献。

第四，学习自然辩证法能够提高科研工作者的识别能力。当今世界，新科技革命来势迅猛，新事实、新成果异常丰富，也提出了一系列新情况、新问题。一股国际性的反动思潮在这种情况下孕育而生，一些唯心主义、形而上学及资产阶级社会政治学者歪曲自然科学的最新成果，利用自然科学发展中遇到的困难和新科技进步带来的经济社会的深刻变化，攻击和否定自然辩证法乃至马克思主义。自然辩证法作为辩证唯物主义自然观、自然科学技术方法论和自然科学技术观，有助于人们牢固地树立辩证唯物主义世界观和掌握科学方法论，识别、抵制唯心主义和形而上学的思想侵袭，批判唯心主义思想流派歪曲利用当代自然科学技术成就而编造的种种谎言，树立捍卫辩证唯物主义哲学、

---

① 爱因斯坦．物理学的进化．上海：上海科学技术出版社，1962：39

② 恩格斯．自然辩证法．北京：人民出版社，1984：46

坚持社会主义道路和建设社会主义事业的信心。

第五，学习自然辩证法能够增强科研工作者的科研能力。现代教育已变过去的应试教育为素质教育，受教育者不光要掌握技能、增强学习和科研能力，还要培养自身的科学精神与人文素质。自然辩证法作为连接科学文化与人文文化的桥梁，能够提高人们的科学素质和人文素养，以适应现代社会和科学文化发展对高级人才的需要。辩证唯物主义自然观可帮助科研工作者树立科学的世界观；科学的自然科技方法论可以帮助科研工作者掌握科技创新艺术；正确的科技技术观可以帮助科研工作者减少盲目性，增强自觉性，少走弯路，促进研究能力的提高。

（二）学习和研究自然辩证法的方法

自然辩证法是一门科学，学习自然辩证法必须坚持实事求是的科学态度，力求理论联系实际。

首先，坚持以辩证唯物主义哲学为指导。马克思和恩格斯所创立的辩证唯物主义哲学是一门集人类哲学思维优秀成果之大成的科学理论体系，是科学的世界观和方法论的有机统一体。学习和研究自然辩证法，要坚持以辩证唯物主义哲学世界观、方法论和原理为指导，保持正确的方向；同时，要处理好坚持和发展的关系，不断研究在新的历史条件下的理论发展与创新。这是学习和研究自然辩证法的前提条件。

其次，坚持理论联系实际的原则。要做到三个联系：一是联系自然科学技术史进行学习和研究。自然科学技术史是人类认识自然和改造自然的历史记录，这些史实和文献资料是自然辩证法研究的主要资料来源。结合科技史进行学习和研究，能够准确理解和掌握辩证唯物主义自然观、自然科技方法论与自然科学技术观的理论和方法。二是联系专业实际去学习和研究。这样可以增强人们进行辩证思维的自觉性，以提高学习效果、推动研究工作的进展。三是联系调查实践进行研究。研究者应该深入生产和研究的实践中去，调查了解人工自然、生态环境的进展和变化情况，了解自然科学技术的新成就和提出来的新课题，增加感性知识，为深入学习和研究自然辩证法提供新鲜内容。

第三、坚持反对两种错误思想倾向。第一种倾向是用自然辩证法的探讨代替自然科学研究的所谓代替论。尽管自然辩证法对于自然科学研究具有指导意义，但是两者还是属于两个层次，不可代替。另一种倾向是轻视理论思维，贬低哲学、自然辩证法指导作用的所谓取消论。失去哲学、自然辩证法的指导，自然科学研究就有可能误入歧途，多走弯路。

思考题：

1. 如何理解自然辩证法的研究对象和科学性质？
2. 结合自然辩证法的研究内容，谈谈你对学习自然辩证法意义的理解。

资料链接

毛泽东和自然辩证法[①]

于光远

我有机会多次与毛泽东直接接触，了解到有关他与自然辩证法的一些事情。

一、在延安时有关自然辩证法与毛泽东的几次接触

毛泽东第一次接见我是在1940年1月。那时我参加了陕甘宁边区自然科学研究会的筹备工作。我们想向毛泽东汇报这个会的筹备情况，请他参加成立大会，并做演讲，给大会做指示。他通知屈伯川和我两个人到杨家岭他住的窑洞去。毛泽东对成立这样一个自然科学方面的团体，学习马克思主义、研究自然辩证法，为陕甘宁边区建设作贡献，非常高兴，答应我们开会时一定去。那次谈话时间不长，除了谈自然科学方面的情况外，毛泽东还问了一些他关心的在国民党统治区的一些人的情况。汇报和回答主要是屈伯川讲的，我估计我没有给他留下比较深的印象。但是那次谈话却给了我深刻的印象，原先我没有想到他对自然科学方面的工作那样关心，没有想到他对自然科学方面的哲学问题也那样关心。

1940年2月5日，陕甘宁边区自然科学研究会在延安召开。在延安的自然科学界和各机关、各学校的代表一千多人共聚一堂。在会上许多领导人发表演讲。正当代表们聆听陈云演讲时，毛泽东步入会场。在陈云结束了讲话之后，大家就欢迎毛泽东讲话。记得毛泽东在演讲中说：自然科学是很好的东西，生活生产都要靠它来解决。所以每个人都要赞成它，每个人都要学习它。毛泽东还讲，自然科学是人们争取自由的一种武器。人们为了在社会上得到自由，就要用社会科学来了解社会和改造社会，进行社会革命。人们为从自然界

① 邓力群. 中外名人评说毛泽东. 北京：中央民族大学出版社，2004

那里得到自由，就要用自然科学来了解自然和改造自然。他说，边区在党的领导下进行了社会的改造，改变了生产关系，因此就有了更好地去改造自然的先决条件，生产力也就发展了。边区的社会制度有利于自然科学的发展。他在这个演讲中还讲，马克思主义包含有自然科学。我们要研究自然科学。不研究自然科学，世界上就有许多不懂的东西，那就不算一个最好的革命者。他那次演讲的时间有一个来小时，时间不算长，但是对自然与社会、科学与自由、自然科学与自然哲学这些重要的问题都做了论述。这个演讲应该说是很重要的。很可惜演讲的记录当时没有很好地保存下来。幸亏以后在《新中华报》上有一次关于这次会议的报导，其中简单地记载了他这次演讲的一些要点。

第二次毛泽东和我谈话是在四个多月之后召开延安新哲学会年会那一天。

1938 年延安成立了一个"新哲学会"。除了在延安的一些哲学工作者、马克思主义的理论工作者外，毛泽东、张闻天也是这个团体的会员。当时我不在延安，我是后来由何思敬介绍参加这个学会的。1940 年 6 月 21 日，新哲学会举行第一届年会。开会的地点在延安北门外的文化俱乐部。毛泽东、张闻天和刚从前线回来的朱德都出席了会议。会议由何思敬致开幕词，艾思奇作会务报告。随后，毛泽东、张闻天、朱德和到会的会员们相继发言。开幕词、会务报告的主要内容是高度评价毛泽东在哲学上作出的贡献。讲话的主要内容是要求人们加强对马克思主义哲学的研究。在这个会上没有专门讲自然辩证法。但是在一件事情上同自然界的哲学问题发生了点关系。当时会上讨论到毛泽东的《论持久战》中所讲的"防御阶段"到"相持阶段"之间是否存在一个"过渡阶段"的问题。在这时候我讲了这样一个道理：如果事物的质是由其内部一对矛盾规定的，这对矛盾解决了，事物就会从旧质向新质飞跃，就不会存在过渡状态或过渡阶段。如果事物的质是由多对矛盾所规定的，那么就会发生这样一种情况——其中若干对矛盾已经得到了解决，因此旧质发生了变化，同时又有若干对矛盾还没有解决，因此旧质又未完全起变化。在后面这种情况下，旧质与新质之间就会出现过渡的状态或过渡阶段。当时我没有想出更好的例子，就用水和玻璃来做例子。我说水的化学成份比较单纯，所以在固体的水和液体的水之间就没有过渡阶段，而玻璃的成份比较复杂，所以在有一定形状的玻璃到完全流动的玻璃水之间就会有既呈形又不呈形的一种过渡的状态。毛泽东很注意我的发言。

会后，我们来到沟口新开张的胜利食堂聚餐。我正好同毛泽东坐在一桌，并且就坐在他的旁边。他问我："你是学什么的？是不是学自然科学的？"我回答："是。我是学物理的，是清华大学物理系毕业的。"他又同我继续讨论关于过渡的问题。他说："搞哲学的也要搞自然科学，也要搞社会科学，因为很多问题是联在一起的。比如讲过渡的问题，你从自然科学讲到社会科学，这挺好嘛。"他就哲学是自然、社会、思维一般规律讲了不少研究哲学的人要多学点自然科学这样的话，鼓励我继续在自然辩证法上下功夫。这次毛泽东和我一边吃着延安特产"三不粘"（一种用鸡蛋、面粉、油等原料精制的食品，吃起来不粘筷子，不粘碗，也不粘嘴），一边谈话，虽然谈的时间不长，可是我记得很牢。

第三件事要讲一讲的是，1944 年初毛泽东提出延安大学应该开一门全校师生都听的大课。这门大课分三部分：先讲自然发展史，接着讲社会发展史，最后讲到中国的现实问题。开这样一门课，为的是使听众有一个关于自然、社会的完整的观念。他认为学马克思主义，要具备这样一些基本知识。得到毛泽东的指示后，延安大学就决定开这一门大课。中国现实问题这一部分的讲授，由周扬担任，当时他是延安大学校长。社会发展史这一部分的讲授，由张如心担任，当时他是延安大学副校长。自然发展史这一部分的讲授，就由我担任。这件事我没有同毛泽东有直接的和间接的接触。毛泽东的这个指示是周扬向大家传达的。但是这件事说明毛泽东对自然发展史是给以高度重视的。

二、关于坂田昌一文章的一次谈话

上面三件发生在延安的事情，都是有关自然辩证法的。在延安我也只是在自然科学和自然辩证法方面同毛泽东有点接触。建国后我同毛泽东的接触不限于这个方面。在有关自然辩证法方面比较重要的一件事，是由日本物理学家坂田昌一《基本粒子的新概念》一文引起的。

这件事的经过是这样的：

在 1956 年制定我国 1956－1967 年科学发展远景规划时，专门制定了《自然辩证法——数学和自然科学中哲学问题的规划》。随后，中国科学院哲学研究所就建立了一个自然辩证法研究组，我兼任了这个组的组长。这个组从 1956 年 10 月起，办了一个刊物《自然辩证法研究通讯》。这个刊物出了十五期。1960 年夏遇到要整顿和减少现有刊物的事情。它停了一段时间，到 1962 年 8 月复刊。在复刊号上登出了从俄文转译过来的坂田昌一的这篇文章。1963 年 11 月 16 日，毛泽东听取聂荣臻汇报 1962－1972 年科技十年规划时讲，社会科学也要有一个十年规划。他接着讲："有一本杂志《自然辩证法研究通讯》，中间停了好久，现在复刊了。复刊了就好。现在第二期已经出了。"他问这个刊物是哪里出的。我回答了毛泽东的问题，但当时我不知道他为什么对这本杂志这样的注意。回家后翻阅复刊后的那两期杂志，推断这是在刊物上发表了坂田的文章的缘故。

1964年8月23日，毛泽东接见前来参加北京科学讨论会的坂田时，对坂田说："你的文章很好，我读过了。"当时我在场，就完全证实了自己的推断。坂田见了毛泽东后问我毛泽东读了他的什么文章。我就告诉他，在《自然辩证法研究通讯》杂志上登载了他那篇《基本粒子的新概念》。第二天，毛泽东把周培源和我找到了他的卧室，从坂田昌一的文章讲起，有关自然辩证法的问题，谈了很长的时间。那次谈话我很快就整理了一个记录，在与周培源核对之后，定了稿。这份记录当时没有打印，我自己复写了几份。"文化大革命"前夕，有一位负责经济工作的同志，在北京召集全国工业界学习毛泽东思想的积极分子代表会议。当时我给了他一份复写稿。也在这个时候，中宣部编印了一本供少数领导人阅读的毛泽东关于教育等问题的谈话，也把我的这份记录稿收了进去。"文化大革命"中，红卫兵抄一些领导干部的家，我整理的这份记录稿就流传了出去，在好几种《毛泽东思想万岁》那样的本子里全文登了出来。

那天谈话的情况是这样的。到了颐年堂，毛泽东身旁的工作人员就把周培源和我领到了卧室。毛泽东正靠在床上，第一句话是不无歉意地作了一句解释："我习惯在床上工作。"我就说："主席找我们来大概是谈坂田文章的事吧？"他说："对了，就是这个事。"于是我们就坐在离床不远的两把椅子上。坐定之后秘书沏了两杯茶就走了，整个谈话期间都没有进来。谈话时房间里只有三个人，安静极了。于是，毛泽东就长篇大论地说起来。一开头他说："今天我找你们就是想研究一下坂田的文章。坂田说基本粒子不是不可分的，电子是可分的。他这么说是站在辩证唯物主义立场上的。"毛泽东讲："世界是无限的。世界在时间上和空间上都是无穷无尽的。……宇宙从大的方面看来是无限的，从小的方面看来也是无限的。不但原子可分，原子核也可以分，电子也可以分。……因此我们对世界的认识也是无穷无尽的，要不然物理学这门科学不会发展了。如果我们的认识是有穷尽的，我们已经把一切都认识到了，还要我们这些人干什么？"毛泽东又说："什么叫哲学？哲学就是认识论，别的没有。双十条第一个十条前面那一段是我写的。我讲了物质变精神、精神变物质。我还讲了，哲学一次不要讲得太长，最多一小时就够了。多讲，越讲越糊涂。我还说，哲学要从讲堂书斋里解放出来。"毛泽东还说："认识总是发展的。有了大望远镜，我们看到的星球就更加多了。……如果说对太阳我们搞不十分清楚，那么从太阳到地球中间的一大块地方现在也还搞不清楚。现在有了人造卫星，在这方面的认识就渐渐多起来了。"在毛泽东讲到这些问题的时候，我插进去提了一个问题："我们能不能把望远镜、人造卫星等等概括为'认识工具'?"毛泽东回答说:"你说的那个'认识工具'的概念,有点道理。认识工具当中要包括镢头、机器等等。人的认识来源于实践。我们用镢头、机器等等改造世界,认识就深入了。工具是人的器官的延长。镢头是手臂的延长,望远镜是眼睛的延长。身体五官都可以延长。"我接着问:"哲学书里通常以个人作为认识的主体。但在实际生活中,认识的主体不只是一个一个的人,而常常是一个集体,如我们的党就是一个认识的主体。这个看法行不行?"毛泽东回答说:"阶级就是一个认识的主体。最初工人阶级是一个自在的阶级,那时它对资本主义没有认识。以后就从自在的阶级发展到自为的阶级。这时,对资本主义就有了认识。这就是以阶级为主体的认识的发展。"回答了我的两个问题后,他从天讲到地,从地讲到生物,从生物讲到人,就关于自然发展史的轮廓发表了一些想法,根本的思想是:"一切个别的、特殊的东西都有它的产生、发展与死亡"。"每一个人都要死,因为他是产生出来的。人必有死,张三是人,张三必死。人类也是产生出来的,因此人类也会灭亡。地球是产生出来的,地球也会灭亡。不过我说的人类灭亡和基督教讲的世界末日不一样。我们说人类灭亡,是指有比人类更进步的东西来代替人类,是生物发展到更高的阶段。我说马克思主义也有它的发生、发展和灭亡。这好像是怪话,但既然马克思主义说一切产生的东西都有它自己的灭亡,难道这话对马克思主义本身就不灵?说它不会灭亡是形而上学。当然,马克思主义的灭亡是有比马克思主义更高的东西代替它。"

话题又转到物理学的新发现上来。毛泽东说:"什么东西都是既守恒又不守恒。本来说宇宙守恒,后来在美国的中国科学家李政道和杨振宁说它不守恒。质量守恒、能量守恒是不是也这样?世界上没有绝对不变的东西。变、不变,又变、又不变,组成了宇宙。既守恒、又不守恒,这就是既平衡又不平衡,也还有平衡完全破裂的情形。……世界上一切都在变,物理学也在变。牛顿力学也在变。世界上从原来没有牛顿力学到有牛顿力学,以后又从牛顿力学到相对论,这本身就是辩证法。"

这次谈话的时间很长。我在当时没有作记录,是用心地听,只是在纸上写了备忘性质的几个字。周培源倒是作了记录。回家后我马上作了追记,整理成上面提到的那个记录,共有四千字。上面我摘录的是那些同自然辩证法比较密切的段落。

由于毛泽东在谈话中说到了李政道、杨振宁所发现的宇宙不守恒这种物理现象,并且提出问题说,什么东西都是既守恒又不守恒,质量守恒、能量守恒是不是也是这样。因此就在同毛主席谈话后的那个星期天,我和一些同志在同坂田一起坐船游昆明湖时，与他讨论了质量和能量守恒的问题，并把讨论的结果向毛泽东写了报告。

第二年，即1965年6月，《红旗》杂志再次发表坂田那篇《基本粒子的新概念》的译文。由于坂田说苏联译得不甚准确，我们从日文重新译出，题目按原文恢复为《关于新基本粒子观的对话》，并加了编者按语；同一时期还在“自然科学和唯物辩证法”的专栏中发表一批文章，包括朱洪元、龚育之和我的文章，其来由就是由于毛泽东对坂田文章的重视。这期《红旗》杂志上还发表了对坂田文章中涉及的许多科学概念和事实的注释。朱洪元、胡宁、何祚庥、戴元本等物理学家后来在对基本粒子的研究中发展出“层子模型”的理论。他们运用了自然辩证法的观点，这同毛泽东关于坂田昌一文章的谈话有直接的关系。

思考题：

1. 延安时期，自然辩证法的发展概况如何？
2. 毛泽东对坂田昌一《基本粒子的新概念》有哪些思考？
3. 毛泽东时期，自然辩证法得以发展的内在动因是什么？

第一篇　科学与人文篇

惊奇就是科学的种子。

——爱迪生

第一章　科学、技术、工程的涵义及其相互关系

科学、技术、工程是一个历史的范畴。在了解科学、技术、工程发展史的基础上，深入把握它们各自的本质内涵及其特征，进而研究科学、技术、工程三者之间关系，这是本章的基本逻辑线索。

一、科学的涵义和特征

（一）科学的历史内涵

科学的发展经历了漫长的历史时期。古希腊罗马时代的科学成就，代表了古代科学发展的最高峰；哥白尼革命标志着近代科学的开端，这一时期科学的突出成就是牛顿的经典力学体系；相对论和量子力学开创了现代科学的新纪元，现代科学以突飞猛进的速度和影响力带动了一系列新兴技术和新兴产业的发展，从而把人类物质生活和精神生活引向崭新的历史时代。

1. 古代科学

古希腊罗马时代的科学发展经历四个时期：爱奥尼亚时期、雅典时期、亚历山大里亚时期和罗马时期。在爱奥尼亚时期，自然科学与哲学浑然一体，统称为自然哲学。米利都学派的代表人物赫拉克利特，用“火”表征世界万物的流变，用“逻格斯”说明人们把握世界万物的规律；如此而来，他便把客观对象和人的主观认识统一起来，奠定了自然科学的认识论基础。毕达哥拉斯学派最早认识到“数”这一抽象概念，并发现数总是服从于一定的规律，这就为后来的西方数学理论研究定下了基调；他们还把数学的本原当做万物的本原，并用数的秩序和数的和谐来思考生命、精神和天体世界，从而开创了西方理性主义思维传统。此外，古原子论者德谟克里特，把物质的构成归结为不生不灭、

永远运动的原子，这一精辟的思想对近代科学原子论的建立以及现代物质结构理论有重要的启迪意义。

雅典时期的亚里士多德是古希腊自然哲学集大成者，又是亚历山大里亚时期自然科学研究的奠基人。亚里士多德与以往的自然哲学家不同，他没有停留在直观、思辨层面上对自然界作笼统的、抽象的思考，而是在实践的观察过程中求得对自然界的认识。他对自然科学研究的另一个伟大贡献是：将自然知识进行分类整理，建立了一个庞大的自然科学知识体系。总之，亚里士多德开创了以经验事实为基础分门别类进行科学研究的方法，这一方法为随之而来的亚历山大里亚时期自然科学脱离哲学的潮流做好了准备。

亚历山大里亚时期是古代科学史上的黄金时代。这一时期的科学开始从自然哲学中分化出来，沿着一条实践经验的路线发展起来。该时期著名的科学成就有：欧几里得几何学、阿基米得力学以及托勒密天文学等。欧几里得几何学，代表了这一时期数学的最高成就。它把前人已有的数学几何学知识加以系统化，从中抽象出最本源的、已被无数经验事实所证实的公理，再由此出发用演绎方法由简至繁地引出几何学全部定理，最终建立起缜密的几何学体系。欧几里得的这一公理化方法至今为现代科学广泛使用。阿基米得是一位身兼力学家和数学家的学者。他第一次把观察实验的方法和数学演绎的方法结合起来，将力学研究发展成一门严谨的科学。阿基米得所论述的杠杆原理和浮力原理，为西方力学理论研究特别是静力学方面的研究奠定了基础。此外，天文学家托勒密建立了完整的地心宇宙体系。虽然，在总体认识上这是一错误体系，但是，它为当时的观测事实提供了精确的解释，并为那个时期人们的航海、生产和生活提供了天文立法依据。

罗马时期的自然科学发展走向停顿，但技术成就突出，尤其在建筑业方面留下许多不朽的创造。然而，随着希腊的衰落、罗马帝国的灭亡，科学技术的发展进入一个低谷期。整个中世纪，可以说，是宗教神学统治一切的“黑暗时期”，科学的发展几乎停滞不前。

2. 近代科学

欧洲中世纪后期的文艺复兴、宗教改革运动以及资本主义生产方式的发展，为近代科学的诞生提供了必要的时代条件。近代科学在与封建神学的殊死较量中，开创了实验科学的全新传统。这一时期最早、最著名的科学成就是哥白尼天文革命。

1534 年，波兰天文学家哥白尼出版《天体运行论》一书，详细论述了太阳中心说，由此宣告了近代自然科学的诞生。这部著作彻底颠覆了被宗教奉为神灵的托勒密地心宇宙体系，开创了科学脱离神学独立发展的新路向。哥白尼的天文学理论通过意大利科学家布鲁诺的热情宣传、伽利略望远镜的天文观测，得到进一步丰富和证实。1618 年，开普勒创造性地发现了行星运动三定律，这进一步从理论上论证了哥白尼学说，使新天文学得以确立，并为后来的牛顿万有引力定律的发现准备了前提条件。

1687 年，牛顿在总结前人实践经验和科学成果的基础上，完成了他的科学巨著《自然哲学的数学原理》。这一著作确立了力学中的三条基本定律和万有引力定律，建立了古典力学的基本理论体系。《自然哲学的数学原理》集天文学、力学、数学之大成，标志着近代自然科学体系的形成。

除了天文学和力学之外，近代热学、光学和电学等都获得全面而长足的发展，并且，数学、生物学和化学领域的研究也呈现出一派前所未有的可喜景象。可以说，从 18 世纪中叶到 19 世纪末，整个近代自然科学进入一个遍地开花的繁荣期。自然科学开始从经验搜集阶段向理论综合阶段转化。许多学科不再满足于事实材料的简单堆砌，而是把现象和对现象的理论解释联系起来，将实验方法和数学方法相结合，使科学在实验观察的基础上，形成一个逻辑一贯、结构严密的知识体系。能量守恒与转化定律、电磁理论、细胞学说、生物进化论以及原子-分子学说等，都成为那个时代理论科学发展的成功典范，它们共同把人们对现象的感性认识推向了一个更高的理论层次。

3. 现代科学

现代科学的兴起发端于 19 世纪末 20 世纪初的物理学革命。19 世纪末，当大多数物理学家沉醉于经典物理学的完美体系时，迈克耳逊-莫雷实验的否定结果、电子和放射性等一些新的实验发现，使经典物理学观念遭到空前威胁，一场物理学理论革命就要到来。

1900 年，普朗克在德国物理学会上宣读了一篇题为《关于正常光谱的能量分布定律的理论》。他在文中指出，物体在辐射发出和吸收的时候，能量不是连续、无限可分的，相反，是分立、量子化的。随后，爱因斯坦把普朗克的量子假说运用于对光的认识，提出光量子论。丹麦物理学家玻尔、法国学者德布罗意、德国青年物理学家海森伯等，进一步将量子假说推广到原子结构电子运动的解释之中。就这样，在诸多科学家的共同努力下，较为完整的量子力学体系于 20 世纪 20 年代基本建立起来了，这就从根本上改变了只承认连续性和机械力学决定论的经典物理学观念，开创了量子力学发展的新时代。

相对论是 20 世纪物理学史上的又一革命性理论。1905 年，爱因斯坦发表了一篇题为《论动体的电动力学》的论文，正式宣告狭义相对论的诞生。所谓狭义相对论，讨论的内容主要是：两个惯性系之间以不变的相对速度运动时所得到的观测结果。在这一理论中，爱因斯坦不仅把原本孤立的空间和时间联系起来，而且把时空与物质的运动联系起来，提出了在不同的惯性参照系下，时空的量度不是相同的观点。该理论从根本上突破了牛顿绝对时空观，开创了相对性力学的先河。狭义相对论创立之后，爱因斯坦又致力于将相对性理论拓展到非惯性系即加速运动的参照系研究，最终建立了一套完整的广义相对理论。

量子力学和相对论的建立，把物理学对物理世界的认识从低速的宏观物体运动领域推进到高速的微观粒子运动领域，从而实现了重建物理学理论构架的科学观念的变革。这场物理学变革的影响是深远的。它不仅宣告了现代物理学的诞生，更加重要的是它成为整个现代自然科学发展的开端。现代物理学的新观念、新方法被广泛应用于自然科学的其他部门，使化学、生物学、天文学等发生了革命性的变化。特别是第二次世界大战后，自然科学的飞速发展进入了一个崭新的时代。粒子物理学、现代宇宙学、量子化学、分子生物学以及系统科学等新学科的兴起，从微观结构、宇观天体和生命世界等各个侧面，更为深刻地揭示了自然界的本质规律，大大增强了人们认识世界和改造世界的实践能力，并且使自然科学对人们生活的影响不再囿于某个局部，而是渗透到整个人类社会的方方面面。可以说，现代人的生活方式无时无刻离不开自然科学的发展和进步。

（二）科学的逻辑内涵及其特征

1. 科学的基本涵义

通过对科学发展史的基本描述，我们对科学的整体有了一个初步的感性认识，但是科学究竟是什么，有待在逻辑上对此概念加以明确。从词源的角度来看，现代英语中“SCIENCE”一词源于拉丁文“SCIENTIA”，意指知识和学问。现代汉语中“科学”则是一个合成词，“科”有科目、类别之意，“学”有知识、学问之意。中国最早使用“科学”一词的是思想家康有为。之前，人们一般把声、光、电、化等自然科学统称为“格致学”。洋务运动之后，“科学”一词在中国广泛使用，统指一切穷究事物原理的知识和学问。

自近代以来，不同学者和流派对科学持有不同定义，每一种定义都从不同侧面反映了科学的某种特征。由于科学本身是无限发展的，人们对它的认识也是不断深化的，因此，科学不可能被一个永世不变的定义所限制、规定。然而，从可接受的普遍性上来讲，我们可以从以下方面来理解科学：

首先，科学是关于客观事物及其规律的理论化、系统化知识体系。所谓科学，必须符合两个基本条件：一是对客观事物现象的描述；二是这种描述不能停留在日常经验的常识水平上，而应当是透过现象对本质规律的把握。也就是说，理论化和系统化是科学的根本特征。只知其然，不知其所以然的经验常识不属于科学的范畴，科学是理性的产物，是概念、规律和推理的综合应用，是具有严密的内存结构的完整理论系统。它具有理论的抽象性、适用的普遍性和体系的统一性等特征。

其次，科学不仅是静态的知识体系，而且是一种以探索客观世界规律为目的的特殊社会活动。知识只是科学探索的结果，而活动才是科学内容的本质，科学是一个不断探求客观真理的过程。我们可以把科学看成一个发现规律、生产知识的社会活动，它需要科学劳动者、实验设备以及管理等多种要素的配置组合。这种活动既类似于生产劳动过程，又具有科学活动所特有的创造性和探索性特征。

再次，科学是一种社会建制。早期的科学活动基本上只是学者们的业余兴趣行为，随着历史空间迈入现代，科学活动逐渐产生职业化的组织和研究机构，并与其他的社会子系统相互作用成为一项重要的社会事业。现在，有成千上万的人从事科学研究。作为社会职业、社会部门、社会产业，科学对社会物质文明和精神文明的贡献日益扩大，科学的社会地位也日益重要。此外，现代科学活动的主体已经不再局限于科学家和一般的科技人员，政府、企业以及其他社会团体等都直接参与科学事业，就此而言，科学已经发展成一个名副其实的社会化大生产活动。

最后，科学是一种以自然界为研究对象的科学文化现象。首先，作为一种特殊的文化现象，科学与人文文化不同之处在于：它的关注点不是人类社会本身，而是广袤的自然界。第二，科学与人文文化的研究方式不同。人文文化一般更多地付诸于人的感性理解能力和实践的直观把握能力，而科学则是以人类的理性思维方式和认识手段去探索自然界规律。它以实证为原则、以追求真理为目的，具有可检验性和普适性等特征。

科学概念有广义和狭义之分。广义上的科学包括自然科学、人文科学、社会科学和思维科学；狭义的科学仅指自然科学，且不包括技术和工程在内。本书所界定的科学概念主要指自然科学，当然其中的某些观点也适用于对人文社会科学的理解。

2. 科学的基本特征

对科学的理解不能简单地从定义加以概括，应当从多层次、多角度理解其本质特征。总体来看，科学的特征主要有以下几点。

（1）客观性和实证性

自然科学是对客观对象的真实反映。科学的对象是自然物、自然过程，任何超自然的神秘存在，都不属于自然科学的范畴。并且，科学对客观对象的反映，不是笼统的一般性陈述，而是明确的具体命题。这些命题的成立必须以严格的实验事实为基础，以实证性的材料和数据为支撑，实证性是自然科学最基本和最显著的特征。如果某种观点或学说既不能为实验所证实（肯定），也不能为实验所证伪（否定），那么这样的观点或学说就不是科学。客观实证性是区别科学与非科学的重要标志，正因为如此，科学与常识、宗教、巫术以及伪科学划清了界限。

（2）理论性和系统性

科学对客观事物的反映不仅停留在事物的表面，更重要的是要揭示事物背后的本质规律。科学的理论性使其与常识相区别。常识只告诉我们事物“是什么”，却不告诉我们“为什么”。中国古人早就知晓天象的变化并能根据其变化安排各项农事，但是中国古代却没有现在意义上的天文科学，因为他们没有深究天象背后的原因和机理。科学的基本特征在于：透过现象抽象出反映本质规律的知识体系。它对客观事物的反映不是片面事实的简单堆砌，而是对事物整体的全面把握。针对事物进行只言片语的陈述，这不是科学的本性，科学必然由一整套严密的概念、判断和推理等逻辑形式构成，它用完整的逻辑体系对经验事实加以全面而系统的阐述。逻辑上的不矛盾性和自洽性是科学的基本特征，也是科学区别于伪科学的重要标志。

（3）创新性和可错性

科学的生命在于创新，不断探索未知领域、创造新的知识是科学的基本任务和一大特征。如果科学活动只是发现别人已经发现的东西，重复别人已经提出的见解，那么，它的生命就该终结了。科学的创新性表现为发现自然事物的新属性、新过程，提出新观点、新理论，运用新的知识理论创造新的物质文明。当然，由于人类理性能力的有限性、也由于自然现象变化发展的无限性，人们对科学的探索其结果可能会出错。在一定历史时期被人们所接受的理论，可能在其后的发展中被证明是错误的。然而，科学的可错性恰恰证明了科学的创新性。永远不能被客观事实所证伪的理论学说，也就不属于科学的范畴了。正因为科学是允许出错的，所以科学工作者才可能充分发挥其思维的能动性积极探索未知的科学领域，即使有一天这种探索被经验事实证明是错误的，也不能抹杀其对科学发展所作出的贡献和价值。例如，牛顿的绝对时空观在微观粒子运动中被证明是错误的，但这并不否认其对经典物理学发展所作出的积极作用。

（4）主体间性和共享性

自然科学知识作为客观真理，反映的是事物的固有本质和客观规律。科学的客观性决定了它能够被不同的认识主体所重复和理解，能够被不同主体的实验所检验和证实。科学在不同主体之间的这种交流和共享，就是科学的主体间性。主体间性是科学的显著特点之一。任何一项科研成果只有在同行专家之间传递，经过同行专家的检验，获得同行专家的认同，才能被确证为真正具有科学价值的成果。此外，就科研成果的利用而言，它是无阶级性、无国别性的。自然科学的成果可以被所有人所利用，被任何阶级的人们所掌握，对任何阶级活动都发生作用。没有专属于某个特殊国家、特殊民族或者特定集团的自然科学，科学无国界。

（5）现实的生产性

科学作为一种社会建制，可以通过技术的中介转化为直接的生产力。自然科学知识来源于人们的劳动生产实践，它是人们在改造世界的生产过程中所获得的关于客观事物本质规律的理论知识。从某种意义上讲，劳动者的生产技能和生产工具，就是科学知识活化的表现和物化的表现。当科学还没有与物质生产活动结合的时候，它只是一种知识形态的潜在生产力；一旦科学通过技术这个中介环节进入物质生产领域，它就转化为现实的生产力，造福于人类。邓小平说："科技是第一生产力"。科学所获得的知识可以用于社会的物质生产，可以不断提高人们的物质生产水平。

理解科学的基本特征，既有助于我们深化对科学本质内涵的认识，也有助于我们把科学和伪科学、非科学区别开来。所谓伪科学，简单地说就是伪装成科学形式的非科学。它利用科学的理论形式，把非科学的问题装扮成科学的模样，以科学研究的幌子从事与科学无关的活动，甚至从事反科学的勾当。非科学指的是不具备科学形式的另一种知识类型，如常识、宗教、哲学等。非科学与科学之间不存在好坏、对错之分，只是因为典型特征不同、研究的对象不同、关怀的目的不同而形成了不同的知识体系。

二、技术的涵义和特征

（一）技术的历史内涵

技术的逻辑内涵孕育于技术的历史发展之中。我们对技术内涵的理解不能撇开技术的历史，因为它从动态的维度深刻地揭示了技术内涵演进的全过程。对技术发展史的描述，就是在实践的根基上对技术的含义及其特征加以阐释和研究。

1. 古代技术

技术的历史源远流长。人类打制的第一把石器就蕴涵了技术的萌芽。伴随着石器的制造，人类拥有了第一项粗陋的手工技术，并尝试着利用技术之便开展对自然界的改造活动。在漫长的奴隶社会和封建社会中，在长期的畜牧业、农业和手工业等手工劳动的实践中，人们学会了多种多样的手工技术，如动物驯养技术、植物栽培技术、冶金技术、纺织技术、建设技术和运输技术等。其中，中国的“四大发明”——造纸术、指南针、印刷术和火药的发明——代表着古代技术的最高水平，它对后来世界科技、文化和经济的发展产生了深远的影响。

古代技术和劳动者分不开。古代的畜牧业、农业和手工业都是手工劳动，都建立在对“手”的使用基础上。当时的劳动器官是手，劳动工具是手的延伸，劳动技术是手对工具的把握。就此而言，古代技术究其本质是劳动者的技能，或者更确切地说是劳动者的手艺。由于人手的动作总是模糊而不准确的，因此，古代技术的提高必须依靠艰苦的训练才能实现。古人云“熟能生巧”，只有不断地苦练，劳动者才能突破自身的生理局限，练就一番高超的技艺。从这个意义上讲，古代技术与其说是一门科学，毋宁说是一门艺术。它很难用言语来表达，只有靠动作的模仿和用心的体悟才能获得；它不是清楚明白的知识体系，而是工匠师傅手头的绝活；它不是公布于众的社会财富，而是脱不开劳动者个人而独立存在的技能和技艺。正因为古代技术的个体性和艺术性，所以特别不利于对它的传播和应用，整个古代，技术的发展相当缓慢。这种迟缓的技术发展状态直到18世纪英国工业革命之后才大为改观。

2. 近代技术

伴随着人类认识自然水平的大幅度提升，人类在改造自然方面也取得了突出成绩。在牛顿经典力学建立以后，首先在英国继而在欧美其他各国，掀起了一场声势浩大的工业革命，近代技术就是在这场革命中兴起的。18世纪中叶到19世纪中叶的工业革命是以技术革命为中心内容的社会变革。它以工作母机的发明为起点，以蒸汽动力的普遍应用为主要标志，迎来了人类历史上一个崭新的时代——机器大工业时代。机器-蒸汽时代的到来，使得社会生产力得到空前发展。生产的高速发展又对材料、机械、能源、通讯等技术不断提出新的要求，原有的技术由于本身的功能局限，不得不被更新的技术所补充和替代。19世纪以后，自然科学的全面发展为实现技术的新变革提供了必要的理论准备。于是，以电气技术为中心的新技术群落在原有的机器-蒸汽技术体系中孕育和成长，由此而来，技术的发展又一次达到高潮——以电气技术为中心的技术革命。伴随着电能的广泛应用，其他各式技术如内燃机技术、炼钢技术等也都得到全面的发展。

近代技术的发展显示出其与古代技术的不同特点。第一，近代技术的知识基础是科学，这是区别于古代技术最明显的标志。古代技术建立在劳动者个体经验的基础上，它表现为工匠个人的手艺和技能，而近代技术则直接受到科学的牵引。如果说在瓦特发明蒸汽机的时候，科学还只是起辅助作用的话，那么，发电机和电动机的发明就全然不同了——没有电磁理论是根本不可能有电机的发明创造的。近代技术从个体经验的层面上升为科学知识，有利于技术跨时空的传播和应用，使技术真正成为社会的财富。第二，近代技术的发展表现为工业技术体系化的过程。从古代技术向近代技术的转变，以工作母机的发明为起点。工作母机是一种代替人手作用于劳动对象的机器，它的出现昭示着人类改造自然活动的新时代到来——人的部分劳动开始被机器所代替，机器作为物化的技术形式投入大规模的工业生产当中。于是，由工作母机、传动机、动力机等组成了日益完美的机器系统，不断地朝向全面代替人的劳动的方向迈进，技术的发展不再是个别技术孤立的演进，而是各种技术在相互作用下的体系化过程。第三，近代技术与社会的关系日趋密切。古代，有技术的工匠往往被认为是“三教九流”，处于社会的最底层；到了近代，技术的发展大大提高了生产的社会化程度，彻底地瓦解了自然经济，刺激和加剧了资本主义的发展。与历代统治阶级不同，资产阶级最先认识到技术进步的重大社会意义，因而采取了一系列措施和政策鼓励技术的进步，以促进生产力的发展。

3. 现代技术

现代技术指20世纪以来的技术，它是在19世纪已有技术和20世纪基础科学最新成果的基础上发展起来的。这场技术革命的最突出成就，就是高新技术和高新技术产业的诞生。在科技力量的自身驱使和各种社会因素的综合牵引下，一大批以最新现代科学成就为基础的高新技术相继问世，并最终形成了以电子信息技术为先导，以新材料技术、先进制造技术为基础，以新能源技术为支撑，在微观领域向生物技术、纳米技术开拓，在宏观领域向环境技术、海洋技术、空间技术扩展的相互关联的高新技术和高新技术产业群落。以高新技术发展为龙头的现代技术革命，对社会经济、文化和观念的进步产生深远的影响，把人类社会的发展推进到一个新的历史时期。

现代技术与历代技术相比出现许多值得关注的特点。第一，现代技术与科学密切结合，出现了科学技术化和技术科学化相互渗透的发展模式。这种模式使科学成果迅速应用到生产领域，直接转化为现实的生产力；同时，也使技术对科学的依赖性增强，产生了一大批知识密集型高新技术群。第二，现代技术以前所未有的高速度向前迈进，大大增强了人类改造自然的能力。现代科学技术整体化发展趋势，带动了大批高新技术的兴起。自动化技术和电子技术，为彻底解放人的体力劳动和脑力劳动创造了条件；空间技术和基因技术把人们带入宇观世界和微观世界。这些技术都进一步扩展了人类认识自然和改造自然的领域，并由此预示着一个事实：人类摆脱自然束缚进入自由王国的时代必将到来。第三，现代技术广泛影响社会的经济、政治和文化生活。现代科技作为第一生产力，不仅快速提高劳动生产率，而且极大地优化了产业结构，拓展了经济交往，使现代社会的整个经济面貌焕然一新。自上世纪 80 年代以来，伴随着国际政治冷战局面的结束，综合国力的竞争成为一场没有硝烟的战争。在这场战争中，高新技术的重要作用为世界上不少国家所认可。为了在国际竞争处于不败地位，许多国家纷纷投入大量的人力、物力和财力提升科技力量、振兴科技发展。此外，现代技术大大地改观了人们的日常生活状态。它不仅丰富了人们的生活内容、加快了生活节奏，而且改变了人们对待人生、对待家庭和社会的态度。总之，现代技术的飞速发展深刻地影响着人类社会生活的方方面面。

（二）技术的逻辑涵义及其特征

1. 技术的基本含义

技术一词源于希腊文“TECHNE”，意指经过练习而获得的经验、技能和技艺。它强调的是人的主观方面的一种能力。到了近代，随着技术和科学的密切结合，技术对自然科学理论的运用不断加强，出现了技术理论化趋向，产生了技术科学。这样，技能、经验等主观性因素，在技术的构成要素中不再处于主导地位，“技术”一词，更多地意指实践技巧的应用性科学知识。20 世纪以来，人们对技术概念的理解更为宽泛，提出了“劳动手段体系说”，把技术定义为：人类为了满足社会需要，利用自然规律，在改造自然的过程中所创造的由物质手段、工艺方法、劳动技能以及相关知识等要素构成的体系。

结合目前学术界对技术概念理解的共识，本书对技术的定义从如下三个方面进行理解：

首先，从动态的角度看，技术是一种特殊的技术实践活动。它特指在利用自然、改造自然的劳动过程中，人们按照自身的目的和需要系统地运用所掌握的知识和能力，借助所能利用的各种物质手段和方式方法，使自然界人工化的有效活动。根据马克思在《资本论》中关于工艺学的论述，我们知道，技术的本质就是人对自然的能动关系。它是人们把自己的目的和意志传导到自然物所必需应用的工具、手段和方式方法，同时又是自然人化的实践活动本身。

其次，从静态的角度看，技术是包括技术理论、技术工艺和技术产品在内的技术成果。其中，技术理论是在科学理论应用于生产劳动实践中产生和发展起来的应用性知识。技术工艺是人们在生产劳动实践中利用生产工具对各种原材料、半成品进行加工或处理，最终使之成为制成品的方法和工序。技术产品是指具有较高技术含量、良好经济效益和广阔市场前景的全新劳动产品或改进型劳动产品。技术成果是技术的实体形态，它既是以往技术活动的结晶，又是未来技术活动的前提和载体。

最后，从系统论的角度看，技术的存在表现为一种体系化形式和过程。任何一项技术都不可能孤立存在，它总是在一定程度上和其他技术有着某种关联。一个单项技术的发明创造，往往引起其他多个技术的连锁改造，这种多米诺骨牌现象甚至可以引起整个行业技术及至整个社会生产技术的根本性革命。正因为如此，我们把某个时期的生产技术的总和统称为一个技术群落。在一个大的技术群落中，一般有代表该时期技术发展主潮流的“主导技术”；有受主导技术推动、与主导技术相匹配、为主导技术服务的“辅助技术”；另外，还有一些非主流的前期传统技术和未来新兴技术等。各种技术在同一个技术群落中相互竞争、相互作用，动态地反映同一时期技术发展总体特征和总体水平。

2. 技术的基本特征

技术是联系人与自然的桥梁，是劳动主体将自己的目的传导到劳动对象上所需要借鉴的物质手段、工艺方法和劳动技能。从这个意义上讲，技术兼有自然属性和社会属性、主体属性和客体属性、潜在属性和现实属性。

（1）自然属性和社会属性的统一

技术的自然属性和社会属性是技术所固有的、不可分割的两种属性，它体现了人类实践活动合规律性和合目的性的辩证统一。首先，所谓技术的自然属性，指的是人们在运用技术改造自然的活动中必须依赖自然，服从自然规律。人类的一切技术发明创造，均来源于生产劳动实践。生产劳动的过程就是人类利用自然、改造自然、实现自然人工化的过程。在这个过程之中，任何人造物的产生都离不开自然界现有的物质条件，其中技术成果也不例外。此外，人类的所有技术活动必须服从自然规律。技术作为人与自然互动的中介环节，它同时体现着人的目的性和自然的规律性。整个技术实践的过程——从技术原理的形成、技术手段的实现再到技术产品的生产，都必须遵循自然规律，只有这样才能顺利实现人对自然的改造活动。人类对自然规律的认识水平，直接决定了人类的技术水平和人类改造自然的水平。

所谓技术的社会属性，指的是人们利用技术改造自然的活动体现着人的类属性。首先，技术活动产生于社会劳动实践经验，人类的社会化生产方式是推动技术进步的根源和动力。其次，技术应用的目的和归宿在于：满足社会需求，实现人们对生产生活的期望目的。最后，任何技术的发展状态及其水平，都受到当时社会经济、政治、文化等社会条件的制约，不同社会历史条件和发展水平决定了不同的技术发展状况。

（2）主体属性和客体属性的统一

技术的主体要素是指人在技术活动中所体现的主观能力，如经验、技能和技术知识等；技术的客体要素是指由生产工具所表征的客观性技术属性。在生产劳动实践活动中，技术的主体要素和客体要素同样重要。一方面，生产劳动的过程离不开劳动者及其经验、技能和技术理论知识，生产工具的使用也离不开技术的发明本身；另一方面，生产劳动的过程离不开物质性工具和手段，因为人们的劳动对象是物，对物所实施的改造只有通过物的方式才能实现。所以，客体属性与主体属性，对于技术的构成而言缺一不可。用马克思的话来说，人类利用技术改造无机界的过程，恰恰证实了自己是“有意识的类的存在物”①。

（3）潜在性和现实性的统一

技术是一个实践过程，是一个由潜在至现实的实现过程。在这个过程当中，人们受制于各种政治、经济、文化等各方面因素的影响，也受制自身所具有的知识、经验条件的影响。然而，技术理性的巨大力量在于：人们能够突破各种主客观条件的限制，在人的头脑中构建出对自然物的改造方案，并具体地形成诸如技术说明、工程图纸之类的有形技术，再将这种技术形式现实地转化为某种工业产品。技术从潜在向现实的发展过程，就是技术由潜在生产力向现实生产力的转化过程。技术作为知识形态的生产力，通过提高劳动素质，通过提供新的生产方法和新的生产工艺，通过改变生产函数运转，深刻地影响着生产力的全部要素，并由此而实现现实生产力的发展和进步。

三、工程的涵义和特征

同科学、技术一样，工程的发展也有悠久的历史。然而，目前针对工程问题的研究仍显薄弱。因为工程是一个极为复杂的现象，它与多种社会因素紧密相关，所以，人们对工程的认知远不如对科学技术的认知。本书结合科学技术

① 马克思恩格斯全集（第1卷）．北京：人民出版社，1995：78

的涵义和特征大致地讨论工程问题。

（一）工程的历史涵义

1. 古代工程

尽管“工程”及“工程师”的概念出现在欧洲中世纪后期，但是，工程活动的历史发端于人类文明之初。公元前3000年，古埃及、古巴比伦的建筑师们就已经设计和建造大型建筑物，并开始管理、开拓水利灌溉活动和矿产业采掘活动。古代工程最突出地表现在军事工程的设计和制造上。古希腊人发明的攻击性机械装置——从原始的弓到投射器，再到发射箭或石球的弩炮——充分反映了战争工程技术的重大进步。在著名的特洛伊战争中，除了攻击武器外，各式各样的防御工事也深刻体现了古希腊人的工程智慧。此外，古代的市政工程事业也初具规模。谚语“条条道路通罗马”，就是对当时罗马道路建筑和都市建设辉煌成就的写照。

在中国古代，工程领域的杰作主要表现在水利工程和军事建筑工程上。公元前250年由李冰父子主持兴建的都江堰水利工程，充分体现了中国古人系统工程思想，是世界水利史上的丰碑。万里长城东西绵延上万华里，是古代中国在不同时期为抵御塞北游牧部落联盟侵袭而修筑的规模浩大的军事工程。万里长城以其巧夺天工的工艺和雄伟壮观的势态，见证了中国古代军事工程和建设工程的强盛。

总体来说，古代工程的规模和社会影响还相当有限。首先，工程技术主要建立在手工工艺的基础上，表现为工匠们的技能和经验；其次，工程动力主要局限于人力和畜力，重大工程项目的完成主要依靠“人海战术”；最后，工程只是社会生活的暂时状态，工程项目的实施以临时征集人员、临时调配物质为特征，没有职业化的工程师、工程队以及专门的工程物质供应和管理。

2. 近代工程

近代工程活动兴起于英国的工业革命，其标志性的成果是专业化机械工程领域的形成。首先，英国工业革命的发展极大地推动了科学技术的革新，为工程活动的新变化做好了理论上的准备。工业革命的直接后果是机械物理学的重大突破和机械技术的广泛应用，这便从理论根基上触发了以工作母机和蒸汽机为代表的机械工程领域的悄然兴起。此外，工业革命导致了产业结构的重大变革，使传统社会以农为主的产业结构向现代社会以工为主的产业结构转化。18世纪后半期，英国出现了世界上第一座工厂，工厂制的确立昭示着工程活动规范化的开端。随后，机械工程、采矿工程、纺织工程和结构工程相继兴起，工程活动变得日趋系统化和常态化。19世纪上半叶，英国成立了专门的民用工程师学会，这标志着职业工程师队伍的形成。由此，以工程师为主导力量的工程活动日益得到了社会的广泛认可，整个社会开始进入了一个工程时代。

19世纪中叶，科学技术的进一步发展推动了第二次工业革命的产生，工程活动在这场工业革命中迎来了它的黄金时代。首先，在电磁理论和电气技术的指引下，电气工程蓬勃发展起来，紧接着，冶金、化工、农业和航空等工程领域相继出现。此外，工程类型和工程方法日趋科学化、常规化。理论科学、应用技术和工业生产的深入融合，强有力地推动了工程的全面繁荣。这个时期，工程活动彻底摆脱了古代对人力、畜力和手工艺的依赖，转向以技术为核心、以系统化、组织化为特征的近代工程形态，工程活动的发展实现了质的飞跃。

3. 现代工程

20世纪两次世界大战的爆发，客观上促进了工程理论和工程实践的长足发展，伴随着现代科技进步的层出不穷，工程活动实现了现代化的成功转型。

第一次世界大战期间，化学工业、电气工业以及其他工业领域的发展，使人们充分意识到自然科学的贡献与工业文明的进步之间有着某种必然的联系。在此期间，一批既受过科学教育又得到工程训练的工程师成长起来，主导了多项技术发明；许多重要的工程设施在科学发现的基础上结合工程师的实践经验得以完成；相当一部分新产品的研发生产，不再是个别工人的偶然创造，而是有目的、有计划的组织生产，等等。这些工程特征综合揭示了一个事实：现代工程活动向科技工程一体的系统工程方向发展。①

第二次世界大战以后，现代工程的规模进一步扩大，结构更趋复杂。在世界各国，许多科技含量高的大型社会性工程项目相继出现。这些项目涉及领域之广、工艺技术之复杂，已经不是几个人或者一个工业研究室、一个企业甚至几个工程单位所能承担的，需要由国家出面去组织和整合诸多科研机构、生产企业、工程施工单位等共同实施项目的完成。例如，美国第二次世界大战期间的曼哈顿工程、20世纪五六十年代的阿波罗登月工程等，都是动员几十万人、耗资几十亿甚至几百亿美元的巨型项目，它们需要上万个企事业单位和科研院所全力协作才能完成。现代工程这种规模化、国策化的发展促使工程成为科学发现、技术发明与产业发展之间的桥梁和纽带，从而使它成为科技工程创新的主战场，直接推动着产业革命、经济发展和社会进步。

---

① 自然辩证法——在工程中的理论与应用. 北京：清华大学出版社，2008：61

（二）工程的逻辑内涵及其特征

1. 工程的基本含义

从词源上看，现代英语中“ENGINEERING”一词源于拉丁文“INGENERARE”，包含“创造”的意思。伴随着工程实践活动的不断深化，“工程”词义的发展日趋与科学技术相关，主要指利用科技力量所实现的人工创造性活动。

最早且使用最广泛的工程定义出现在1828年托马斯·特莱德高德写给英国民用工程师学会的一封信中，他指出，工程是驾驭自然界的力量之源，是供给人类使用与便利的技术。这一定义在后来的几十年中被人们普遍接受。但19世纪中叶开始，学术界对此定义展开了不同程度的批判。究其原因主要有以下三点：第一，19世纪自然科学的进步使人们认识到基础科学在工程实践中的重要作用；第二，工程负价值的显现使部分人文学者开始反思工程在人类进步当中的作用，对其价值中立性提出怀疑；第三，工程与艺术相关的创造性本质使人们更多地关注工程设计。

国外学者对工程的理解主要有两种见解，一种把工程看做一个设计过程，工程师就是设计师；另一种把工程看做一个制造过程。我国的《自然辩证法百科全书》对工程的定义是：“把数学和科学技术知识应用于规划研制、加工、试验和创制人工系统的活动和结果，有时又指关于这种活动的专门学科。”① 这一定义体现了对上述两种见解的综合。此外，国内有部分学者把“工程”一般性界定为：人类改造物质自然界的所有实践活动，如211工程、希望工程、三峡工程等。根据马克思主义自然辩证法的基本原理，我们认为，工程的定义是：人们综合运用科技要素，以及经济、政治、文化和自然环境等各种要素，有组织地合理化创建人工存在物的具体实践活动，它包括工程建造的全过程及其最终成果。换句话说，所谓工程，即是以构建新物为核心的、各种工程要素的集成过程。

2. 工程的基本特征

工程作为人类文明的重要标志之一，它具有以下特征。

（1）工程的目标是社会实现

工程是一种目的性和计划性极强的人类活动，其最终目标早在活动开展之初就已经清晰地存在于工程组织者的头脑之中。满足人们的某种特定需要，实现一定的经济效益和社会效益，是工程组织者组织工程设计和工程制造活动的

① 自然辩证百科全书．北京：中国大百科全书出版社，1995：106

根本目的。工程活动具有直接的社会性，它是科技力量实现其社会功能的重要途径。科学成果的转化、技术创新的体现，归根结底需要通过工程活动实现并检验其有效性和可靠性。工程转化能力的好坏直接关系到科技对国家经济贡献的程度和水平。例如，英国拥有大量的科研理论成果，但是，它缺乏一种有效的工程转化机制，结果科学研究成果不能有效地应用到现实的工业生产之中，从而严重地影响 20 世纪英国经济的发展速度和发展规模。与之对照，日本、韩国、新加坡等一批新兴的亚洲资本主义国家，虽然科研基础不如英国，但它们在工程转化上有极高的效率，因此，它们在第二次世界大战后迅速崛起，成为 20 世纪后半期发展最快的国家。①

（2）工程是科学、技术和社会各因素动态整合的复杂系统

现代工程都是以科学技术为支撑的，依据科学原理所研发的关键性技术要素往往构成了工程的基本内涵。但是，任何一个工程建造都是一个复杂的系统，它不仅与科技要素相关，而且还涉及人力、物力等多方面的问题。一个工程项目要顺利完成，不仅需要对其中所包含的科学技术因素进行优化整合，而且必须在整体尺度上考虑经济、文化、生态环境等诸多因素的影响。从某种意义上讲，科学技术要素是工程活动的内圈结构，社会政治、经济、文化等其他因素则构成了工程活动的外圈结构。整个工程就是科学、技术和社会各要素之间动态平衡的复杂系统。如何把这些要素组织协调一致，是工程活动最重要的问题。由于各要素的存在及其相互作用总是多种不确定的变数，工程活动必须尽可能对所有相关的要素，做出充分的估计和及时的反应，力争在工程的发展理念和战略上、在工程决策和设计上、在施工技术和组织上不断优化，实现整体效益的最大化。

（3）工程是一个集成式创新活动

工程本身就是一种创造，创造出前所未有的人工存在物。科学技术原理在工程实践中的应用，是工程的应有之义，但是，任何一个工程的建造都是包括科技要素在内的各种复杂要素的集成整合。从这一个意义上讲，每一项工程都是新工程，都是一种创造。因为也许某个工程采纳的技术原理不是全新的，甚至可能它在制造过程中没有一项新的技术发明，但是，这个工程所实验的社会环境和生态环境一定是特定的，也就是说，该工程的“外圈结构”一定是特定，因此，我们就有充分的理由说，这个工程实现了创新，它所实现的创新是集成式的创新组合。总之，工程项目的创新不只是单项技术的创新，更重要的

---

① 自然辩证法——在工程中的理论与应用. 北京：清华大学出版社，2008：30－31

是其要素组合的创新。只要某个工程团队在特定的时间、地点实施某个特定的工程活动，那么，它就是一种创造，它就必将给人们带来新的经济效益、社会效益或生态文化效益。

四、科学、技术和工程的联系与区别

科学、技术和工程是协调人与自然关系的重要中介，它们分别从不同的侧面反映了人和自然之间能动的关系。但是，科学、技术和工程又有着本质的不同。一般来讲，工程更侧重于实际经验，科学重点在于理论、纯研究，而技术则介于两者之间。

（一）科学、技术和工程的本质区别

1. 科学的本质

与技术、工程相比，科学的重点是形成对自然的理论认识。具体来说，科学发现包含以下特质：

第一，从其研究的目标任务看，科学是一个从实践到理论，由个别到一般的转化过程。其目的在于认识自然，揭示客观规律，以准确而简约的方式解释自然现象，增进人们的知识财富。

第二，从其研究的方式方法看，科学以实证为原则，运用范畴、定理、定律等理性思维形式，反映客观世界的本质规律，以形成数据完备、逻辑严密的理论知识体系为最终目标。

第三，从其研究的成果形态看，科学成果是知识形态的理论体系，主要表现为科学发现和科学预见、科学原理等，一般通过专著、论文或研究报告等形式表达和传播，具有公共性和共享性。

第四，从其研究的价值取向看，科学的目的是认识世界，因而一切事物、现象及其规律性的东西都在科学研究的视野之内，各种不同的研究课题虽然有轻重缓急之别，但原则上讲一切问题都可以研究。也就是说，科学研究无禁区、无国界。它与社会现实联系的密切度不如技术和工程，基本上讲，科学以追求真理为己任，其价值是中立的。

第五，从其对生产力的影响看，科学对社会生产和经济活动的影响远不如技术和工程直接，科学生产的是精神产品，表现为知识形态的科学概念、定律和原理等，需要通过技术和工程中介才能对生产、经济活动产生作用，因而科学是一种潜在的生产力。

2. 技术的本质

在国内，人们往往将科学与技术混为一谈，统称为“科技”。事实上，技

术与科学有很大差别。

第一，从其研究的目标任务看，技术是一个由理论到实践，把一般转化为个别的过程，其目的在于改造自然，增进人们的物质财富。在科学认识的基础上，技术一般按照适人的原则，以满足人类的特定需要为目标，实现自然的人工化。

第二，从其研究的方式方法看，技术所追求追求的是对自然力、自然物以及自然过程的人为控制。它旨在利用科学原理，有的放矢地改造自然和开发自然，由此决定了技术活动多采用调查、设计、试验和修正等方法与手段实现发明创造。

第三，从其研究的成果形态看，技术成果是知识形态与物质形态的东西的有机结合，主要包括技术发明、技术革新、技术应用。其表现形式多样，可以是实物形态的技术样品、样机和模型等，也可以是技术规程、设计图纸和专利说明等。不论哪一种形式的技术成果，它们既是精神活动的产物，又是实践活动的产物。

第四，从其研究的价值取向看，一方面，技术具有自然属性，即其必须符合客观自然规律；另一方面，技术具有社会属性，即技术的研制和应用必须考虑社会需求及社会后果。也就是说，相比科学而言，技术与社会现实的关系密切。在技术活动中处处渗透着社会价值评价，它以功利为尺度，以获得利益为目标。

第五，从其对生产力的影响看，技术表现为劳动技能和生产过程中的物质手段，它作为直接的生产力，对社会经济活动直接产生效益。此外，许多技术成果具有直接的商业性，可以在保密的同时转让和出卖，产生直接的经济效益。

3. 工程的本质

一般来说，人们对技术和工程的概念界定不是很清晰，像“技术工程”和“工程技术”这类语词总是被不加区分地使用。然而，从严格意义上讲，工程的特质是制造，它具有不同于科学、技术的本质表现。

第一，从其研究的目的任务看，工程的宗旨不在于获取知识，而在于获得人工物。将人们头脑中的观念转化为物的形式，是工程活动的直接目标和任务。与工程这一特质相比，技术开发虽然具有一定的应用性目的，但后者的针对性远不及工程活动。一项通用技术往往可以应用于多个工程项目，如电气技术、电子技术等；而工程的目的和任务旨在某一特定人工物的制造上，如三峡工程、希望工程等。

第二，从其研究的方式方法看，工程涉及预测、评估、发明创造、设计和试验、制造等多个方面，其整体结构比科学、技术复杂得多。在科学、技术活动中，最重要的因素就是科学家或者技术员的个人素质，而一项工程的实现，往往需要综合考虑人力、物力等方方面面的因素。因此，与科学技术活动相比，工程实践活动所应用的方式方法更灵活多变、更强调实效性。

第三，从其研究的成果形态看，工程活动包括计划、实施、观测、反馈到修正等阶段，其最终目的是实现某种特定的社会目标。

第四，从其研究的价值取向看，工程比科学、技术更具实践性。一个工程制造项目不仅与科学技术相关，更重要的是在各种资源利用的问题上，工程负有不可推卸的责任，其价值取向不是中立的。评价一个工程项目的好坏不在于其创新纪录的高低、知识形态的真假，而在于其是否合理合法地实现各种科技、政治、经济和文化资源的配置，是否以正当的方式达到预期的制造要求和制造水平。

第五，从其对生产力的影响看，和科学、技术相比，工程与社会生产、经济生活的关系最为直接和密切。前述已经提到，科学、技术转化为现实生产力的功能，必须通过工程这一环节来实现，换言之，工程的转化能力直接体现了科学技术对国民经济的影响力和推动力，工程是最直接的生产力。

（二）科学、技术和工程的联系

将科学、技术和工程严格加以区别，并不意味着要把这三者割裂开来。事实上，三者之间有着密切联系，尤其在当代，科学、技术和工程的发展越来越明显地表现出三者结合成一体的趋势。

1. 科学技术化与技术科学化

科学技术化包括两个方面的含义，其一，科学活动中渗透着技术活动。社会生产和技术活动过程对技术原理和技术经验的积累，为科学发现和科学理论的产生提供了重要的源泉。例如，古代的人们正是从工具制造活动中产生了力学和机械原理方面的知识，现代的应用性医疗技术在不断地积累着医学方面的理论知识。其二，科学研究需要应用技术手段和工具，科学研究的重大进展依赖于技术上的诸多突破。正如恩格斯所言，工业技术不但为科学“提供了大量可供观察的材料，而且自身提供了和以往完全不同的实验手段”[①] 和实验工具。早期科学主要靠直观、猜测和思辨方式探索自然，近代科学则更多地借助实验技术进行探索。工业革命之后，对工作母机和动力机械的广泛使用，进一

① 马克思恩格斯选集（第4卷）．北京：人民出版社，1995：278

步加强了科学与技术的结合。到了现代，科学研究进入微观世界和宇观层次，前沿科学理论研究越来越多地依赖复杂的仪器设备和大型实验装置，这些都离不开高新技术的支持。

技术科学化同样包括两个方面的含义，其一，技术借助科学理论的指导形成系统的知识体系，进而上升为技术科学。技术科学作为一般的通用性技术理论科学，为解决工程活动中带有普遍性的问题提供技术支持，并以此架起基础科学通向工程应用的桥梁。其二，技术进步以科学发展为先导。技术上的重要发明，通常直接来源于基础科学研究成果。科学规律、科学原理通过应用性研究，可以转化为技术原理，并为技术发明提供直接的理论要素和方法原则。例如，从激光原理到激光技术，从核反应原理到核反应技术的产生和发展，就是科学理论转化为技术原理进而导致新技术产生和推广应用的例子。

科学技术化和技术科学化的不断发展，导致了日益明显的科学技术一体化趋势。至此，科学的解释世界功能与技术的改造世界功能完整地结合在一起，凝聚成巨大的物质力量，对社会的经济、政治和文化等诸多方面产生深远的影响。

2. 工程技术化与技术工程化

技术工程化指技术和工程密切联系在一起，技术作为工程活动的基本要素，发挥着关键性作用。从广义上看，工程是人类改造物质自然，创造人工自然的全部实践活动。这个活动如果离开了作为活动手段的技术，几乎是不可能进行的。因为技术是工程的支撑，它构成了工程的基本内涵。一个工程活动既是新技术的形成过程，也是成熟技术围绕某个创造物所构成的动态关联和集成过程。从这个意义上讲，工程就是技术工程，没有离开技术的工程。

技术工程化指现代技术的发展呈现为与工程融合的趋势。一个重要的技术发明从一开始就有明确的工程目标，并在具体的工程活动中孕育产生。从这个意义上讲，技术就是工程技术。工程是技术的载体，是技术的规模化、集成化和建制化应用与实施的具体场景。没有游离于工程活动之外的技术。总之，技术与工程有着难分难解的亲缘关系，只有将二者充分地融合在一起，才能较好地推动科学理论研究成果进入生产和经济领域，使技术原理成为现实的生产力造福于人类社会。

3. 科学、技术、工程的一体化趋势

科学、技术、工程各自具有独特功能。科学的目的是认识自然界的规律；技术的目的是把基础理论转化为改造自然的能力，工程的目的是直接改造、利用和保护自然。它们彼此相互联系、相互促进，共同服务于社会生产和经济生活。在当今社会，科学、技术、工程相互融合、相互渗透综合表现为科学、技术和工程的一体化趋势。

现代的科学、技术、工程，已经形成“科学—技术—工程”三位一体的动态发展模式。可以说，现代科技工程项目总是从科学基础研究起步，通过技术应用研究和工程开发研究，直至工程实施、投产。正因为科学、技术和工程呈现出一体化趋势，所以，几乎所有的现代国家，都十分重视科学、技术、工程三大门类的比例化、合理化发展。因为只有维持这三者之间的良性循环态势，才能最大限度地实现科技工程活动的社会、经济和环境效益。

现代科学、技术、工程的迅猛发展几乎超出人们的想象。这三大领域层出不穷的重大突破以前所未有的速度和规模改变着世界，改变着人们的生产生活方式。对于我们而言，必须认清科学、技术、工程在国家发展中的特殊地位和作用，扎实地从事科学研究和技术工程开发研究，充分发挥科学、技术、工程的一体化功效，为实现中华民族的伟大复兴而不懈努力。

思考题：

1. 如何理解科学的含义及其特征？
2. 如何理解技术的含义及其特征？
3. 如何理解工程的含义及其特征？
4. 如何理解科学、技术、工程的区别和联系？

资料链接

阿波罗工程[①]

阿波罗工程，或称“阿波罗”计划，是指美国在1961年到1972年进行的一系列载人登月飞行任务。

1961年4月12日，发生了一件令美国人恼怒的事：苏联宇航员加加林首次进入太空。刚从床上被叫醒的美国总统约翰·肯尼迪，知道消息后十分震惊，因为这表明苏联在航天技术上已领先美国一步，也就是说，在科技竞赛中美国处于劣势了。“这是继苏联第一颗人造地球卫星上天之后，对美国民族的

① http://baike.baidu.com/view/61415.htm

又一次奇耻大辱!”肯尼迪愤愤地说道。为了迎接苏联人的太空挑战，美国人决心不惜一切代价，重振昔日科技和军事领先的雄风。

肯尼迪召集美国各有关部门的头脑们商量对策，后宣布：“美国最终将第一个登上月球。”1961年5月25日，肯尼迪在题为《国家紧急需要》的特别咨文中，提出在10年内将美国人送上月球。他说：“我相信国会会同意，必须在本10年末，将美国人送上月球，并保证其安全返回”，“整个国家的威望在此一举”。于是，美国航宇局制订了著名的“阿波罗”登月计划。

阿波罗是古代希腊神话传说中的一个掌管诗歌和音乐的太阳神，传说他是月神的同胞弟弟，曾用金箭杀死巨蟒，替母亲报仇雪恨。美国政府选用这位能报仇雪恨的太阳神来命名登月计划，其心情可想而知。

但是，建造这样一艘登月船也不是轻而易举的。两个月后，美国科学家为实施“阿波罗”登月计划拿出了4种方案，即“直接登月”、“地球——轨道会合”、“加油飞机”、“月球表面会合”。但是，每种方案随后都表明存在着各种不易解决的技术难题。

正当美国科学家们和政府首脑犹豫不决时，一位名叫约翰·C·霍博特的太空署工程师提出了第5种方案——“月球轨道会合”方法。这种方法的要点是：从地球上发射一支推力为750万磅的“土星”5号火箭，将装载3个宇航员的“阿波罗”太空船推向月球。“阿波罗”太空船绕着月球轨道运行，但整艘太空船并不在月球上降落，而是分离出一艘小的登月舱。登月舱带着2名宇航员依靠倒退火箭抵达月球表面，第3名宇航员则留在太空船上。当他的两个同伴在勘查月球表面时，他一路环绕月球飞行。当勘查工作完成后，月球上的两位宇航员就引发登月舱上的火箭，重新和太空船会合。3名宇航员乘坐太空船，引发火箭回到地球上来。于是，科学家们决定采用“月球轨道会合”方案。

为了实现这个宏伟的计划，美国国家航宇局的科学家和工程师，要设计制造出一艘宇宙飞船“阿波罗”号，它的大小与火车头相近。为了发射这个飞船，还要制造出一个与足球场差不多长的火箭。此外，科学家们还要建起一座大型的太空中心——月球港，它要拥有车间、试验室和办公室，并且在全世界建立一系列的跟踪站；他们为宇航员们建立了训练中心，在这个中心里，同时建造了“登月模拟装置”。

经过长时间的工程准备，终于在1969年7月16日，巨大的“土星5号”火箭载着“阿波罗11号”飞船从美国肯尼迪角发射场点火升空，开始了人类首次登月的太空征程。美国宇航员尼尔·阿姆斯特朗、埃德温·奥尔德林、迈克尔·科林斯驾驶着阿波罗11号宇宙飞船跨过38万公里的征程，承载着全人类的梦想踏上了月球表面。这确实是一个人的小小一步，但却是整个人类迈出的伟大一步。他们见证了从地球到月球梦想的实现，这一步跨过了5000年的时光。

美国于20世纪60年代至70年代初组织实施的载人登月工程，或称“阿波罗”计划，是世界航天史上具有划时代意义的一项成就。工程开始于1961年5月，至1972年12月第6次登月成功结束，历时约11年，耗资255亿美元。在该工程高峰时期，参加工程的有2万家企业、200多所大学和80多个科研机构，总人数超过30万人。

思考题：

结合以上材料谈谈现代工程的基本特点。

科学对人类事物的影响有两种方式：第一种方式是大家都熟悉的，科学直接地、并且在更大程度上间接地生产出完全改变了人类生活的工具；第二种方式是文化教育性质的——它作用于心灵。尽管草率看来，这种方式好像不大明显，但至少同第一种方式一样锐利[①]。

——爱因斯坦

第二章 科学精神、人文精神的精髓及其相互关系

科学精神和人文精神是人类在认识与改造自然、认识与改造自我的活动中形成的一系列观念、方法和价值体系。人类社会的进步与发展，始终离不开科学精神与人文精神合力的推动。如何把握科学精神和人文精神的内涵及其相互关系，是近年来引起人们关注的一个重要的理论问题。这一方面是由于科学技术在现代社会中对经济、社会发展的巨大推动作用，日益受到人们的普遍重视；另一方面是在现代社会中，人们过分强调科学技术的功利价值，忽视其精神价值，由此而导致了人们在享受科学技术发展成果的同时，出现了很多负面问题。特别是面对技术不当应用给社会所带来的大量负面影响，人们对科学的价值和人类的未来产生了怀疑、悲观失望甚至否定的情绪，这在一定程度上影响了社会的发展。因此，正确认识和把握科学精神与人文精神的内涵和处理好二者间的相互关系，对于正确发挥科学的社会功能，推动社会协调发展具有重要的意义。

一、科学精神

（一）科学精神的三个层面

科学精神是人类在长期的科学活动中逐渐形成和发展起来的一种主观的精

① 何亚平，张钢. 文化的基频——科技文化史论稿. 北京：东方出版社，1996

神状态，它体现为科学知识、科学思想、科学方法中的一种观念、意识和态度。从文化渊源上看，科学精神的形成根源于西方传统文化中理性思维的发展以及重视经验和自然的哲学传统。科学精神主要指实事求是的态度，勇于怀疑和否定的批判精神，勇于超越现状、勇于创新的创造精神。从结构来看，科学精神具有三个层次，即认识论层次、社会学层次及价值观层次。

从认识论层次上看，科学精神的核心内涵是理性精神。它首先表现为相信真理的存在，坚持追求真理的态度，敢于为真理而献身。（苏格拉底是第一个为真理而献身的哲学家；布鲁诺宣传“日心说”，笑对死刑；居里夫妇、爱因斯坦为科学事业呕心沥血。）科学的理性精神在科学研究中，还强调真理应具备逻辑的一致性和实践的可检验性。逻辑的一致性即要求真理体系内部自洽相容，没有矛盾。实践的可检验性强调经验证据要充分可靠。任何真理必须在逻辑上是一致的，在实践中是可检验的。

从社会学的层次看，科学精神是科学共同体的理想化社会关系准则。著名科学社会学家默顿1942年在《科学的规范结构》一文中提出了科学研究的四条社会规范：第一，普遍主义。它要求以实证的、逻辑的这种普遍的，而非个性化的标准来评价科学和科学成果。“普遍主义可以在下述准则中找到其直接的表达形式，即真理性诉求，不管其来源如何，都服从于先定的非个人标准，只要求与观察和早已被证实的知识相一致。一种学说不管是被划归为科学之列，还是被排斥在科学之外，并不依赖于提出这一学说的人的个人或社会属性；他的种族、国籍、宗教、阶级和个人品质都与此无关。”这个规范还要求科学殿堂的准入资格的平等：“普遍主义规范要求在科学职业生涯上向有才能的人开放”，“纽伦堡的法令对哈伯制氨法来说是无效的，‘仇英者’也不能否定万有引力定律”。“客观性拒斥特殊主义。科学上被证实的过程和关系是客观的，这一情况不容许强加任何特殊的有效性标准。”[①] 第二，公有主义。它要求把科学知识作为一种公共产品，无偿地交流和使用，反对把科学知识作为创造者的私有财产。默顿认为，科学是公共的知识，而非个人的知识。只有当科学家把他的思想和发现公之于世，他才算做出科学贡献。因此，只有使他的贡献成为科学的公共领域的一部分，他才能真正地要求说，这项贡献归他所有。公有主义还要求科学家承认和尊重同行的知识产权，一个科学家的知识产权通过发表其成果而确立。对于这样的“知识产权”，其他科学家应予以承认和尊重，即在无偿利用这一成果的同时应该注明其来源。第三，无私利性。这一规

① R. 默顿. 科学的规范结构. 哲学译丛，2000（3）：57－58

范涉及对从事科学研究的动机的制度性控制，它要求科学家为追求真理而工作，要求科学家以科学本身为目的，“为科学而科学”，“只问真伪、不计利害”。反对利用科学谋取个人利益，也不以服务他人和公共利益为直接目的。科学家应当只关注其工作的科学意义，而不要关心它的可能的实际应用或它的一般社会影响。从他们的职业生涯开始，研究者就被教导要严守非牟利性。他们被告诫，自己内在满足的价值要高于他人的喝彩，高于奖励、荣誉和金钱。他们被要求不能根据科学贡献的社会含义，只能根据它们的实质意义来判断其价值。第四，有组织的怀疑主义。它要求对任何科学成果，都根据经验事实和逻辑一致的标准来质疑和审查。默顿认为，要按照经验和逻辑的标准把判断暂时悬置、对信念进行公正的审视，包括对已确立的常规、权威、既定程序的某些基础，以及一般的领域提出疑问。由于在科学中没有比盲目地接受权威和教条更危险的事情了，该规范要求科学家对提出的知识主张的有效性进行公开的批评，无论是别人的，还是自己的。对自己的工作与对同行的工作至少一样地进行批评，是有组织的怀疑主义这个规范最困难的方面。一个真正的学者、科学家所持的信条要求，必须随时准备抛弃自己的构想，不管它们是多么珍贵，否则它们将毁于溺爱。这种怀疑和批判是“有组织的”，是一种制度上的安排，而不仅仅是个人行为。

从价值观层次看，科学求真，同样也求善、求美。科学的伦理精神体现在以理性为基础、以创造为中介的各种关系之中，无论理性精神也好，创造精神也好，其最终表现必然在于对待人与自然、人与社会、人与人之间的关系之中，伦理精神便是对它们之间相互关系的规范和调节。因此，伦理精神是整个科学精神结构的核心所在，科学精神不仅内蕴伦理精神，而且还外化为对人们行为的规范。

（二）科学精神的内涵

科学精神的内涵十分丰富，关于科学精神的内涵有不同的概括。我们认为，科学精神至少包括理性精神、怀疑精神、实证精神、探索精神、创新精神、独立精神等方面。

1. 理性精神

科学精神的基础和核心就是理性精神。这种精神把人与客观世界分离开来，把客观世界作为人类认识和实践的对象。理性精神是对理智的崇尚，科学认识主体通过概念、判断、推理，分析与综合、归纳与演绎等逻辑性的思维活动体现出来。理性精神把自然界视为人的认识和改造的对象，它坚信客观世界是可以认识的，人可以凭借智慧和知识把握自然对象，甚至控制自然过程。理性精神要求人们尊重客观规律，探索客观规律，并把对客观规律的科学认识作为人们行动的指南。科学认识的过程和对象十分复杂，单凭直观、感觉是不能把握事物的本质和发展规律的。人们必须仰仗理性思维才能超越此岸世界并最终到达彼岸世界。提倡科学的理性，就要反对盲从和迷信。崇尚理性思考，绝非简单拒绝或否认人们的非理性的精神世界。人们具有丰富的精神世界，不仅追求理性和真，而且追求情感、信仰，追求美和善、意义和价值。但是，精神追求如果失去了健全理性的导引或调节，人们就容易迷失方向，就会陷入迷茫，就会产生思想和行动的盲目性、自发性。1935 年，竺可桢在《利害与是非》中总结了科学精神的三个特点：①不盲从，不附和，依理智为依归；如遇横逆之境遇，则不屈不挠，只问是非，不计利害，不畏强暴。②虚怀若谷，不武断，不蛮横。③专心一致，实事求是。不作无病呻吟，严禁整饬，毫不苟且。

2. 怀疑精神

怀疑精神是由求实精神引申而来的，它要求人们凡事都问个“为什么”，追问它“有什么根据”，而决不轻易相信一切结论，不迷信权威。合理怀疑是科学理性的天性。伽利略对亚里士多德动力学原理产生了怀疑，经过研究与实验，最终揭露了亚里士多德动力学内部的逻辑矛盾，并确定了“自由落体定律”。英国著名科学哲学家波普强调，科学方法是批判怀疑的方法，批判和怀疑是任何理智发展的主要动力。科学精神要求对一切学说保持开放态度，要求在理性批判主义的驱动下不断发展、完善，甚至超越自身所建构的一切。波普曾经指出，正是怀疑、问题激发我们去学习，去发展知识，去实践，去观察。从这个意义上说，科学的历史就是通过怀疑，提出问题并解决问题的历史。在科学理性面前，不存在终极真理，不存在认识上的独断和绝对“权威”。怀疑精神是破除轻信和迷信，冲破旧传统观念束缚的一把利剑。缺乏怀疑精神，容易导致盲目轻信。怀疑精神是批判精神的前导，批判精神是怀疑精神的延伸。没有合理的怀疑，就没有科学的批判；而没有科学的批判，就没有科学的建树。新思想是在对旧思想的否定中诞生的，真理是在同谬误的斗争中发展的。当然，科学的批判精神并不是形而上学的绝对否定，而是辩证的扬弃。科学精神体现了科学性与革命性、建设性与批判性的统一。一部科学史就是科学家通过怀疑精神推动科学不断前进的发展史。如对原子的模型认识，经历了从汤姆逊枣糕式模型到卢瑟福原子核式模型，再到玻尔半经典半量子模型，最后到电子云模型，认识经由不断地怀疑、不断地探索，实现了由不正确到正确、由不完善到完善的螺旋式上升。同样，没有哥白尼对托勒密“地心说”的怀疑和批判，就没有“日心说”的创立；没有对“物种不变论”的怀疑和否定，就不可能有达尔文进化论的创立；没有对牛顿经典物理学的绝对时空观的怀疑和超越，就不可能有爱因斯坦狭义相对论的出现。怀疑的过程就是发现问题的过程。如果对什么事情都轻信和盲从，就根本谈不上科学的精神。

3. 实证精神

科学需要有实证精神，实证精神意味着科学的严格性，表明任何科学理论或假说都必须接受严格的检验，都必须有充分的实证依据。科学发展过程中凡事皆求证明，否则，就不可能成为真正意义上的科学。实证精神要求一切科学认识必须建立在充分可靠的经验基础上，以可检验的科学事实为出发点，运用公认为正确的研究方法完成科学理论的构建。实证精神是一种客观的态度，在思考和研究中尽力排除主观因素的影响，尽可能精确地揭示出事物的本来面目。同时，这种客观性又必须满足普遍性的要求，即客观知识必须是能够重复检验的公共知识，而不是个体的体验。实证精神，就是尊重事实、诚实正直。这是科学的重要品质。

4. 探索精神

探索精神是由作为科学研究对象的客观世界的无限性和复杂性所决定的。研究对象永无止境，科学永无止境，科学探索永无止境，思想解放亦永无止境。科学的基本态度之一就是探索，科学的基本精神之一就是批判。科学研究不仅是一种智慧的劳作，也是一种精神的探险，单靠聪明的大脑是不够的，还需要坚韧的精神，不怕失败、不怕困难、敢于向困难挑战的精神。科学精神是顽强执著、锲而不舍的探索精神。古往今来，任何一项科学发现、发明，都不是凭空出现的，都经历过实践、认识、再实践、再认识这样一个完整过程；都不是一帆风顺的，都经历过不断探索真理、不断追求真理、不断坚持真理这样一个艰难过程。马克思曾指出："在科学的入口处，正像在地狱的入口处一样，必须提出这样的要求：'这里必须根绝一切犹豫；这里任何怯懦都无济于事。'"① 探索精神不仅体现了科学家追求真理和知识的执著精神，而且体现了追求过程中所采取的自由开放和独立思考的学术态度。

5. 创新精神

如果说实证精神深刻反映了人们对客观规律的探索与尊重，那么创新精神则充分体现了人类特有的主观能动性。从实际出发，尊重客观规律，并不是要人们墨守成规。科学精神倡导创新思维和开拓精神，鼓励人们在尊重事实和规律的前提下，敢于"标新立异"。科学精神的本质要求是开拓创新，要不断有

① 马克思恩格斯全集（第13卷）. 北京：人民出版社，1957：11

所发现，有所发明。创新和继承是分不开的：没有创新，科学将停滞不前，将成为万古不变的教条；没有对已有知识的继承，创新就成为无源之水、无本之木。只有具备丰富知识和经验的人，才能更加容易产生新的联想和独到的见解。科学领域之所以，不断有新发明、新发现、新创意、新开拓，之所以充满着生机和活力，就在于不断更新观念，大胆改革创新。因此，科学的生命在于发展、创新和革命，在于不断深化对自然界和人类社会规律的理解。科学的突破和创新往往要受到旧思想的强烈反对，所以，创新也包含着勇敢无畏精神。在科学研究中，要敢于根据事实提出与以往不同的见解。科学史上重大的发现无一不是创造性思维的结果，比如，“场”概念的建立，“黑洞”的发现，相对论、量子论、基因论、信息论的形成，都是在继承前人成果的基础上创新思维的结果。正是基于各门自然科学和思维科学的突破性进展，人类才创造了超过以往任何时代的科学成就和物质财富。一切自命为拥有绝对真理、法力无边的所谓至高至善，都是对科学的创新精神的嘲弄。实践证明，思维的转变、思想的解放、观念的更新，往往会打开一条新的通道，进入一个全新的境界。一部科学史，就是一部在实践和认识上不断开拓创新的历史。

6. 独立精神

独立精神是对从事科学活动的主体的基本要求。科学产生和发展在一定的社会环境中，要受到社会舆论、社会道德、社会政治等因素的影响。而科学作为一种理性活动，以追求真理为目标，只能实事求是，不能屈服于任何外界的压力，所以，对于科学家而言，必须具备独立精神。科学史上，哥白尼坚持独立精神，不屈从教会的压制，提出“日心说”。对于社会而言，则必须具备民主精神。民主是科学发育不可缺少的社会环境，民主是科学发展的必要条件，科学和民主是一对孪生兄弟。20 世纪初，中国的新文化运动提出的口号就是“科学”和“民主”。科学精神表现为强调知识、理性和逻辑思维的作用与意义，认普遍性为真理，反对蒙昧主义；民主精神表现为强调发挥人的主体性、能动性，提倡自由意志，反对专制主义。民主精神是科学的生命，没有民主，科学将没有活力。随声附和，或为了迎合某种需要而随意编织自己的见解是与科学精神水火不容的。所以，作为科学工作者要有独立精神，而社会则要让科学处于一种相对独立的地位。默顿在阐述科学的“普遍主义”时指出：“真理性诉求，无论其来源如何，都应该服从于先定的非个人性的标准，即要与观察和以前被证实的知识相一致。对于要进入科学之列的主张，不管是接受还是拒绝，并不依赖于主张提出者的个人或社会属性；他的种族、国籍、宗教、阶级和个人品质都与此无关”。“纽伦堡的法令不能使哈伯制氨法失效，仇英者也不能否定万有引力定律”。[①] 这种关于科学的“普遍主义”的论述也包括了科学研究中的独立精神。

（三）科学精神的现实功能

科学精神的现实功能主要体现在以下几个方面。

1. 科学精神是科学的根本

著名科学家、教育家任鸿隽认为，研究科学者，常先精神，次方法，次分类。科学精神乃科学真谛，理当为首。也就是说，科学精神在科学中是根本。对此他解释道：“夫豫去其应用之宏与收效之巨，而终能发挥光大以成经纬世界之大学术，其必有物焉为之亭毒而酝酿使之一发不可遏，盖可断言。其物为何？则科学精神是。于学术思想上求科学，而遗其精神，犹非能知科学之本者也。”[②] 科学精神强调理性和逻辑，科学精神决定了科学的道路和方向，所以，科学精神是科学的根本。

2. 科学精神对文化和文明的发展有促进作用

没有产生于古希腊以理性为核心的科学精神，就没有现代的文明进程。正是以理性和逻各斯为核心的科学精神推动了人类走向更高的文明层次。杜威强调指出，科学精神的重要意义主要体现在它对我们文化前途的巨大影响上：“我们文化的将来全由科学精神之广扩和紧握而决定。”[③] 科学精神推动着人们对自然界的探索和把握。培根说：“知识就是力量”。科学精神不再仅仅是解释世界的武器，而进一步上升为改造世界的利器。这样一来，科学精神成为解释世界和改造世界的双重武器，决定着人类文明的进程。

3. 科学精神对社会具有巨大的促进作用

2007 年 3 月 4 日，胡锦涛总书记看望出席全国政协十届五次会议的委员，在听取委员们的意见和建议时指出：“科学精神是一个国家繁荣富强、一个民族进步兴盛必不可少的精神”，“要在全社会广泛弘扬科学精神……”这表明了科学精神对于一个国家、一个民族进步的重要性。

科学精神强调求真务实。唯有坚持科学态度、科学精神，才能真正解决各种社会事务。科学精神是改革创新的精神。科学无止境，改革没退路。只有改革创新，各项工作才能与时俱进。科学精神也是文明进步的精神。推进民主法制建设，加强公民道德建设，维护社会公平正义，树立社会主义荣辱观等等，

---

① R. 默顿. 科学的规范结构. 哲学译丛，2000（3）：57－58.

② 转引自李醒民. “五四”先哲的睿智：对科学和民主要义的洞见. 学术界，2001（3）

③ 李醒民. 科学精神的特点和功能. 社会科学论坛，2006－2（上）

符合国家发展、社会进步的实际。只有坚持科学精神，才能不断推进社会的文明进步和发展。

4. 科学精神塑造主体的理想人格

科学精神是在科学活动主体大量的实践基础上，通过对其精神、规范等成分高度抽象的结果。它是对科学活动主体的理想要求，是科学共同体内所有成员必须遵循的行为准则和价值理想。科学精神通过文化构建价值意识的一般机制，来实现其对科学活动主体的价值定向。当这种准则、规范被科学活动主体接受、内化后，就塑造起其理想人格。

科学精神对科学活动主体的价值定向通过科学活动的实践来实现，并通过科学活动将其内化为价值意识而稳定下来。科学活动的主体在特定的科学文化模式之中，对价值的感受、经验是受整个文化模式特别是科学精神所要求的价值、经验滋养和支配的。在最初的价值感受中，科学活动主体的价值意识没有定向；但是，在科学文化的滋养下，逐渐加深了对科学的认知，由此产生了对科学特定价值的兴趣、偏好和倾向性。于是，按科学精神所引导、规范的方向，科学活动主体在自己的心理—生物机制上把感受到的经验、价值表象、意念等进行加工、改造，组织到自身特定的价值思维体系中去，从而积淀成为自己的价值定向。当科学精神被内化为科学活动主体的价值意识，便形成了科学信念，就有了其价值理想和价值指南，反过来支配其沿着科学精神既定的方向和规定性进行科学活动，从而推动科学的健康发展。

二、人文精神

（一）人文精神的内涵

在西文中，“人文精神”一词是 humanism，通常译作人文主义、人道主义、人本主义。一般来说，人文精神的历史源头是 14 世纪下半叶意大利兴起的人文主义运动，以后人文精神又通过人道主义理想、人本主义哲学思想表达出来。因此，人文精神的历史内涵可以说就包含在“人文主义”、“人道主义”、“人本主义”这三个概念之中。

人文主义是一个文化学上的概念，指 14、15 世纪发生于意大利的思想文化运动，其对立面是中世纪的禁欲主义。人文主义是指社会价值取向倾向于对人的个性的关怀，注重强调维护人性尊严，提倡宽容，反对暴力，主张自由平等和自我价值体现的一种哲学思潮与世界观。人文主义是文艺复兴的核心思想，是新兴资产阶级反封建的社会思潮，也是资产阶级人道主义的最初形式。它肯定人性和人的价值，要求享受人世的欢乐，要求人的个性解放和自由平等，推崇人的感性经验和理性思维。而作为历史概念的人文主义，则指在欧洲历史和哲学史中主要被用来描述 14 到 16 世纪间较中世纪比较先进的思想。今天，历史学家将这段时间里文化和社会上的变化称为文艺复兴。

人道主义则是一个伦理学和社会学、政治学上的概念。人道主义与人文主义紧密相连，其最初形式便是人文主义，是起源于欧洲文艺复兴时期的一种思想体系，提倡关怀人、爱护人、尊重人，做到以人为本、以人为中心的这样一种世界观。法国资产阶级革命时期又把人道主义的内涵具体化为“自由”“平等”“博爱”等口号。作为一种思潮或思想体系，人道主义是以个人为着眼点的观点，主张每一个人是一个独立的实体，他自己是自己的目的，尊重个人的平等和自由权利，承认人的价值和尊严，把人当做人看待，而不把人看做人的工具。法国第一部宪法的序言《人权和公民权宣言》是资产阶级人道主义的宣言书。人道主义是一个发展变化的哲学范畴。人道思想是随着人类进入文明时期萌发的，但人道主义作为一种时代的思潮和理论，则是在 15 世纪以后逐渐形成的，最初表现在文学艺术方面，后来逐渐渗透到其他领域。人道主义在古罗马时期引申为一种能够促使个人的才能得到最大限度发展的、具有人道精神的教育制度。在 15 世纪新兴资产阶级思想家那里，人道主义是指文艺复兴的精神，即要求通过学习与发扬古希腊和古罗马文化，使人的才能得到充分发展。在资产阶级革命的过程中，人道主义反对封建教会专制，要求充分发展人的个性。直到 19 世纪，人道主义始终是资产阶级建立和巩固资本主义制度的重要思想武器。

人本主义主要是一个哲学范畴。人本主义有三种含义：首先，在历史上人本主义是 14 世纪下半期发源于意大利并传播到欧洲其他国家的哲学和文学运动，它构成现代西方文化的一个要素。人本主义也指承认人的价值和尊严，把人看作万物的尺度，或以人性、人的有限性和人的利益为主题的任何哲学。其次，以 19 世纪德国的费尔巴哈及之后俄国的车尔尼雪夫斯基为代表。费尔巴哈由于把庸俗唯物主义同一般的唯物主义混为一谈，避免采用甚至反对“唯物主义”这个术语，因而将自己的哲学称作“人本主义”或“哲学中的人本主义原则”。车尔尼雪夫斯基也将他的唯物主义学说称作“人本主义”，并把他的哲学著作命名为《哲学中的人本主义原理》。他们都反对把灵魂和肉体分割为两个独立的实体，反对把灵魂看作第一性的唯心主义观点。第三，人本主义指当代西方哲学中与科学主义相对应的，以人的本质、价值、地位等为研究重心的哲学思潮。它代表的人文精神主要表现在对当代科学主义的工具理性的对抗上。科学主义强调理性，把人物化为“工具”，忽视人的感性和个性；而人本主义则与之相对，强调人的感性，强调人的意志，显示非理性对人的意义和价值。胡塞尔现象学、萨特的存在主义哲学都属于人本主义哲学。

在不同的时代，人文精神的特点、重点是不同的，它是在特定时代背景下人们的价值观、人性观、时代精神的集中反映。从历史和现实出发，我们把人文精神的基本内涵确定为三个层次：

第一，对人的幸福和尊严的追求。人与动物不同，是有理性、有主观能动性的社会存在物。在社会结构中，个人不是法律、权力和社会制度的被动产物，而是创造社会历史的主人。这种身份表明，每个人都有权追求自己的幸福生活，都有自己的尊严与价值。在人与社会的关系上，个人可以选择政府（民主政治）；在人与人的关系上，强调人与人不一样，每个人都有独特的生命价值，反对人身依附，倡导人格平等和互相尊重。在这个意义上的人文教育是民主教育和个性教育，培养民主精神和促进人的个性发展是人文教育的重要内容。

第二，对人生意义的追求。把人作为主体存在的目的，关注人性的提升，注重人的生命意义和价值，不是使人们从生产和消费所带来的尽情享乐中寻找他们的人生目的和意义，而是要以坚定的理想信念和高尚的文化生活，引导人们在自由创造和自我完善的过程中，逐渐达到真、善、美相统一的理想境界。概括地说，人文精神就是关心人，尤其是关心人的精神生活；尊重人的价值，尤其是尊重人的精神存在的价值。人文精神的基本含义就是：尊重人的价值，尊重精神的价值。

第三，对个性解放和“人的异化的扬弃”的不懈追求。在现代社会中，社会生活已经完全依赖于庞大的技术系统和技术化的社会运行机制。科学技术正在不断改变着人类的精神生活，使人性被扭曲，人陷入对物质的极度崇拜和自我中心主义的泥沼，人被“异化”了。针对这样的一种现实，人们倡导人文精神，强调对个性的解放和“人的异化的扬弃”的不懈追求；主张在不断提升人性的前提下，高扬主体性，以“培养健全的人格和高尚的时代风尚”为目标，弘扬道德价值和审美价值，从而造就一个旨在人的自由和解放的“个性化的新时代”。

（二）人文精神的特点

人文精神是指以人为本、体现人的本质属性的，揭示人的生存意义、体现人的价值和尊严、追求理想人格和自由发展的精神。具体来说，人文精神具有以下特点。[①]

1. 求善、求美

科学的目的是求真，探索自然的本质和规律；人文文化实践的目的就是求

---

① 赵成. 人文精神的内涵研究及其意义. 学术论坛，2005（5）

善、求美，研究人与社会的合目的性和规律性。人文精神也求真，但它不停留在真的境界，它要求的是真、善、美的统一。人文精神表现为对人的尊严和价值的追求，对全面发展的理想人格的追求和弘扬。

2. 超越性

人文精神实质上是一种超越。它根源于人类对于真、善、美生活的价值追求，又超越于实用理性和功利主义，反映了人类本性中追求“形而上”的一面。在这个意义上，它又是人的一种自由的本真精神，即超越于各种现实的、外在东西的束缚，构筑人类精神和文化的世界。

3. 以人为本

人文实践的尺度既不是外在的客观世界，也不是异化了的神学教条，而是人自身，人的需要，人的理想。以人为本，是哲学价值论概念，它强调人文精神所要回答的是在我们生活的这个世界上，什么最重要、什么最根本、什么最值得我们关注。

（三）人文精神的功能

1. 塑造理想人格

冯友兰先生认为，学科学的目的，是使人能成为有一定职业的人，这至多是人的“生存意义”；而学人文（特别是哲学）的目的，就在于使人生活得更有价值，这是人的“价值意义”。人文文化是为人之本，是一个人精神世界之所在，没有经过人文精神陶冶的人就不是一个完整的人。

人文精神以人为一切价值的出发点，以人为尺度去衡量宇宙万物；人文精神作为对人之生存意义的思考，着眼于对人类命运与归宿、痛苦与解脱、幸福与完善的思索；人文精神作为一种入世态度，是人文知识分子对自然与社会一种独特的理解方式与介入方式，是人文知识分子日常生活的一种规范与生命态度。在中国近现代历史上，王国维、蔡元培、陈寅恪等一大批知识分子的生命实践都充分体现了人文精神的光辉。

2. 规范科学发展

人文精神求善、求美，为现代科学指引方向，规范科学发展。没有人文精神来把握方向，科学的负面效应将会得到极度的彰显。

3. 推动社会全面进步

人类社会的进步和发展，既需要高度的物质文明，也需要高度的精神文明。人文精神的弘扬，能使我们和谐地处理人与自然、人与人、人与社会的关系，使个人全面发展，使社会全面进步。

三、科学精神和人文精神的融合

（一）科学精神与人文精神的对立

随着近代以来科学技术的发展以及西方社会现代化进程的加快，科技与人文对立分离的倾向开始滋长。自从弗兰西斯·培根提出“知识就是力量”的口号以来，人们对科学知识的追求以及对自然的不断探索就成为近代以来一股强大的洪流，滚滚向前。当休谟以“是”与“应当”的区分来取代苏格拉底“美德即知识”的观念时，科学精神与人文精神的对立就逐步表现出来。这种对立在其发展过程中呈现为两种文化的对峙，以科学知识及科学操作为内核的文化领域，与围绕人文研究所展开的文化领域，各自形成封闭的文化领地，二者之间缺乏应有的交流和互动，逐渐导致了文化鸿沟的出现。这种对立随着科学技术的发展和工业文明程度的提高愈演愈烈，最终导致了科学精神与人文精神的公开对立。

一方面，随着以机械力学为基础的近代科学的兴起，自然科学逐渐占据了人类思维的中心，导致了科学主义和唯科学的倾向。在对人与自然的关系的认识上，出现了科学的霸权主义。作为人类认识自然和改造自然的主要手段的科学技术被“异化”，似乎成为无所不能的工具。这样，科学技术在人类文化生活中就占据了至高无上的地位，它不仅成为物质生产的决定者，同时也成了人类精神的主宰者。在这种思潮的影响下，科学精神被极力张扬以致被扭曲，科学理性和原则被看做人类唯一的理性原则，科学规范、科学思维模式和科学方法无条件地渗透到人文社会科学的一切领域，排斥了哲学、文学、艺术等人文学科所倡导的普遍价值观，工具理性逐渐取得了对价值理性的胜利。这样一来，作为主体的人反倒成了对其对象的认知结果的奴隶，人的个性、主动性和创造性逐渐丧失。由此，在许多方面导致了真理与德行的分离，价值与事实的分离，伦理与人的实际需要的分离。科学精神与人文精神的严重分裂直接导致了20世纪的人类文化危机，使人生活在普遍的意义失落和价值危机中，人们感到焦虑不安，迷茫不解。法国作家阿尔贝·加缪在他的作品《局外人》中，通过主人公莫尔索描绘了科学理性的极度张扬带给人类的这种迷茫和荒谬。20世纪以来大规模的战乱，意识形态的对抗，周期性的经济危机，人口、资源、环境危机等诸多全球性问题，都构成了作为人类生存方式的科学文化对人类的严重异化。因此，在科学技术取得巨大进步、全球经济获得辉煌成就的同时，人类的生存和发展也面临着空前的挑战。

另一方面，由于科学主义对科学精神的无限张扬和对人文精神的排斥而导致的人类文化的危机，导致了与科学主义相对立的人本主义的产生与发展。人本主义基于人们对科学理性的悲观失望，而无限夸大人的非理性，过分强调人的意志、情感、生命、潜意识以至本能的作用，将人文精神发挥到与科学主义相反的另一极端，将一切危机都归因于科学技术的进步，将矛头指向理性和科学精神，不加分析地将机械文明的非人性、核武器的恐怖、环境的恶化等完全归罪于科技的发展。在人本主义的倡导下，甚至出现了一股反科学的极端思潮。科技的发展、理性的张扬使西方人文知识分子陷入一种逻辑上的两难境地：要么接受科学，承认世界的物质化和世俗化；要么就必须反对科学。这种以人文精神否定科学精神的倾向，同样造成了科学精神与人文精神的分裂，也是一种不健全的文化精神，对人类社会发展的影响也是消极的。近几十年来，西方思想界涌动着形形色色的反科学思潮。

（二）科学精神和人文精神的融合

人类社会的发展是由科学与人文的合力推动的，历史的长足发展离不开人类精神的“两翼”——科学精神和人文精神，二者是内在统一的。从精神层面上讲，“单独地提升科学精神，必然会使科学主义泛滥起来，从而导致对人文主义的忽视；反之，单独地提升人文精神，不用科学精神来限定人文精神的界限，人文精神就会淹没在神秘主义和信仰主义中。”① 历史的经验教训告诉我们：只有科学精神和人文精神的融合，才能共同推进社会的全面发展与进步，才能有效地解决人类面临的各种问题；否则，割裂二者，强调一方面忽视另一方面，或注重一方面压抑另一方面，必将造成人与人之间的紧张、人与自然的不和谐，甚至带来全球性的大灾难。可以说，二者的有力结合是促使人类文明向着健康化、合理化方向迈进的动力源泉。

科学精神和人文精神的融合来自于自然科学与人文社会科学的结合。正如马克思在一个半世纪之前所预料的那样：“自然科学往后将包括关于人的科学，正像关于人的科学包括自然科学一样：这将是一门科学。”② 二者是人类在认识与改造自然的活动中形成的概念、方法、价值体系，贯穿于科学探索与人文研究过程中的精神实质，是展现科学和人文活动内在意义的东西。科学精神和人文精神的融合，是在深层底蕴上的契合，在理论上的交叉，在实践上的融通。科学越发达，技术越先进，人类的发展越需要人文精神和科学精神的融合。但是，二者融合不是合二为一，或一方代替一方，而是二者共同协作、互

---

① 俞吾金．科学精神与人文精神必须协调发展．探索与争鸣，1996（1）：7－9

② 马克思恩格斯全集（第42卷）．北京：人民出版社，1979：128

为借鉴。这具体表现在如下方面。

1. 人文精神之中应当具有科学意识

在科学技术高度发达的今天，迫切需要整合科学精神与人文精神，将科学精神融合于人文精神的内在价值之中，坚持人的自由以及人与自然和谐发展的导向原则，在社会中达成共同的价值取向，在实践中拥有共同的普适性和有效性。科学的人文精神有着极大的启发性和感召力，能够整合人与自然关系的取向，确保人的主体性的发挥。具有科学的人文精神才能确保人的价值和尊严，使人自由而全面发展得以真正实现。

2. 科学精神之中应当融入人文关怀

科学精神是推动科学探索的重要力量，是为人类的幸福提供物质生活保障的源泉。当代的科学精神应该更多地融入人文关怀，把认识世界与认识人的自身有机地结合起来，客观地、理性地把握世界与人生的问题，树立以信仰为特征的价值观，掌握客观的价值标准以驾驭未来，具有人文特质的科学精神才能确保科学研究沿着正确的方向发展，在应用科学技术作用于自然时合理取舍，让科学的正面效应得到进一步彰显，抑制其负面效应。借用袁正光 2003 年 5 月 16 日在中央电视台“百家讲坛”栏目所作《科学精神和人文精神》讲座时所用的一句话：科学思想像一盏明灯，照亮了整个人类社会，科学给人以力量；而人文思想呢，像一颗明星指引人类前进的方向。如果说科学给人以力量，人文就给人以方向。

3. 科学精神与人文精神共同协作、互为借鉴

科学精神和人文精神的融合体现为物质文明与精神文明的统一；追求真理与理性的同时，也追求着个人以及人类自身的发展与进步。科学精神求真，人文精神向善，二者相结合就能成为社会智力和伦理进步的工具。科学精神不只是自然科学的精神，而是整个人类文化精神中不可或缺的重要组成部分，它与人文精神一起共同追求着真、善、美的结合。因此，二者既有现实性的一面，又有超越性的一面。人文精神和科学精神的融合，不但使人类的道德价值观明朗化，将人的领悟与探索宇宙中深奥的、未知的领域进一步结合起来，而且为更深地领悟宇宙中的奥秘和人生的意义，感悟生活中的真谛和深层含义，提供了科学的理论指导和现实依据。

思考题：

1. 什么是科学精神？科学精神的基本内涵有哪些？
2. 科学精神的现实功能是什么？

3. 阐述人文精神的内涵和特点。

4. 结合当代社会表现出的科学技术的负面影响，谈谈科学精神和人文精神的融合。

资料链接

黄禹锡学术造假风波

2006年1月10日，韩国首尔大学宣布了关于韩国科学家黄禹锡造假事件的调查结果，证实其发表在美国《科学》杂志上的两篇论文均属捏造，有关科学成果纯属子虚乌有。韩国政府立即决定取消他“韩国最高科学家”称号，免去一切公职，黄禹锡本人也向韩国民众公开道歉。

2004年2月，黄禹锡在美国《科学》杂志上发表论文，宣布在世界上率先用卵子培育出人类胚胎干细胞；2005年5月，他又在同一杂志上发表论文，宣布攻克了利用患者体细胞克隆胚胎干细胞的科学难题。接二连三的顶级“科研成果”轰动了世界，他也因此被韩国民众尊为“民族英雄”。可是谁曾想到，“民族英雄”居然是个玷污神圣科学精神的“骗子”。

韩国检察机关于2006年5月12日对黄禹锡提起诉讼，指控他在干细胞研究中犯有欺诈罪、侵吞财产罪和违反《生命伦理法》等罪名。2009年10月26日，韩国首尔中央地方法院对历时3年多的黄禹锡案作出一审判决，以侵吞政府研究经费和非法买卖卵子罪，判处黄禹锡有期徒刑2年，缓期3年执行。

黄禹锡造假丑闻形成的原因是多方面的。首先，名与利的双重诱惑加速了他的沉沦。黄禹锡曾刻苦钻研，颇有建树，由于连续推出世界性的科研成果，政府授予其“最高科学家”荣誉，为其提供数百亿韩元科研资助；韩国民众更是将其拥为“民族英雄”，鲜花、掌声终日萦绕。正是在这种巨大的名利面前，黄禹锡最终迷失了自己，失去了作为一个科学家应有的理性与良知。其次，黄禹锡造假“成功”，也有体制上的原因。生物科技是当今全球经济的最新增长点，应用前景极为广阔，一旦出成果，很容易获得高额学术资助、回报。但由于生命科学研究相当复杂，有些成果很难监督验证。黄禹锡的造假论文就居然骗过了美国《科学》杂志聘请把关的9名全球顶级科学家。

思考题：

结合上述材料谈谈科学精神的缺失。

第二篇　人类与自然篇

人法地，地法天，天法道，道法自然。

——老子

第三章　人类自然观的演变和人与自然关系的发展

自然观是人们对自然界的根本看法或总的观点，它既是世界观的重要组成部分，又是人们认识和改造自然的方法论。自然观以概括和总结各个时代人类对自然界的重大认识成果为基础，随着人类认识的发展和各个时代人们对自然界认识的深入，人类对自然认识的观点也会发生变化。人类认识史上最有影响的两种自然观是古希腊朴素辩证的自然观和17～18世纪形而上学的自然观。

人与自然的关系是历史的、动态的，它随着人类在地球上的诞生而建立，随着人类以及人类生存的自然界的发展而发展。人与自然的关系大致经历3个阶段：一是古代人与自然的“天人合一”阶段；二是工业时代人与自然的矛盾对立阶段；三是未来社会人类和自然建立一种和谐相处、永续再生的关系阶段。在人与自然关系的历史演变中，科学技术的发展对人与自然关系的历史演变发挥了重大的影响和作用。由于近代及现代人们对科学技术的过分推崇及不当运用，造成当今人与自然关系的对立，矛盾加深。

一、人类自然观的演变

人类对自然的看法和观点是随着人类认识的发展以及各个时代科学对自然界认识的深入而发展变化的。

（一）古代朴素自然观

1．原始神话宗教的自然观

人类很早就开始制造工具，劳动不再是被动地适应外部世界，而是积极地创造。人类的实践活动必须借助于对自然对象的认识才能积极进行，因而从一开始，人类就企图认识自然界。在人类发展的漫长岁月中，人类对自然的认识一开始处于朦胧状态，没有文字只有语言，人类对自然的认识都是通过口头文化的方式代代相传的，氏族、部落中的最年长者，成为口头文化传播的权威。人类的很多认识，自然界发生的诸多现象，在传播中逐渐被神话。

当时，人们的思维是一种没有把自己同自然界区分开来的原始思维。原始人认为，自然界也有生命，也像人一样在运动和思维，有生命，有感受，进而形成了“万物有灵论”的观点。同时，由于当时生产力极其低下，人们在生活中深感面对风、雷、雨、电等自然现象时的无能为力，便对这些自然现象赋予超自然的力量，并对超自然力量所震慑、折服而加以崇拜，于是形成原始宗教。原始人认为，世界上所发生的事情都是由神控制的，神的力量是无限的。

2. 古代朴素的自然观

原始人对自然界的看法以及原始宗教的产生，是因为无法理解自然界，因而便以虚幻的想象来说明自然、解释自然，这与当时人们的认识能力和实践水平相一致。他们的认识还不能称作完整意义上的自然观。随着生产力的提高、原始社会的瓦解和奴隶社会的形成，出现了一批专门从事抽象思维活动的智者，开始用系统的理论形态对自然现象进行说明，形成了原始朴素的自然观。

从公元前 7 世纪开始，在古代中国、印度、埃及、巴比伦和希腊、罗马等国产生和发展起来的古代自然观，是人类对自然界自发、朴素和直观认识的结果，它是以自然哲学的形态出现的理论认识，以探索世界的本质和世界的发展变化为宗旨，是粗浅的自然科学知识和哲学思考相结合的产物。

（1）古希腊朴素的自然观

在四大东方文明古国之外，古希腊的哲学和自然科学水平发展到了相当高的程度。当时出现了一批学者，试图摆脱古希腊神话对自然的解释说明，力图从自然界自身或哲学上对自然现象作出解释。古希腊朴素辩证的自然观认为：自然界是“一幅由种种联系和相互作用无穷无尽地交织起来的画面，其中没有任何东西是不动的或不变的，而是一切都在运动、变化、产生和消失”[①]。它把自然界当做一个统一的有机体，并且力图“在某种具有固定形体的东西中，在某种特殊的东西中去寻找这个统一”。

泰勒斯（公元前 624 年—公元前 548 年）最早认为，水是世界的本原。他观察到生命所需的许多因素都离不开水分，因而推断说水是原始的要素，万物生于水。

赫拉克利特（公元前 535 年—公元前 475 年）认为，万物起源于火。他认

① 马克思恩格斯选集（第 3 卷）. 北京：人民出版社，1972：733

为，火是有机体根本的基质和灵魂的本质，火变成水，又变成土，土又还原为水和火，上升的路和下降的路都是同一条路，因此，自然处在不断的生灭变化中。在赫拉克利特看来，宇宙不再是静止不动的存在，而是一种发展变化的生命体。

恩培多克勒（公元前 495 年—公元前 435 年）认为，世界既没有生存也没有衰亡，只有混合和分离，任何东西都不能产生于不以任何方式而存在的东西，存在的东西竟然会消灭是不可能的。土、气、火、水四种元素是万物之根，每种元素有其特殊的性质，是非衍生的，不变不灭、充满宇宙的。这些元素结合起来就构成物体，分裂开来物体就毁灭。

德谟克利特（公元前 460 年—公元前 370 年）认为，世界是由原子和虚空两个部分构成，原子颗粒是世界的最小单位，它们在数量上是无限的，原子构成万事万物。他试图克服古希腊哲学家们在自然认识上的直观成分，合理推导出世界是由原子构成这一观点，对以后自然观的发展产生了深刻影响。德谟克利特认为，人对物质世界的认识来源于与物的接触，人能达到真理性的认识过程包括感性、理性两个阶段。他在认识方法上最早运用了逻辑学知识，如归纳、类比、假说等，使经验认识上升到理性认识，以求得对原因的解释。

亚里士多德（公元前 384 年—公元前 322 年）是古希腊最渊博的学者，在哲学、历史、政治、美学、动植物学及其他自然科学方面造诣深厚。在自然观上，他提出“四因论”，认为一切事物的运动、变化皆由质料因、形式因、动力因和目的因所决定。他认为，水、土、气、火构成地球，事物的运动是潜能向现实、质料向形式的过渡。他提出了“生物阶梯说”，认为整个生物界按灵魂的高低形成一个阶梯，由低级的植物到动物再到最高级的人类。在认识论上，他认为认识是通过感官感觉客观外物而得到，感觉是认识的起源，由感觉、记忆、回忆等形成经验，由经验上升到理性思维，产生以逻辑证明的具有必然性和普遍性的抽象理论知识。在方法论上，他特别注重逻辑学，认为逻辑学是获取知识的方法和工具，是进行科学认识和哲学研究的前提。他首创了“三段论”推理的学说。

（2）中国古代朴素的自然观

中国古代，人们对自然界的看法以猜测为主，同时兼有朴素辩证的成分。如在对宇宙的产生上就有“盖天说”、“天圆地方说”、“浑天说”、“宣夜说”。战国时期的阴阳家齐人邹衍解释说，地上有 9 个州，中国是其中之一，叫赤县神州，每个州四周环绕着一个稗海；九州之外，还有一个大瀛海包围着，一直与下垂的天的四周相连接。“浑天说”主张大地是个球形，内部似卵黄为地，外面包裹的是天。“宣夜说”主张宇宙万物归结为元气，认为无边无涯的气体是万物的基础，日月星辰就是在气体中飘浮游动。

中国古代在对自然的看法上，很早就产生了“天人合一”的观念。早在公元前11世纪，中国古代的《易经》，就将天、地、雷、火、山、水、风、泽八物作为世界的本原，认为世界万物皆由此演变而生。春秋时期，《国语·郑语》就说过：“以土与金木水火杂之，以成百物”。

中国古代朴素的自然观还集中体现在道家和佛教禅宗的哲学中。道家学说的核心是“道”本体论，其基本精神是自然主义。在道与自然的关系上，注重人与自然的和谐相处，主要体现在“道法自然”、“道即自然”的一体观念。道家把自然宇宙创造的根源归于自然本身，道即自然就是自然之道。《老子》提出：“道生一，一生二，二生三，三生万物”，“天下万物生于有，有生于无”。这是中国最早的关于宇宙生成的观点。

佛教禅宗的自然观与道家自然观有所不同，认为性即自然，人之所以不认识本来面目，是因为后天分别意识的遮蔽，自性迷佛即众生，自性悟众生即佛。人们回到自然的状态，只要顺乎自然，就存在于本性之中，生存就是本性，本性即为佛性，一切都很自然。禅宗还认为，修行即自然。修行与日常生活融为一体，体现出人与自然的和谐境界。

我国古代还有“阴阳说”、“元气说”等朴素的自然观，“元气说”甚至被认为与古希腊原子论有同样崇高的地位。

3. 古代朴素辩证自然观的利弊

古希腊只有自然哲学，还没有系统的、以实验为基础的、近代意义上的自然科学，古希腊朴素辩证的自然观是人类发展史上自然观的最初形态，它的作用表现为利弊并存的两个方面。

其有利的方面是：首先，古代朴素的自然观从感觉的直观出发，从整体上思辨自然界的本质与规律，从某种或某几种具有固定形体的实物中，在某种特殊的结构中来寻求自然界的统一，并以此来勾画自然界的总画面；其次，古代朴素的自然观闪烁着辩证法的光辉，它充分注意到了自然界的永恒运动，坚持从自然观、从“本原”的运动演变来说明自然界的“生成”和发展变化，看到自然界相互联系、相互作用的不同方面，并把它们的对立统一看做是自然界演变发展的动力。

其弊病在于：首先，它埋下了分裂的种子。无论是亚里士多德的原子论，还是老子的“道”，都将非物质性的东西当做先于物质世界的独立存在，并且认为物质世界是它的派生物。这为唯心主义的产生提供了借口，最终导致人类认识的分化。其次，古代朴素的自然观包含在当时关于自然的研究与探索的自然哲学中，不是建立在科学的实验与分析的基础上，因而这种自然观带有直观、思辨和猜测的性质。它只是直观地勾画整个自然界的轮廓，并不能说明构成自然界总画面的各个细节。

（二）近代形而上学的自然观

1. 16—18世纪自然科学的发展及形而上学自然观的形成

(1) 近代自然科学诞生的社会历史条件

近代自然科学崛起于欧洲中南部。在古代，这一地区没有东方古国的光辉，也没有古希腊的文化遗产；相反，在漫长的中世纪，这一地区的生产发展迟缓，教会统治严酷，科学、文化一直处于相对落后的状态。但是，15世纪后期，从这里开始了一系列深刻而巨大的社会革命，这就为近代自然科学的诞生准备了社会历史的前提条件。其影响最大的是意大利文艺复兴所开创的思想解放运动。归纳起来看，近代自然科学的诞生源于以下的社会历史条件。

首先，社会发展是科学发展的原动力。中世纪后期，从14世纪开始，手工工场在意大利地中海沿岸地区发展起来。到15世纪，德、法、英、荷兰等国家的资本主义经济有了相当的发展，并提出了许多在生产中需要解决的问题，等待自然科学作出答复。

其次，视野的开拓改变了人们的世界观。1492年，哥伦布发现新大陆，开辟了从欧洲到美洲的新航线。1519—1522年，麦哲伦绕过“好望角”，开辟了从欧洲到印度的新航线，世界渐渐变成了一个整体，人们的视野也随之而得以拓展。

第三，“文艺复兴运动”改变了宗教神学一统天下的局面。当时，在思想、文化领域中展开了一场以复兴古希腊文化为旗帜的“文化复兴运动”，反对宗教神学、反对教会专制的“宗教革命”运动以及与宗教神学相对立的“人文主义”运动最终演绎成了气势磅礴的“文艺复兴”，揭开了人类历史的新篇章。

第四，理性主义的古典资产阶级哲学出现并占据了统治地位。达·芬奇首先站出来批判经院哲学“都是诺言和诡辩”，指出“我们的一切认识，都是从感觉开始的”，我们的认识必须从“经验出发，并通过经验去探索原因”。一个与宗教神学相对立的、通过经验和实验去认识世界的唯物主义世界观和方法论已开始显现。把科学从神学的束缚下解放出来，把个人从封建专制下解放出来，成了资产阶级新文化运动的两大主题。提倡理性主义，用人的理性、用科学的权威来对抗教会的权威，并把理性、科学、人道视为一体，这种新的世界观对于摧毁封建社会的生产关系、建立资本主义的生产关系起到了重要作用。

(2) 16－18 世纪自然科学的发展及其成果

社会的变革、生产的发展、世界市场的开拓，给科学和哲学提出了新的问题与挑战。在科学上，怎样去认识自然观？用什么原理去构建一个新的自然图景？在哲学上，怎样剔除神秘主义的色彩和猜测的成分，构建一个理性世界？

波兰天文学家哥白尼（1473—1543）于 1543 年用《天体运行论》代表自然科学“发布了自己的独立宣言……向教会的迷信提出了挑战。此后，自然科学基本上从宗教下面解放出来了”①。哥白尼根据大量的科学材料，指出了托勒密“地心说”的根本错误是把假象当作了现实，并阐述了自己的“日心说”理论，揭示了太阳系的本来面目。在方法论上，哥白尼运用了观察方法和数学方法。哥白尼的学说否定了被教会奉为信条的托勒密体系，触动了宗教神学，因而教皇下令宣布他的学说为“邪说”，并把《天体运行论》列为禁书。

意大利的唯物论哲学家布鲁诺（1548—1600）接受了哥白尼学说，并广为宣传。他提出，真正的哲学应该来自经验知识和科学实验。他抛弃了经院哲学的思维方法，反对所谓宗教与哲学可以并行不悖的二重真理论，只承认科学是真理。他发表《论无限宇宙与世界》，并提出“宇宙无限论”，发展了“日心说”：宇宙是无限的，在太阳系之外，还有无数个这样的星系；太阳只是太阳系的中心，而不是宇宙的中心，地球只是无限宇宙中的一粒尘埃；地球绕太阳旋转，太阳与其他恒星也绕一定的轴旋转。这样一个宇宙，根本没有中心。自然界运动的原因不是自然界之外的上帝，而是自然界本身。

哥白尼、布鲁诺的学说是对教会公开的宣战，是对中世纪宗教神学自然观的第一次猛烈的冲击。布鲁诺因此被关起来，判为“异教徒”，开除教籍，最后被烧死在罗马的鲜花广场。但是，布鲁诺的思想却没有被毁灭，而是扩展开来，为后人所继承。哥白尼、布鲁诺的思想预示着人类认识史上一个新阶段的到来。

伽利略（1564－1642）研究和发展了哥白尼的学说，并在《关于托勒密与哥白尼两种宇宙体系的对话》中作了进一步的科学证明。他是近代实验科学的开拓者。在科学研究中，他运用了观察方法、数学方法、实验方法和逻辑推理方法，为经典力学的产生奠定了基础。

开普勒（1571－1630）相继发表了《宇宙的奥秘》、《宇宙的和谐》、《新天文学》等天文学专著，阐明了行星运行的三定律。第一定律（轨道定律）：一个行星的轨道只是大致为圆形，那是一个很大的椭圆，太阳在其中稍稍偏离中

① 马克思恩格斯全集（第 20 卷）. 北京：人民出版社，1971：533－534

心，处在一个焦点上；第二定律（面积定律）：行星并不是匀速移动的，保持为常数的是连接行星与太阳的那根线扫过处在其轨道与太阳之间的那一个区域内的速率；第三定律（周期定律）：一个特别的行星进行一次轨道循环所需要的时间（一年）与其相距太阳的（平均）距离一起增大，而且相当准确。

哈维（1578—1657）于1628年发表了《心血运动论》。在他之前，西方第一个提出完整血液理论的是古罗马时期的盖伦，但他的理论因当时科技水平的限制，充满大量谬误和荒唐之处，如静脉系统输送元气、动脉系统输送灵气，两系统各自独立等。直到1543年，比利时医生维萨里的《人体结构》一书问世，才开始怀疑盖伦的理论。哈维的理论结束了盖伦理论一统天下的局面，也解答了维萨里的诘难。哈维的血液循环理论受到哥白尼、伽利略思想的影响，可以说是理论逻辑推导、数学定量计算和实验证实三者完美结合的典范。

牛顿（1643—1727），英国物理学家、天文学家、数学家。1687年出版的《自然哲学的数学原理》是17世纪最重要的科学巨著，该书首先阐明牛顿对力与时空的基本观点和运动三定律。牛顿清楚地区分了质量和重量。书的第一篇阐述了物质运动的基础理论，严格、详尽地证明了在多种不同条件下物体运动的规律。第二篇的主要内容是处理质点在有阻力介质（气体、液体）内的运动，同时也讲到了关于声学研究的内容。第三篇的标题为“宇宙体系”，讨论了太阳系和行星、行星和卫星、彗星的运行以及海洋潮汐的原因。牛顿考虑引力的思路与一般人不同。他不是从太阳对行星的吸引入手，而是从地球同月亮的关系出发，科学地阐述了引力理论。他的引力理论阐释太阳运行中太阳同行星、行星同卫星之间的关系，而且带有广泛的适用性，因此叫做万有引力。

牛顿的万有引力定律，在物理学史上第一次建立起统一的理论，与在《自然哲学的数学原理》导论中阐明的三大运动定律一起，构成了自然科学的第一次大综合。它把地上日常可见的重力与天体运动的引力统一起来，结束了亚里士多德关于天上和地面的运动服从两个不同规律的错误论点对西方科学界和思想界长达两千多年的统治，开辟了人类文明的新纪元。

万有引力定律表明，宇宙中的各个物体之间并非是彼此孤立的，而是通过引力相互作用着；恒星系也并非处于静止状态，而是在引力作用下构成动态的整体。

牛顿的三大运动定律是整个近代力学的基础，也是整个近代物理学的重要支柱。

（3）16—18世纪方法论的发展

近代自然科学的发展及取得的巨大成就，是与人类同期在认识领域中方法论的发展分不开的。没有方法论上的突破，不能说对自然科学的发展会产生决定性的影响，但至少要延缓自然科学发展的进程。

培根（1561－1620）在《新工具》一书中，批判了经院哲学所坚持的亚里士多德那一套推理程序，提出了自己的实验归纳方法论。

培根认为，正确的认识方法首先是不带偏见，正确的认识方法既不能是单纯的经验主义，像蚂蚁那样虽忙忙碌碌但没有目标；也不能是单纯的理性主义，像蜘蛛那样虽织工精巧但空洞无物，而是必须将它们结合起来，像蜜蜂那样，从花园和田野里采集花朵然后用自己的力量消化和处理它们。培根主张，要尽量不带偏见地搜集事实，越多越好。在占有了足够的经验事实后，先进行分类和鉴别，然后是归纳。培根给出了科学研究的金字塔模型：塔底是自然史和实验史的观察经验，往上是事实之间的关系，真实而偶然的关系，再后是稳定的关系，最后是内容丰富的相关性。科学研究的方向是自下而上的方向。同时，他还非常强调有组织的集体协作研究。

在科学方法论上与培根形成对照的是笛卡尔（1596—1650）的数学演绎方法。笛卡尔是机械自然观的第一个系统表述者，被誉为近代哲学的开创者。在其《论世界》、《关于科学中正确运用理性和追求真理的方法论的谈话》、《屈光学、气象学、几何学》、《哲学原理》等书中，他认为必须首先怀疑一切，然后在怀疑中找出那清楚明白、不证自明的东西。他找到的第一个不证自明的前提是“我在”，认为什么都可以怀疑。但对我正在怀疑这件事不能怀疑，怀疑即我思，而我思意味着我在。因此，“我思故我在”是一个清楚明白的命题。从这个命题出发，笛卡尔确认了上帝、外在世界的存在，提出物质—心灵的二元论：物质的本质属性是上帝，心灵的本质属性是思维。在《方法谈》中，笛卡尔还提出了机械自然观的基本论点。他认为，宇宙中无论天上还是地下处处充满着同样的广延物质和运动。他将运动定义为位移运动即力学运动，而且提出运动守恒原理，认为宇宙处在永恒的机械运动之中；人造的机器与自然界的物体没有本质差别，所不同的是，前者的每一部分都是我们明确看到的。他相信人体本质上是一架机器，它的机能均可以用力学来加以解释。

伽利略最先倡导并实践实验加数学的方法，但他所谓的实验并不是培根意义上的观察经验，而是理想化的实验。地球上的任何力学实验都不能避免摩擦力的影响，但要认识基本的力学规律，首先要从观念上排除这种摩擦力，这就需要全新的概念体系来支撑所做的实验，包括设计、实施和解释实验结果，只有这种理想化的实验才可能与数学处理相配套。伽利略的研究程序可以分为三个阶段：直观分解、数学演绎、实验证明。面对无比复杂的自然界，我们首先要通过直观隔离出一些标准样本，将这些样本完全翻译成数学上好处理的量，然后由这些量通过数学演绎推出其他一些现象，再用实验来检验这些现象是否确实如此。在伽利略的科学方法论中，第一步即直观分解相当重要，它意味着将一个无比丰富的感性自然界通过直观翻译成简单明了的数学世界，这就是将自然数学化。全部的近代物理科学都是建立在自然数学化的基础上的。正是在这一点上，伽利略当之无愧地成为近代物理学之父。

牛顿的方法论集中载于《自然哲学的数学原理》一书中，名为“哲学中的推理法则”，共有4条法则：

第一，除那些真实而已足够说明其现象者外，不必去寻求自然界事物的其他原因。

第二，对于自然界中同一类结果，必须尽可能归之于同一种原因。

第三，物体的属性，凡既不能增强也不能减弱者，又为我们实验所能及的范围内的一切物体所具有者，就应视为所有物体的普遍属性。

第四，在实验哲学中，我们必须把那些从各种现象中运用一般归纳而导出的命题看做是完全正确的，或者是非常接近于正确的；虽然可能想象出任何与之相反的假说，但是没有出现其他现象足以使之更为正确或者出现例外之前，仍然应当给予如此的对待。

牛顿的方法可以称之为“归纳—演绎”法。他主张科学家作出的概括应建立在对现象的仔细考察的基础上，尽管从实验和观察出发的归纳论证不能得到证明，但还是容许的。这一方法强调要演绎出超出原来归纳证据范围的新结论，并要用实验来验证这些结论。如他用棱镜把太阳光分解为色光谱，用分析法归纳出这样一个结论：太阳光是由折射率不同的光线组成的；然后又用综合法从该结论中演绎出新的推断：被棱镜分解出的颜色光不会再被棱镜分解，而只能发生折射。实验证明了这一归纳—演绎推理的正确性。

牛顿完全不同意笛卡尔的演绎论。他十分重视归纳，但并不意味着他忽视数学演绎；相反，他的公理法是构成牛顿力学体系的根本方法。与从前的演绎法不同的是，牛顿认为演绎的结果必须重新诉诸实验。可以看出，在伽利略和牛顿这样的近代科学家那里，实验观察与数学演绎是十分紧密地结合在一起的。

近代科学的显著特征是它的数学化，但它根源于自然的数学化。自然的数学结构是近代科学的先驱们深信不疑的真理，它也是机械自然观的重要组成部分。

与近代自然科学的发展状况相适应，近代哲学也形成了观察、实验、分析、还原等科学研究的基本方法。这种分析方法、还原方法，是近几百年来在认识自然界方面获得巨大进步的前提条件。但是，这也给人们留下了一种习惯：把自然界的事物和过程孤立起来，撇开广泛的总的联系去考察，堵塞了人们从了解部分到把握整体、洞察普遍联系的道路。早期自然科学的这种研究方法被培根和洛克从自然科学移到哲学中以后，就造就了最近几个世纪所特有的局限性，即形而上学的思维方法。

(4) 16－18 世纪形而上学自然观的形成

与这一时期自然科学技术发展水平相一致，在哲学上形成形而上学自然观。所谓形而上学自然观，是一种单纯用牛顿力学解释一切自然现象的观点，也是一种机械唯物主义自然观，它用孤立、静止、片面的观点来看待世界上的万事万物，认为世界上的一切事物都是静止不变的、互不联系的；如果说有变化，也仅仅只是数量的增减或场所的变更而已，没有质变；事物发展变化的原因在于外力的推动，天不变，地不变，物种不变。形而上学自然观的基本观点是：整个自然界是由物质组成的；物质的性质取决于组成它的不可再分的最小微粒的数量组合和空间结构；物质具有不变的质量和固有的惯性；一切物质运动都是物质在绝对、均匀的空间和时间中的位移，都遵循机械决定论的因果关系；物质运动是由于外力的推动。于是，自然界、宇宙被设想成一种不是能动的实在，而是一架处于自然之外的神操纵的庞大机器；人与自然是分离、对立的，人处于自然之外，是与自然不同的存在者。

形而上学自然观的核心观点是自然界绝对不变，它将化学的、生命的性质及运动形式都归结为力学系统的运动形式。甚至还有人用牛顿力学的观点来分析人类社会，认为人类社会也是力的变化的一个结果。一切运动包括生物的生长不是受神秘的力的驱使，而是机械位移和机械碰撞的结果。形而上学自然观还主张，科学的任务不是寻求最终的目的论的解释，而是对运动作出数学描述；机械模型可以说明包括人体在内的一切自然事物，自然应该成为人类理性透彻研究的对象。因此，人们把机械自然观概括为：第一，人与自然相分离；第二，自然界的数学设计；第三，物理世界可以用还原论说明；第四，自然界与机器的类比。

形而上学的自然观是随着牛顿力学的建立而确立的。作为一种全新的自然观，它与中世纪盛行的亚里士多德的自然观相对立，主张自然界并不是处处充满了形式和质，而是由质的完全同一的微粒所组成；决定自然界物体千差万别的是微粒的量和空间排列的不同，运动不是物质属性的一般变化，运动的本质是位置的改变。

形而上学自然观形成的主要原因有：

第一，自然科学技术水平的限制。近代自然科学技术起点低，只有机械力学是一门较为成熟的科学，人们对简单的机械运动形式研究得比较清楚，于是出现了用机械运动理论解释一切自然现象甚至人类社会的理论。例如，英国哲学家霍布斯（1588－1679）认为，构成世界的物体只具有广延性，自身无运动能力，物体的运动是外力造成的，一切运动为机械运动；整个宇宙只具有力学和几何性质，是不断地进行机械运动的物体之总和；世界是一部巨大的机器，人体不过是一部精巧的小机器，人和自然界物体并无本质差别，生命不过是内部关键部件发动起来的胶体运动，心脏好比发条，神经好比游丝，关节好比齿轮，甚至人的情欲也是既有开始又有结束的机械运动。笛卡尔也把物质运动归结为机械运动的一种形式，认为物质运动只是位置变动。由此出发，他提出了“动物是机器”的观点。法国医生、哲学家拉美特利（1706－1751）在他的名为《人是机器》的著作中，认为人是由于血液的力量开动的“钟表或自动机器”。

自然科学发展的这一特点和状况，很自然的在人们的哲学世界观中形成机械的形而上学自然观，把物理运动、化学运动和生命运动形式归结为机械运动形式，把一切运动的原因都归结为力，即归结为外力的作用。

第二，形而上学自然观产生的认识论根源。欧洲近代前期形而上学自然观产生的认识论根源，是自然科学分门别类、解剖分析和孤立静止的研究方法久而久之养成的习惯。在近代初期，自然科学才从哲学中分化出来，多门自然科学处于搜集经验材料的阶段，科学家们选用的研究方法主要是观察、实验、解剖分析等。就是说，首先把自然界中各种各样的事物和现象当做一种既成的东西搜集起来，还顾不上考虑它的产生和发展过程；然后再把它分解成各个部分，分门别类、孤立静止地加以研究，暂时忽略了它们之间的联系。在那个时期，自然科学家的脑子里仿佛装了一把刀子，总是想方设法把所研究的自然事物分割开来进行分析研究，目的是想弄清楚：是什么、不是什么、它有什么特点、它与其他事物的区别是什么，等等。

这种分门别类、解剖分析和孤立静止的研究方法，相比古代的直观和从整体上加以猜测的研究方法是一大进步。然而，这种研究方法忽视了自然事物和现象之间的联系，忽视了对事物的产生、发展和转化过程的研究。这样，久而久之，便使人们逐渐形成了一种习惯，即把自然界的一切事物和过程从总的联系中抽取出来，抛开事物的广泛联系和发展，孤立地、静止地去考察事物，不把事物看做是运动、发展、变化的，而是把它们看成是永恒不变的。这就是一种形而上学的观点。

在这里应该明确：分门别类和解剖分析的研究方法，其本身不是形而上学的，而是科学的研究方法、对事物的认识过程中所必须采取的步骤。这些研究方法过去用、现在用、将来也还要用。问题在于在近代前期人们在运用这些方法研究自然事物和现象的过程中，逐渐形成了一种习惯：把事物看成是孤立、静止、没有联系和不变的。这是形而上学自然观的一个突出特点。

第三，近代前期形而上学自然观的形成与那个时代生产力发展水平相适应。近代前期的资本主义生产水平虽然比封建社会时期有了较大发展，可是，毕竟还处于手工业和工场手工业阶段，生产规模较小，人们的眼界受限制，也限制了自然科学技术的发展；同时，还受到当时生产技术发展水平的影响。那个时期，用人力、畜力和自然力作为动力驱动工具机与发动机的机械技术已有相当的发展。因此，人们在认识自然事物和现象的过程中，常常用机械元件进行类比，提出了“植物是机器”、“动物是机器”、“人是机器”等观点。

第四，近代前期形而上学自然观的形成与哲学家对“养成的习惯”进行哲学概括有直接联系。形而上学自然观统治近代自然科学达两百年之久。这个时期，自然科学技术和生产有了一定的发展，而又发展不充分，形而上学自然观具有进步作用。由于它把自然界中起作用的原因都归结为自然界本身规律的作用，因而有利于促使科学家去探索自然界的规律；尽管形而上学自然观忽视理论思维的作用，忽视事物之间的联系和发展，但刺激了人们运用分析、解剖的方式，从观察和实验中取得更多的经验材料，这对自然科学的发展来说是非常必要的。但同时，形而上学自然观忽视了事物之间的相互联系，忽视了事物的运动，只见树木、不见森林，有着严重的缺陷。所以，随着近代后期自然科学技术和生产的迅速发展，必将被新的自然观所取代。

2. 18世纪中后期至19世纪自然科学的发展及对人们形成新的自然观的影响

18世纪中叶，随着欧洲资本主义经济由工场手工业向机器工业的转变，开始了以蒸汽机的运用为主要标志的第一次工业革命。工业革命的出现又极大地促进了自然科学的发展，并为自然科学研究准备了新的条件、新的实验手段和材料，自然科学研究还得到了经济上的支持。18世纪下半叶至19世纪，自然科学从搜集经验材料的阶段进入系统整理这些材料和理论概括的阶段，在天文学、地质学、物理学、化学、生物学等各个领域涌现出一系列重大发现，特别是由于物理学的两次重大的理论综合（能量守恒与转化定律和电磁转化理论的建立）和生物学的两次重大的理论综合（细胞学说和生物进化论的建立），深刻地揭示了自然界的普遍联系和发展的辩证性质，从而使人们用新的自然观取代机械唯物主义自然观成为历史的必然。

当时，一些以研究自然物质运动发生、发展过程为特征的科学，如天文学、地质学、胚胎学、生理学、有机化学等陆续建立和发展起来。特别是细胞学说的创立，能量转化定律的发现，达尔文生物进化论的问世，为全面揭示和建立新的自然观奠定了基础。“由于三大发现和自然科学的其他巨大进步，我们现在不仅能够指出自然界中各个领域内的过程之间的联系，而且总的来说也能指出各个领域之间的联系了。这样，我们就能够依靠经验自然科学本身所提供的事实，以近乎系统的形式描绘出一幅自然界联系的清晰图画。”①

（1）18 世纪后期至 19 世纪自然科学的发展

在天文学方面，康德和拉普拉斯先后提出了关于太阳系起源的星云假说，以鲜明的历史自然观和宇宙发展论思想，批判了当时占统治地位的形而上学自然观和宇宙不变论，严重冲击了神学自然观。

康德（1724－1804），德国古典哲学的代表人物，1755 年出版《宇宙发展史概论》，提出了系统的天体起源和演化理论——星云假说。这种新观点打开了当时占统治地位的形而上学自然观、宗教神学自然观的一个缺口。他反对宇宙神创论的观点，反对牛顿“第一推动力”之说，认为宇宙是物质自身作用的结果，宇宙中的弥漫状态物质通过吸引和排斥，逐渐形成、发展为宇宙天体。他认为宇宙的转化是无限的，自然界的各种物质是生生灭灭的。

拉普拉斯（1749－1827），法国科学家，他独立于康德，提出了太阳系起源的星云假说。他在 1796 年发表的《宇宙体系论》中认为，太阳系有明显的规则性，所有行星都是由西向东运动，自转和公转都相同；宇宙最初弥漫着巨大的星云物质，在离心惯性力和中心吸引力的作用下形成太阳系。

在物理学方面，能量守恒和转化定律的发现打开了形而上学自然观的第二个缺口。科学家通过 3 条不同的途径发现了能量守恒和转化定律：一是以卡诺等人为代表的工程技术人员，通过对热机的理论分析；二是以迈尔、赫尔姆霍茨等人为代表的医生、生理学家和物理学家，通过对各种热现象的研究；三是以焦耳为代表的实验物理学家，通过对热功当量的测定。这条定律揭示了机械运动、物理运动和化学运动之间的相互联系、相互转化的规律。

在化学方面，道尔顿（1766—1844）提出了科学的原子论，阿佛伽德罗提出了分子学说，维勒人工合成尿素，门捷列夫发现了化学元素周期表，这些科

① 马克思恩格斯选集（第 4 卷）. 北京：人民出版社，1972：241－242

学理论揭示了化学元素、无机界和有机界的内在联系，打开了形而上学自然观的第三个缺口。

1803 年，道尔顿创立新原子论，是化学发展史上一次大的历史性突破。

新原子论的主要观点是：①化学元素是由非常微小的、不可再分的物质粒子即原子组成，原子在所有化学变化中均保持自身的同一性。②同一元素的所有原子，在性质方面，特别是质量上都完全相同，原子量是每个元素的特征性质。③存在简单整数比的元素的原子相结合，就发生化合反应。

用原子论的化合和分解来说明各种化学现象和各种化学定律的内在联系，正是抓住了化学这门学科的最主要的特征和最本质的问题，所以恩格斯称道尔顿是“近代化学之父”。但道尔顿原子论在化学的发展中暴露了两个问题：一是它否认原子的可分性，二是忽视了分子与原子在质上的区别。

门捷列夫（1834—1907）元素周期表的发现，是近代化学发展的最大一次综合。

当时，人们已经发现了 63 种化学元素。地球上到底有多少种元素？新的元素应当怎样去寻找？元素之间有什么内在联系和规律性？这些问题很自然的摆在人们面前，需要作出回答。门捷列夫于 1869 发表了论文《元素性质和原子量的关系》，1871 年他又修改和补充了元素周期表。元素周期表的发现，揭示了各种化学元素之间有着内在联系，证明了自然界的物质在元素上的统一性，显示了元素性质发展变化的过程是由量变到质变的过程，是辩证的重复过程，是由低级到高级、由简单到复杂的过程。这为自然辩证法提供了坚实的自然科学基础。

1824 年，德国有机化学家维勒（1800—1882）用无机物氰酸和氨水人工合成有机物——尿素，突破了无机物与有机物的绝对分明的界限。

在生物学方面，施莱登和施旺提出了细胞学说，把整个生物界统一起来；达尔文创立了物种进化论，从自然界的物质本身说明了生物物种发生、发展的历史，彻底否定了形而上学的物种不变论和神创论。

施莱登（1804—1881），德国动物学家。他于 1838 年通过研究，揭示了细胞是一切植物的基本构成单位，一切植物都是由细胞构成的。

施旺（1810—1882），德国解剖学教授。他在施莱登的基础上进一步指出，所有动物的最基本单位是细胞，一切有机体都是由一个单细胞开始发育而成的。他首创了“细胞理论”。

施莱登和施旺的研究成果说明了植物界和动物界并不存在不可逾越的鸿沟，两者可以统一在细胞的基础上。这驳斥了形而上学自然观、宗教神学的物种不变的观点。

达尔文（1809—1892）于 1859 年出版的《物种起源》一书，标志着进化论的诞生。

达尔文提出自然选择是生物进化的基础。他用分类学、形态学、胚胎学、地理分布和古生物学方面的大量事实，说明物种有着共同的起源。他的理论给神创论、目的论、物种不变理论以沉重打击。

在地质方面，赖尔（1797—1875）提出了地球缓慢渐进变化的思想和“将今论古”的近代地质研究方法，批判了居维叶及其后继者的灾变论。赖尔认为，地球表面的各种变化是风、雨、温度、水流、潮汐、火山和地震等自然力在漫长岁月里逐渐形成的。

（2）18 世纪后期至 19 世纪自然科学的进步导致形成两种不同的自然观

18 世纪后期至 19 世纪，自然科学在资本主义生产方式的推动下得以快速发展，学科分类已经出现，天文学、物理学、化学、生物学和地质学的理论已发展成熟，人们开始为科学的发展叫好，认为科学的发展可以解决社会生产和社会生活中的所有问题，自然界会在科学的发展进程中变得越来越简单。可见，受牛顿力学影响的形而上学自然观在当时社会中依然占据主导地位。受这种自然观影响的自然科学家在研究中遇到新问题时，就会出现困惑和迷茫。如 19 世纪末的物理学革命使古典物理学许多基本定律面临严峻考验：1895 年，德国的伦琴发现一种未知射线，称为 X 射线；1896 年，法国的贝克勒尔发现了铀元素的放射性；1897 年，英国的汤姆生证明电子的存在。这些发现引发了物理学乃至自然科学领域出现全面混乱的状态，这些发现被称作“物理学危机”。危机的出现证明了形而上学自然观的局限性，它必然会被新的自然观所取代。

19 世纪自然科学的成就、发现有力地冲击着形而上学的自然观。马克思和恩格斯科学地总结了当时自然科学的最新成就，继承了古希腊自然观中的辩证法观点，克服了机械唯物主义自然观的形而上学性质，批判地吸取了德国古典自然哲学思想特别是黑格尔的辩证法思想，创立了辩证唯物主义的自然观，结束了旧的自然哲学和形而上学的统治，实现了人类自然观史上的一次革命性变革。此后，自然科学在量子论、相对论、遗传学等方面的新发现充实和证明了辩证唯物主义自然观的科学性。

二、人与自然关系的发展

人与自然的关系经历了由简单到复杂的发展过程，今天，人与自然的关系变得更为复杂。这种建立在动态平衡系统上的复杂关系一旦遭到破坏，将会给人类带来无法想象的后果。因此，我们必须认识清楚人与自然之间的关系，为实现人类社会的可持续发展而努力奋斗。

（一）古代人与自然的“天人合一”时代

1. 原始蒙昧时期人与自然关系的原始和谐统一

人是自然的产物，当类人猿脱离森林试图站立起来的时候，人与自然分离的过程就开始了。当时，刚刚脱离自然母体的人类，从总体上说与自然是融为一体的。在原始社会，由于人类的认识水平和生产力极其低下，人类只能使用木器、石器、骨器等工具直接从大自然中获取生活资料，因而表现出对自然的直接依赖关系。在热带地区，原始人的生存方式主要以采集为主。在寒冷地区，由于植被稀少，原始人的生存主要依靠狩猎和捕鱼。原始人对各种自然现象和超自然现象的无知，导致他们对自然的敬畏、崇拜和依附。从这个角度看，人与自然的关系是没有对立与矛盾的、原始和谐统一的关系，人类的活动并未对自然环境带来危害。在这种原始的人与自然的关系中，自然界处于主导地位，而人在其中处于顺从、被动、次要、从属的地位。

2. 农耕文明时代人类对自然的初级改造阶段

随着人类社会的发展和社会生产力的提高，加之畜力的使用和金属的发明并在农业生产中的运用，人类社会从狩猎—采集社会进入到农耕文明社会。灌溉的普遍使用使农业对自然的依赖有所减弱，人们开始有了较为稳定的食物来源。随着食物供给的逐渐充裕，村落的集镇化、城市化初露端倪。城市的出现和人口的增加需要更多的食物、燃料和建筑材料，为此，人类开垦农田、砍伐森林，人类改造自然的能力大大加强，自然环境开始受到一定的负面影响。农耕文明时代的特点是：人类与自然环境的关系出现了初步对抗，出现了相互竞争和相互制约的局面。但是，人与自然的这种负面影响还是局部的、可恢复的。

从总体上讲，农耕文明时代就是人类创造性地强化动植物生长的环境与条件，并在初始状态下利用各种可再生的水利能、风力能和畜力能，它对自然不能实行大规模的、根本性的改造，自然较少受到深度破坏，人与自然处在低水平的平衡关系之中。这一时期可以看作人与自然的“天人合一”时代。

（二）工业时代是人与自然的矛盾对立时代

1. 近代工业时代人与自然开始出现矛盾对立

近代，随着资本主义生产关系的出现与发展，人类逐渐摆脱了以往受自然主宰和奴役的地位，进而开始成为自然的主人。在工业社会中，人类创造了农业社会无法比拟的社会生产力，人类占用自然资源的能力大大提高，人与自然的关系开始出现不和谐的状况。马克思和恩格斯在《共产党宣言》中谈到："资产阶级在它的不到一百年的阶级统治中所创造的生产力，比过去一切世代创造的全部生产力还要多，还要大。自然力的征服，机器的采用，化学在工业和农业中的应用，轮船的行驶，铁路的通行，电报的使用，整个大陆的开垦，河川的通航，仿佛用法术从地下呼唤出来的大量人口——过去哪一个世纪能够料想到有这样的生产力潜伏在社会劳动里呢?"在工业社会中，人类在取得征服自然、改造环境的一个又一个的胜利，工业化、现代化创造了前所未有的人类文明的同时，也激化了人与自然的矛盾，恶化了人类生存环境。

自从蒸汽机的发明和使用把人类带入了工业社会，家庭作坊式的手工业被大规模的机器生产所代替，以牲畜为动力的马车、犁耙，以风为动力的帆船被以煤、石油为动力的火车、汽车、轮船所取代，人类在所有领域发起了对自然的宣战，人类对矿产进行大规模开采、冶炼、合成，凭借机器实行机械化流水线生产。人类不仅在工业领域，而且在农业领域同样进行工业化的生产，大量使用机械、农药、化肥和塑料地膜等。工业革命给人类带来以往社会不可比拟的物质财富，同时，它也极大地增强了人类的自信心。人类由过去的恐惧自然、崇拜自然，转变成要为所欲为地支配自然、征服自然。工业社会中，人与自然已经严重分离，人类似乎超越自然之上成为主宰自然的主人。

2. 现代工业时代人与自然矛盾对立

从 20 世纪 50 年代开始，随着科学技术的进步，人类社会进入一个高速发展的时代，人对自然作用的力度大大加强。同时，人与自然的关系发展到了前所未有的紧张状态。因为工业社会不仅创造了农业社会无法比拟的社会生产力，还大大提高了人类占用自然资源的能力。人类活动不再局限于地球表层，不再满足于对自然的浅表改造，而是要对自然实行"伤筋动骨"的根本性改造，并已拓展到地球深部及外层空间。人们已普遍认识到，今天人与自然不和谐的对立关系比历史上任何时期都要复杂和严峻，人类是自然资源的超级消费者，却不是自己产生的废物的超级分解者，再加上人类对资源需求的无限性，导致地球的资源已经无法满足人类发展的需要，人与自然的矛盾已发展到一个关键时期：人类要么毁灭自己赖以生存的自然界最终毁灭自己，要么回归到人与自然和谐相处的时代。可见，回归是人类生存发展的必然选择。但这种回归不是倒退，不是人类被动退回到适应自然的道路上去，而是人类进步发展中的回归。只有依靠发展，才能实现新形势下的人与自然的和谐，实现资源的合理可持续性利用和生态环境的有效保护。

纵观今日之世界，许多国家和地区只注重片面追求经济发展，忽视对资源的合理利用和保护，其结果是人与自然的关系在尊重自然的口号下变得愈加对立。如果人类不及时改变发展模式，实现人与自然的和谐发展，长此下去，地球就有可能成为不再适合人类居住的星球。恩格斯说："我们连同我们的肉、血和头脑都是属于自然界，存在于自然界的；我们对自然界的整个统治，是在于我们比其他一切动物强，能够认识和正确运用自然规律。"① 人源自于自然，可以通过认识自然进而去利用自然，但不能去破坏自然、毁灭自然。

现代工业的发展与科学技术的进步给人与自然的关系带来的结果是：首先，它极大降低了人口死亡率，延长了人的寿命，促使世界人口急剧膨胀；其次，工业社会创造了新的生活方式和消费模式，人类已不再满足基本的生存需求，而是不断追求更为丰富的物质与精神享受；第三，工业社会的发展曾严重依赖于资源（特别是不可再生资源、化石能源）的大规模消耗，造成污染物的大量排放，导致自然资源的急剧消耗和生态环境的日益恶化，人与自然的关系变得很不和谐。"我们不要过分陶醉于我们人类对自然界的胜利。对于每一次这样的胜利，自然界都对我们进行报复。每一次胜利，起初确实取得了我们预期的结果，但是往后和再往后却发生完全不同的、出乎预料的影响，常常把最初的结果又消除了。"②

现代工业的发展与科学技术的进步给人与自然的关系带来的上述结果已经变成世界性难题，即人口问题、资源问题和环境问题。不要认为科学的发展可以解决以上问题，因为人类的认识是有限的，要受到历史的限制和自身认识能力的限制，再加上自然界自身无限性的特点，决定了人类认识自然的复杂性，自然对于人类来说总存在未知领域。因此，在一定的历史条件下，人类认识、改造和利用自然的能力是有限的，人类不能把有限的认识能力放大为对自然界的无限改造，人类改造和利用自然应以尊重自然规律为前提。因为自然规律具有客观必然性。无论在古代还是在现代，人类都必须遵循自然规律，违反自然规律最终会自食其果。现代人在处理与自然关系的时候，应谦虚谨慎，只有在尊重自然规律的前提下，才能充分发挥人的能动性、创造性。

（三）未来社会人类和自然应建立和谐相处、永续再生的关系

人类进化发展的历史，几乎都是在同自然抗争以满足人类生存的基本物质

① 马克思恩格斯全集（第20卷）．北京：人民出版社，1971：519
② 马克思恩格斯选集（第4卷）．北京：人民出版社，1995：383

生活需要的历史。然而，在现代技术条件下，人类的生产能力已经极大提高，物质产品已经相对丰富，物质财富的增加并非社会的急迫，也不再成为社会进步的唯一标志。面对日益严重的环境问题，自然的生态价值、人的社会伦理责任凸显，人们不再固执于对自然的“征服”、“统治”，而是转向对人与自然和谐共进理想关系的追求。这不是向古人“天人合一”的超脱精神境界的复归，而是现代技术条件下对现实的必然选择，是对“天人合一”精神境界的否定之否定，是人与自然关系的现代升华。

客观地讲，人类作为一个生物物种与现存于世的两百万种生物物种享有的权利是平等的和一致的，都是属于自然界的一部分。因此，人类的生命活动始终应遵循自然规律。但在自然界的长期演化中，人类形成了超越其他物种的智能，并建立起极其复杂而严密的社会组织体系。虽然人类同其他生物和无生命的物质相比具有许多不同的特征，特别是具有高度的能动性和创造性，但是人类本身是自然长期进化的结果，而且始终同自然保持着物质、能量和信息的交流。没有人类，自然照样存在，即自然不依存于人类；但是，人类只有在一定的自然环境中才能生存，即人类始终依存于自然。

今天我们知道，人们改造自然的一切成就都是在自觉或不自觉地遵循自然规律的前提下取得的，不能说是战胜了自然。何况这些成就往往伴有对自然和社会的负面影响，最终或多或少会招致自然的报复。恩格斯当年所分析的美索不达米亚、希腊、小亚细亚和欧洲一些地方破坏自然而遭受报复的情况，同现代社会的情况相比，可谓小巫见大巫。由于世界各国特别是少数发达国家大量排放各种温室气体和消耗臭氧的化学物质，导致全球温室效应增强和臭氧层破坏，危及整个人类的生存和发展，不得不通过国际协议来制约排放温室气体和消耗臭氧的物质；一些杀虫剂和化学物质最初被研制成功时曾被誉为重大发明，并大量使用，后来才发现最终却会严重危害人类自身，不得不禁止使用；一些国家和地区实行“先污染后治理”的发展模式，各种污染物大大超过环境承载限度，不得不投入巨大的人力、物力、财力来治理污染，实际上在很大程度上抵消了经济发展的成果，甚至得不偿失；一些地方毁林开荒，导致洪水泛滥，导致土地荒漠化，最终不得不退耕还林。这类事例不胜枚举。

人源于自然，属于自然的一分子，与其他生物物种相比，人不应该有更多的权利。明白这个道理，可以帮助我们正确定位人与自然的关系。虽然人同其他事物相比具有较大的独立性，但人并非生活在自然之外，更不能把自己凌驾于自然之上，否则就难以实现人与自然的和谐相处。人与自然和谐相处，实际上是人作为自然的一个组成部分而同周围的环境和谐相处。诚然，人类为了生存和发展，需要在一定范围内改造和利用自然；但任何对自然的改造都会直接或间接影响人自身。所以，绝不能把自然当做可以被随意改造的对象。自然的某些部分通过改造能够更好地为人类所利用，另一部分则只有保持原貌，避免被人类改造和破坏，才能为人类所利用。

（四）人与自然对立关系的根源于在于科学技术的快速发展及其能力的过度使用和错误的科学技术观

人类在享受科学技术快速发展带来巨大财富的时候，部分人也产生了科学万能的思想，认为科学技术的发展能解决人类所面临的所有问题，导致“科学乐观主义”的出现。这种观点过分夸大了科学技术的作用。实际上，科学技术是一把“双刃剑”，它给人类带来好处的同时，也会产生负面效应。如核武器的存在即是如此，现在地球上所保存的核武器数量足以把地球摧毁几十次，是对人类自身存在及自然界的严重威胁。

20 世纪 50 年代以来，人与自然的对立关系在全球范围内呈现扩大的态势，主要表现在 4 个方面：一是人与自然的相互作用模式比以往任何时候更加复杂多样，协调人与自然的关系更为困难；二是发达国家在实现工业化的过程中，走了一条只考虑当前需要而忽视后代利益、先污染后治理、先开发后保护的道路；三是通过市场化和经济全球化，发达国家的生产方式和消费模式在全球扩散；四是由于国家与区域间经济社会发展的不平衡，发展中国家往往难以摆脱以牺牲资源环境为代价来换取经济增长的现实，因而面临着资源被进一步掠夺、环境被进一步破坏的严峻局面。

1. 近现代社会大生产的发展伴随着科学技术的进步，人类绝对地夸大科学技术的作用

科学崭露头角是从天文学领域开始的，这就是哥白尼—牛顿革命。在这次革命中，最杰出的人物是牛顿。牛顿力学的成功，强化了人们的科学信念，直至走向科学主义。科学主义同传统决定论观点如出一辙，它把所有的实在都置于一个自然秩序之内，认为只有科学方法才能理解这一秩序的所有方面——无论是生物的、物理的、社会的还是心理的，科学主义的社会基础在于近代自然科学的成功运用。19 世纪中期，由于蒸汽机的应用和产业革命的发展，科学技术极大地提高了生产力，使得资产阶级在它不到一百年的阶级统治中所创造的生产力，比过去一切时代创造的全部生产力还要大。20 世纪初，以电动机为标志的第二次科技革命，使冶金、电力、机器制造和化学工业为内容的现代重工业在国民经济中取代轻工业在经济中占据主导地位，成为国民经济的命

脉，同时使生产的社会化程度和劳动生产率进一步提高。正是由于科学技术运用的这种成功示范，科学主义者坚信，人的创造性可以借助科学而无限发挥，科学不仅能为我们带来巨大的物质财富，同时它也是我们改造社会和包治各种社会顽症的良方妙药。

胡塞尔指出："19 世纪与 20 世纪之交，对科学的总估价出现了转变"，"在 19 世纪后半叶，现代人让自己的整个世界观受实证科学支配，并迷惑于实证科学所造就的'繁荣'。这种独特现象意味着，现代人漫不经心地抹去了那些对于真正的人来说至关重要的问题"。"……通过伽利略对自然的数学化，自然本身在新的数学的指导下被理念化了；自然本身成为——用现代的方式来表达——一种数学的集"[①]。由此，自然的实在内容及神秘性已经荡然无存，它成为科学推算和技术摆弄的对象。这正是科学逻辑得以贯彻、技术理性得以无限扩张的必要前提条件。科学统治、技术理性在自我循环的反复论证中不断地强化自身，自然则成为被鞭打、役使、索取的对象，生活的本真意义也被扭曲。当人生失去了它的内在意义，人类只有抓住科学、技术这一救命稻草，在对自然的挑战和征服中感受生命的存在，也获得继续生存下去的理由和动力。

当人类陶醉于"胜利"的时候，接踵而至的却是自然界的种种"报复"与"惩罚"：温室效应加剧，酸雨污染，洪水泛滥，淡水短缺，林地、草地锐减，土地荒漠化，废水废气废物泛滥，能源枯竭……这一切表明，现代技术条件下的人类生存正面临着严峻的环境考验。现实的环境问题迫使我们思考：人类能否真正地超脱自然、统治自然，做自然的主人。

在人与自然关系演变的历史进程中，人借助于不断进步的科学技术，完成了从对自然的"敬畏"到对自然的"掠夺"的地位转变。科学技术在给人类提供根本改造自然的手段的同时，也彻底改变了人的观念。这既是科学技术进步的胜利，又可以说是人类文明的某种失落。

2. 人类正采取措施改善人与自然的关系，力求建立一个人与自然和谐相处的新世界

自 20 世纪 60 年代以来，人类就开始反思与自然的关系，开始揭示工业繁荣背后的人与自然的冲突，对传统的"向自然宣战"、"征服自然"等理念提出了挑战。1962 年，美国生物学家卡逊发表了《寂静的春天》一书，用触目惊心的案例、生动的语言阐述了大量使用杀虫剂对人与环境产生的危害，敲响了工业社会环境危机的警钟。1972 年，由科学家、经济学家和企业家组成的民

① 埃德蒙德·胡塞尔. 欧洲科学危机和超验现象学. 上海：上海译文出版社，1988：5，27

间学术组织——罗马俱乐部发表了《增长的极限》研究报告。报告认为，人们应从工业文明及经济增长的陶醉中惊醒，开始对工业文明的反思：如果继续按工业文明的传统发展道路走下去，人类文明将全面崩溃，人类将面临灭顶之灾。尽管该报告中的观点有些片面和悲观，但是其中提出的自然界的资源供给与环境容量无法满足外延式经济增长模式的观点，依然警示着人们。同年，联合国发表了《人类环境宣言》，郑重声明：人类只有一个地球，人类在开发利用自然的同时，也承担着维护自然的义务。1987 年，世界环境与发展委员会发表了《我们共同的未来》，系统阐明了可持续发展的含义与实现途径。

20 世纪 90 年代以后，一系列具有里程碑意义的纲领性文件和国际公约的问世，标志着走可持续发展之路、实现人与自然和谐发展成为全世界的共识。1992 年，在巴西里约热内卢召开了联合国环境与发展大会，102 个国家的首脑参加了会议。这次大会共签署了 5 个重要文件。大会讨论通过了两个纲领性文件：《里约环境与发展宣言》和《21 世纪议程》。会议通过了《关于森林问题的原则声明》，有 153 个国家及欧洲共同体正式签署了《气候变化框架公约》和《生物多样性公约》，确立了生态环境保护与经济社会发展相协调、实现可持续发展应是人类共同的行动纲领。2002 年，在南非约翰内斯堡召开的联合国可持续发展大会，通过了《可持续发展执行计划》和《约翰内斯堡政治宣言》，确定发展仍是人类共同的主题，进一步提出了经济、社会、环境是可持续发展不可或缺的三大支柱，水、能源、健康、农业和生物多样性是实现可持续发展的五大优先领域。

20 世纪后期，经联合国机构的牵头，组织实施了许多大型科技计划，各国政府纷纷制定可持续发展战略及相应的行动计划，实现人与自然和谐发展逐渐成为全人类的共同行动。以《人与生物圈计划》、《国际地圈—生物圈计划》、《千年生态系统评估》等为代表的全球性科技计划，为协调人与自然的关系、促进可持续发展提供了科学依据。发达国家在加强控制污染排放的同时，近年来也采取了一系列重要举措，以期建立资源高效利用与环境友好型社会。例如，1996 年德国实施了《物质闭路循环与废物管理法》，2000 年日本实施了《促进建设循环型社会的基本法》。又如，欧盟各国大力调整能源结构，计划至 2010 年可再生能源的比重从当时的约 6%提高到 12%，风力发电占总发电量的 22%；发达国家通过技术创新，努力降低单位产值的资源消耗和污染物排放，提高资源的循环利用率。我国也把可持续发展作为国家战略，编制了《中国 21 世纪议程》，积极参与有关国际公约，承担相应的义务和责任。

随着经济、社会、科技和文化的发展，我们必将越来越加深对人与自然关系的研究和理解，越来越自觉而及时地调整人与自然的关系，走出一条符合各国国情的现代化道路，实现经济社会的全面协调可持续发展，建立新的人与自然的和谐关系。

总之，人类发展经历了传统的农耕文明时代与工业文明时代，最终将转向人与自然和谐相处、永续再生的时代。农耕文明是在农耕牧渔生产力较为低下的情况下发展起来的，它与自然的关系是“天人合一”。工业文明是在以蒸汽机为标志的工业革命基础上发展起来的，它强调征服自然、改造自然。今天，人们经过多年的探索，提出了生态和谐的可持续发展观。生态和谐的可持续发展观是对传统工业文明观的扬弃，它继承和发扬了农耕文明和工业文明的长处，修正了传统的“人类中心”、“改造自然”等陈旧观念，强调人类与生存环境的协调发展。从农耕文明的“天人合一”、工业社会的“人定胜天”到生态文明的“天人协调”，可以看出人类自然观的辩证发展过程。从农业文明人类对自然的崇拜、敬畏、屈服，工业社会人对自然的改造、掠夺，到生态文明人对自然的尊重、协调、共进，可以看出这是人与自然关系的否定之否定的辩证发展过程，人与自然和谐相处是人类唯一正确的选择。

思考题：

1. 古代人有哪些天才的猜测在今天看来还是基本正确的？
2. 古代自然观的基本特征有哪些？
3. 古代中国和以希腊为代表的古代西方自然观有何差别与共同之处？
4. 人与自然的关系经历哪几个发展阶段？每一个阶段各有什么不同特点？
5. 联系实际分析人应该怎样处理与自然的关系，你认为当今时代能否在人与自然的关系上实现“天人合一”？
6. 人与自然对立关系的根源是什么？

资料链接

日本水俣病事件

工业生产排出的废水、生活污水和农业退水，常成为今天的主要污染源。水中污染物包含金属、非金属物质和有机物，种类繁多，其中许多对人体有害甚至是剧毒，虽然经过人工处理可以将它净化；但现在多是仅稍作处理，甚至是未经处理就直接排入天然水体中。

1953年、1956年，日本发生水俣病事件。日本熊本县水俣镇一家氮肥公司排放的废水中含有汞，这些废水排入海湾后经过某些生物的转化，形成甲基汞。这些汞在海水、底泥和鱼类中富集，又经过食物链使人中毒。汞在人体内积聚，以致造成中枢神经的严重损伤。水体污染对人体和水生生物有很大的危害，尤其是有毒和有害物质的污染会造成人的慢性中毒、急性中毒以至死亡。当时，最先发病的是爱吃鱼的猫。中毒后的猫发疯痉挛，纷纷跳海自杀。没过几年，汞污染严重的地区连猫的踪影都不见了。1956年，出现了与猫的症状相似的病人。因为开始病因不清，所以用当地地名命名该病。1991年，日本环境厅公布的中毒病人仍有2248人，其中1004人死亡。

思考题：

1. 人类能不能既发展经济又保护环境、实现经济与环境的双赢?

2. 我国现在经济发展的状况与20世纪六、七十年代的日本经济有几分相像，我们应采取什么措施防止在我国出现类似的公害事件?

大自然不会欺骗我们，欺骗我们的往往是我们自己。

——卢梭

第四章　科学自然观的确立和丰富发展

一、科学自然观的创立和基本内容

从18世纪后期开始，自然科学领域一系列突破为新自然观的创立奠定了基础。马克思和恩格斯及时总结了当时自然科学的最新成就，在批判继承德国古典哲学、尤其是黑格尔辩证法的基础上，创立了科学自然观。

（一）科学自然观的创立

1. 自然科学突破性进展

1755年，德国哲学家康德在《自然通史和天体论》一书中提出了太阳系起源的“星云假说”，指出太阳系是由弥散的、旋转的星云物质收缩冷却形成的，从而改变了旧自然观对自然“已经完成”的理解，把地球和整个太阳系看做是随时间进程不断生成的东西。恩格斯指出，康德“星云假说”的提出在僵化的自然观上打开了第一个缺口。

1828年，德国化学家维勒写成了《论尿素的人工合成》一文。他总结了自己在化学研究中所获得的大量材料，以雄辩的事实证明，用无机物可以合成有机物，对当时占统治地位的“生命力论”发起了第一次冲击，动摇了“生命力论”的根基。“生命力论”认为，动、植物体内存在着一种生命力，只有依靠这种生命力，才能产生出有机化合物，即有机物最初只能在动、植物体内产生；化学家在实验室只能将有机物转化为新的有机物，而不能用无机物制造出有机物。自然界的矿物等无机物千年万年亘古不变，是没有生命的；而有机物不同，是有生命的；它们之间有不可逾越的鸿沟。维勒的发现证明有机界与无机界之间是辩证转化的。

1830年，英国地质学家赖尔发表了《地质学原理》一书，指出地球表面和一切生活条件在逐渐改变，有机体在适应变化了的环境中，出现了物种的变异。恩格斯站在时代的高度给了赖尔以很高的评价。他说，只有赖尔才第一次把理性带到了地质学中，因为他以地球的缓慢变化这样一种渐进作用代替了由于造物主的一时兴发所引起的突然革命。

1838 年，德国生物学家施莱登概括出细胞学说的主要论点，提出植物是由细胞组成的，并指出植物胚胎来自单个细胞。1839 年，施旺进一步加以充实，提出动物和植物的细胞从整体而言，结构是相似的，细胞是生物体的功能单位。这两位德国学者对细胞及其功能较为明确的定义，宣告了细胞学说基本原则的创立。细胞的发现，揭示了细胞是动植物构造、成长的基础，将从前不可理解的生命现象，表达为细胞按一定规律发育生长、形成并维持生物机体的发展过程。

1842 年，德国的青年医生迈尔写成了他的第一篇关于能量守恒和转化定律的论文：《论无机自然界的力》；1847 年，英国酿酒商焦耳、德国物理学家赫尔姆霍茨分别发表各自有关能量守恒和转化定律的讲演或论文。当然，焦耳被认为是最先用科学实验确立能量守恒和转化定律的人，尽管焦耳和赫尔姆霍茨承认迈尔发现能量守恒和转化定律的优先权。这个定律表明，自然界的各种能量形式，在一定的条件下，可以按固定的当量关系相互转化；在转化的过程中，能量既不会增多，也不会消失。能量守恒与转化定律的发现表明："自然界中整个运动的统一，现在已经不再是哲学的论断，而是自然科学的事实了。"①

1859 年，英国生物学家达尔文发表《物种起源》一书。该书中用大量资料证明了形形色色的生物都不是上帝创造的，而是在遗传、变异、生存斗争中和自然选择中，由简单到复杂，由低级到高级，不断发展变化的。这部著作的问世，第一次把生物学建立在完全科学的基础上，以全新的生物进化思想，推翻了"神创论"和"物种不变"的理论，标志着进化论的正式确立。

正是由于自然科学的上述主要成就，特别是其中的细胞学说、能量守恒与转化定律、生物进化论这三大发现，使得形而上学、机械自然观再也无法维持，科学自然观的诞生也就成为必然。正如恩格斯指出的："新的自然观的基本观点具备了：一切僵硬的东西溶化了，一切固定的东西消散了，一切被当作永久存在的特殊东西变成了转瞬即逝的东西，整个自然界被证明是永恒的流动

---

① 恩格斯．自然辩证法．北京：人民出版社，1972：175－176

和循环中运动着。”[①]

2. 哲学思维方式的进步

自然科学的一系列成就只是为科学自然观的创立提供了思维素材，而建立科学自然观还需要全新的哲学思维方式。马克思和恩格斯在批判继承德国古典哲学、尤其是黑格尔辩证法的基础上，创立了辩证唯物主义的自然观。

辩证法这个词最先出现于柏拉图的著作中，它最初的意义就是“对话”。在柏拉图的著作中，我们看到，苏格拉底通过一问一答的对话，将论题层层推进，抽丝剥茧，最后得出真理。辩证法就是通过对话达到真理的方法。辩证法同时也意味着“正反”。在对话中，苏格拉底总是佯装自己无知，而与别人唱反调。在苏格拉底与他人的论辩中，对同一论题（如《理想国》中关于正义的讨论）通常形成正面和反面两种观点，通过对立双方的辩论，真理最终脱颖而出。就此而言，辩证法是通过辩论逼出真理的逻辑。[②]

近代哲学家中首先发现辩证法的哲学家是康德。康德的辩证法被称为“先验辩证法”。康德认为，我们认识的对象只能是现象，即运用知性范畴去把握感性杂多。但人不仅有知性，还具有理性，当纯粹理性运用只适合于经验范围的知性范畴去认识和解释超经验的理念——灵魂、世界和上帝时，就会出现“二律背反”的困境，不能准确认识事物。康德认为，这是人类发自理性本性的、不可避免的倾向。

黑格尔批判了康德的辩证法，认为康德对世界事物采取了一种“温情主义”的态度：“他似乎认为世界的本质是不应具有矛盾的污点的，只好把矛盾归于思维着的理性，或心灵的本质。”[③] 一切现实之物，包括人们的认识活动在内，都包含有相反的规定于自身之内。而矛盾恰恰是事物自身发展的动力，事物的矛盾运动就是辩证法。黑格尔既把辩证法看做是一种思维方式，也把辩证法看做是自然界的“先在逻辑”，即主观与客观是统一的。辩证法作为自然界的先在逻辑，它强调整体性，主张不是部分构成了整体，而是部分存在于整体之中，不能用基本元素的性质来解释整体的性质，而是这些基本元素的性质只有在整体中才能得到说明。辩证法也强调自然界的有机性，它主张任何事物或元素都不是孤立的，永远处于与其他事物或元素的联系之中，没有联系就没有它们的存在，而支配这些联系的则是它们的组织结构。最后，辩证法也强调

① 恩格斯．自然辩证法．北京：人民出版社，1972：15－16

② 姚大志．什么是辩证法．社会科学战线，2003（6）

③ 黑格尔．小逻辑．北京：商务印书馆，1980：131

过程性，它把事物理解为过程，而过程体现着变化。当黑格尔把辩证法看作是一种先在逻辑的时候，就陷入了唯心主义的深渊。

康德开始的德国古典哲学，特别是黑格尔辩证法对于传统静止、孤立的思维方法的突破，引起了马克思、恩格斯的高度注意。他们在对黑格尔唯心辩证法进行改造之后，创立了科学自然观。

（二）科学自然观的基本内容

1. 自然界的客观性

科学自然观认为，物质是整个世界产生、存在的本原，没有物质就没有世界，也不可能有世界上的各种事物；世界是由物质构成的，是客观存在的，自然界是“自然而然”的，不是什么“超自然”力量的产物。

根据我们今天的科学研究，可以把物质分为生命物质和非生命物质。非生命物质的最简单形态就是基本粒子和构成宇宙介质的各种物质场。场，包括引力场、电磁场、介子场等；基本粒子，目前发现的已经有300多种。生命物质则分为动物界、植物界和微生物界。

物质的存在形态多种多样，包括固态、液态、气态、等离子态、超密态、真空态、反物质态、暗物质态等等；但是，物质多种多样的存在形态并没有否定自然界的客观性。

2. 自然界的生成性

自然界不仅仅客观存在着，而且演化发展着。没有一成不变的事物，任何事物都不是永恒的，都有其产生、发展、消亡的历史。科学自然观认为，整个自然界从最小的东西到最大的东西，从沙粒到太阳，从原生生物到人，都处在产生和消灭中，处在不断地流动中，处在无休止的运动和变化中。

人是自然界的产物。恩格斯指出，人是从自然界中分化出来的，是从类人猿进化而来的，而劳动就是人类借以从自然界分化独立出来的根本力量。恩格斯指出，劳动“是一切人类生活的第一个基本条件，而且达到这样的程度，以致我们在某种意义上不得不说：劳动创造了人本身”。① 通过劳动，猿类不发达的手逐渐变成了人手，并且愈来愈自由、愈来愈灵巧、愈来愈完善。“随着手的发展、随着劳动而开始的人对自然的统治，随着每一新的进步又扩大了人的眼界。他们在自然对象中不断地发现新的、以往所不知道的属性。另一方面，劳动的发展必然促使社会成员更紧密地互相结合起来，因为它使互相支持和共同协作的场合增多了，并且使每个人都清楚地意识到这种共同协作的好

---

① 马克思恩格斯选集（第4卷）．北京：人民出版社，1972：373

处。一句话，这些正在生成的人，已经达到彼此间不得不说些什么的地步了。"[①] 首先是劳动，然后是语言和劳动一起，成了最主要的推动力，在它们的影响下，猿脑就逐渐地过渡到人脑，而"随着脑的进一步的发育，同脑最密切的工具，即感觉器官，也同步发育起来"。"脑和为它服务的器官、越来越清楚的意识以及抽象能力和推理能力的发展，又反作用于劳动和语言，为这二者的进一步发育不断提供新的推动力。"[②] 在劳动过程中，特别是随着劳动的进一步发展，人最终脱离了动物界，从自然界中分化出来。

人类也具有产生、发展、消亡的过程，如果地理环境急剧变化，超过了人类身体和理智所能承受的极限，人类就会消亡；但这并不意味着自然界自身消亡了，自然界的演化发展将永无止境。

3. 自然界的普遍联系性

科学自然观认为，自然界的一切事物都不是孤立存在的，都存在着密切的联系。不仅事物内部各部分之间存在密切的联系，而且一事物与其他事物之间也存在密切的联系；不仅非生命体之间、生命体之间、人体之间着联系，而且非生命体、生命体和人体之间也存在着联系。

对自然界的各种事物来说，正是这种联系构成了它们产生、存在的条件，自然界的各种事物就是在与其他事物的各种各样的联系中产生、发展并走向消亡的。没有联系就没有事物，事物的发展变化的规律也就存在于事物的联系之中。

二、马克思主义自然观的发展——系统自然观、演化自然观、人化自然观

（一）系统自然观

物质在普遍联系中存在和运动。现代自然科学进一步发现，普遍联系的基本形式就是系统。自然界以系统形式存在，并呈现出复杂的层次结构。现代系统科学将系统一词看做是反映和描述客观世界的一个普遍概念，从而丰富和发展了辩证唯物主义自然观。

1. 系统的概念

系统（system）一词，源于古希腊，表示"站在一起"或"安置在一起"的意思。恩格斯曾经说："我们所面对着的整个自然界形成一个体系，即各种

① 马克思恩格斯选集（第4卷）. 北京：人民出版社，1972：374
② 马克思恩格斯选集（第4卷）. 北京：人民出版社，1972：388

物体相互联系的总体。”[①] 联系的整体，包含有我们今天说的系统的意思。随着现代系统科学的产生和发展，这一概念逐渐获得明确的界定。

美籍奥地利生物学家贝塔朗菲（L. Bertalanffy）是现代系统论的开创者。理论生物学所要解决的根本问题是生命本质的问题。关于生命本质，当时主要流行两种观点：一是“机械论”，将生命活动还原为化学活动和物理活动，把整个生命科学分解成为一个个化学过程或物理过程的堆积；二是“活力论”，认为在有机界和无机界之间存在着不可逾越的鸿沟，在生物机体中有一种特殊“活动”。贝塔朗菲坚决反对上述主张，他认为，流行的机械论所忽略并否定的，是生命现象中最本质的东西。同时他也认为，“活力论”者无非是用新术语来表达亚里士多德关于“隐德莱希”的旧观念，即超自然的组织原则或因素。这与科学的基本精神是背道而驰的。贝塔朗菲认为，有机体恰好是一种开放系统，它不断地与环境交换物质与能量。这样一来，就既可以承认生命的基本现象，又消除了对生命解释的神秘主义因素。

1972 年，贝塔朗菲出版了《普通系统论的历史与现状》。他在书中将系统定义为：“处在一定相互关系中并与环境发生关系的各组成部分（要素）的总体（集）”[②]。

钱学森将系统表述为：“由相互作用和相互依赖的若干组成部分结合成的，具有特定功能的有机整体。”[③]

科学把握系统这个概念应该注意以下几点：其一，任何一个系统必须有两个或两个以上的要素构成，即承认系统内部具有可分析的结构，单个要素不成为系统；其二、系统在于“系”，即系统内诸要素之间、要素与整体之间的相互联系形成特定的结构；其三，系统还在于“统”，即要素之间联系成为一个统一的有机体；其四，系统作为一个整体对环境表现出特定的功能。

2. 自然界系统的基本类型

自然界的物质系统具有普遍性，不仅整个自然界构成一个系统，自然界中一切对象都是系统或自成系统。严格说，无所谓“非系统”的存在，我们只是在某种特殊的意义上把无须再分的元素看做非系统的个体。

根据自然界系统与外界环境的关系，可以将系统分为以下几类：

---

① 马克思恩格斯选集（第 3 卷）. 北京：人民出版社，1972：492

② 贝塔朗菲. 普通系统论的历史和现状. //科学学译文集. 北京：科学出版社，1981：315

③ 钱学森. 论系统工程. 长沙：湖南科学技术出版社，1988：10

（1）孤立系统

这是指与外界环境隔绝的系统，与环境之间没有物质、能量、信息交换的系统，如一只绝热非常好的保温瓶。一般说来，孤立系统只是一种理想或近似的状态。根据热力学第二定律，在孤立系统中，物质的微观状态可能性总是趋向最大的数，从而达到熵最大。

（2）封闭系统

这是指只与外界环境交换能量但没有物质交换的系统，如在不绝热的封闭容器内进行的化学反应。当然，根据爱因斯坦的质能关系式 $E=mc^2$，能量可以转换为物体的质量，因此，与外界绝对没有物质交换的系统，当然也不会有能量交换。不过，如果所涉及的物质交换数量极少，可以忽略不计，在这种情况下我们便说它是封闭系统。

（3）开放系统

这是指与外界环境自由进行物质、能量、信息交换的系统。它的特点是：①它的外部特征是不断输入和输出，即同外界环境不断交换物质、能量、信息。②它的内部特征是不断破坏自身旧的物质成分，不断组建新的物质成分，因而可以称为广义的新陈代谢。③开放系统可能具有等结果性。在封闭系统中，最终状态是由初始条件决定的；对于开放系统，不同的初始条件可能以不同的方式达到相同的最终状态。

开放系统也有边界或封闭的一面，有一定开放度，而且有选择、过滤地向外在环境开放。开放度太小，接近于封闭系统；但如果一个系统完全开放，没有任何选择和限制，那么这个系统就会瓦解。

3. 自然界系统的整体性

系统的整体性是指系统是由若干要素组成，同外在环境相互作用时具有特定功能的有机整体。了解系统的整体性，重要的是要了解系统与要素、整体与部分的关系，特别是系统的加和性与非加和性之间的关系。

（1）系统与要素

要素决定系统，系统是由要素组成的，有什么样的要素就有什么样的系统。铁、镍、铬能组成无机物系统；碳、氢、氧元素能组成有机物系统，蜜蜂组成“蜜蜂王国”，蚂蚁组成“蚂蚁社会”。各个零件质量低劣不能组合成机器，各个成员“滥竽充数”不能组成优良的乐队。不仅如此，在一些情况下，个别要素还会影响整个系统的存在和运行，如生物机体中个别DNA分子的变异可能导致机体疾病，飞机个别零件损坏会导致整个飞机坠毁。

（2）系统加和性

所谓加和性，是指各个要素可以用简单相加的办法逐渐建立整体的特性，类似于我们通常说的1+1=2，如一个分子的分子量等于它所包含的各个原子的原子量总和，一个大电网的发电机容量等于该网下各个电厂的发电机容量的总和。

（3）系统的非加和性

这是指系统各部分构成整体后，整体出现各个组成部分在孤立状态中所没有的新质，即整体大于部分之和。如生命大分子在整体上出现了它的化学元素所没有的生命活动；齿轮、发条和指针本身不具有计时的功能，它们结合在一起就有计时功能；细胞没有思维功能，但是细胞组成的大脑则能进行想象、猜测和逻辑思考。

4. 系统的结构与功能

（1）系统的结构

为什么系统具有整体性？为什么要素之和并不等于整体？就在于系统中的各个要素或部分并不是机械地堆积在一起，而是以一定的结构相互结合的。所谓系统的结构，就是指系统内部各个要素相互联系和相互作用的形式，是系统内部的组织形式或秩序。要素通过结构而形成整体，整体通过结构支配各个要素。

物质系统的结构按其存在方式可以分为：①间结构，即要素在空间上的恒定分布和排列并在彼此间有确定的相互关系。它在稳定条件下随时间变化，所以又称为同时态结构。如材料中的晶体结构、生物遗传基因中的DNA双螺旋结构等。②时间结构，即要素在时间上的恒定分布和排列并在前后间有确定的相互关系。它要经历一段时间才能显露出来，因此称为历时态结构。从长时间看，这种时间上前后分布和排列形式上是恒定的或周期出现的，如地球的自转和公转、地球上的潮汐、心脏的脉动等。③时空结构，是系统空间结构随时间流逝而有节律的变化，如树木的年轮。

（2）系统的功能

系统的功能是指具有一定结构的系统对外在环境产生影响、效应的能力。系统的功能可以分为静态功能和动态功能。

静态功能即一个系统的结构能够约束、传递、引导、改变外在环境的状态和运动，而本身处在恒定不变的状态中。比如，动物的毛发和脂肪结构阻隔了热量的传导，建筑物的结构承载了重荷并把压力传递到地层。

动态功能分为两种，一种是系统的结构安排使其他系统有规则变化过程达到某种效果，如植物的叶绿素系统使二氧化碳、水和光能经过有规则的过程变成葡萄糖，一条生产线使原材料变成产品；另一种是一个系统与其他系统交换物质与能量而产生的影响与效应，如热带雨林在与其他系统物质能量交换过程中产生大量氧气而具有“地球之肺”的功能。

（3）结构与功能的关系

首先，结构是功能的基础，功能是结构的表现。例如，原子核中的复杂结构使其能聚变或裂变而放出大量能量，原子中的电子分布使其表现出不同的化学功能。如果要素的数量和质量相同而结构不同，系统的功能就要发生重大变化。

其次，功能对结构具有反作用。功能的发挥会损耗结构，在一定的条件下功能的发挥又会改进结构，生命系统正是在发挥功能中维持结构，并促使结构不断进化。

最后，任何系统都是存在于一定外在环境中的系统，因而结构、环境、功能的关系更为复杂。系统的功能就是在系统与环境相互作用中所呈现出的能力和行为。如果系统所处的环境不同，可能会产生结构相同功能相同、结构相同功能不同、同种结构具有多种功能、不同结构具有共同功能等。

（二）演化自然观

早在100多年前，恩格斯根据当时自然科学的长足进步而揭示出万事万物之间的普遍联系和变化的特点，总结概括出辩证唯物主义的演化和发展的自然观，从而结束了以静止为特征的机械唯物论的自然观，也为人们最终摆脱过去的以孤立、片面的观点去看待问题的习惯提供了方法论基础。但总的说来，这种新的观点仅仅是关于现象的正确描述和哲学思维的深刻洞察的产物，它还没能在细节上达到更深层次的具体说明。

随着当代科学的发展，特别是最近几十年来自组织理论的兴起，为辩证唯物主义的自然观乃至世界观提供了更加坚实的理论依据，而且将进一步丰富和深化人们关于世界的演化和发展的理解。

1. 自然界的演化图景

自然界的演化主要是由宇宙的起源、地球的起源、生命的起源和人类的起源构成，合称为“四大起源”。

（1）宇宙的起源

宇宙学是从整体上研究宇宙的结构和演化的一个天文学分支。20世纪以来，宇宙学发展很快，建立了许多假说和模型，如“爱因斯坦宇宙”、“德西特宇宙”、非静态宇宙模型、大爆炸理论和暴涨宇宙论等。其中，最有影响的是大爆炸理论和暴涨宇宙论。

大爆炸理论和暴涨宇宙论认为，宇宙起源于大约150亿年前的一次大爆炸。宇宙大爆炸之初，是一个高温、高密度的“奇点”。

从大爆炸开始至10^{-43}秒（普朗克时间）之间有一个过渡的混沌状态，它包含有随机的量子涨落以及由初始状态的一种临界不稳定性造成的许多被称为泡沫的区域。

随着宇宙的膨胀、温度的下降，宇宙进入到一个叫做“假真空”的状态，这种“假真空”状态不同于真的物理真空，它具有巨大的负压力，引起引力排斥效应，使宇宙从大约10^{-35}后发生按指数急剧膨胀即所谓的暴涨，以致宇宙在这一极短的时间（10^{-35}～10^{-23}秒）内半径增加了约1050倍。

在暴涨结束后（10^{-32}～10^{-6}秒），宇宙进入对称破却阶段，由“假真空”态转变为“真真空”态，其多余的能量释放出来，在“真真空”中产生了诸如夸克、轻子之类的最基础的基本粒子，标志着宇宙的诞生。

随着宇宙温度和密度的逐步降低，宇宙又经历了以下几个演化阶段：①基本粒子形成阶段。②辐射阶段或核合成阶段。这个阶段从宇宙时为1秒开始持续了1万年。③实物阶段。宇宙时1万年以后，形成了稳定的原子。大约在宇宙时70万年左右形成原子星系。当宇宙时为50亿年时，形成了第一代恒星。

恒星的演化，按目前广为接受的弥漫说，经历了引力收缩、主序星、红巨星、脉冲或爆发和高密四个阶段。在恒星演化的特定阶段和特定条件下，在宇宙之一隅出现了太阳系以及作为太阳系一个成员的地球。

（2）地球的起源

大约在46亿年前，地球由形成太阳系的原始星云分化而产生。

初期形成的地球还是一个冷的均质球体，碳、氧、镁、镍等元素混杂在一起。后来，随着地球质量和体积的不断增大，地球内部放射性元素的蜕变，地球的快速旋转以及原始地球的重力收缩产生的热在地球内部积聚，使原始地球不断升温。

在地球升温之后，原始地球发生了熔融和分化，比重大的亲铁元素向地球内部下沉，形成由铁、镍组成的地核；比重小的亲石元素上浮形成地幔。以后，随着地球内部重力分异，地幔不断向地壳提供亲石元素，使地壳逐渐增厚，同时还不断以亲铁元素提供给地核，使地核逐渐增大，最终形成了地核、地幔和地壳这样一些具有不同物理、化学性质的圈层结构。

原始地壳刚形成之时，薄而脆弱，熔岩往往从薄弱的地方喷出。由于那时地球大气圈尚未形成，陨星时常袭击地球，大的陨星撞击地球，往往可以穿透脆弱地壳，触发深层地震和岩浆活动。所以，早期地球岩浆和地震活动比较频繁、剧烈。火山喷发、熔岩溢出，增厚和加固了脆弱的地壳，窒息了火山喷发和岩浆活动，从而使地球进入一个相对稳定的时期。

地球的原始大气圈几乎和原始地壳在同一过程中形成。在地幔增温的过程中，一部分物质形成了地球内部的地壳圈层，一部分易挥发的物质溢出地表。它们在重力作用下被固定在地球周围，形成了原始大气圈。以后，由于太阳辐射对水汽的光解作用和植物的光合作用，原始大气中产生了氧，并在氧化作用下，原始大气逐渐变成了以氧和氮为主要成分的现代大气。

水圈是在大气中分化出来的。早期大气中含有大量的水汽，由于地表温度下降，水汽就凝结成雨降到地表，地壳凹陷处大量积水，经过漫长的地质年代形成了海洋，聚集在大陆上的水形成了江河、湖泊。

这样就形成了地球的内三圈（地核、地表、地壳）和外三圈（岩石圈、水圈和大气圈），生命形成之后还有生物圈。

（3）生命的起源

原始生命的起源和发展经过了两个阶段：化学进化和生物进化。

生命起源的化学阶段，一般认为在地球诞生之后大约 10 多亿年的时间。化学进化大致经历了 3 个阶段：①从无机小分子合成有机小分子。这个阶段的化学演化发生在大气层里。据推测，原始大气层由二氧化碳、甲烷、氮、水蒸气、硫化氢、氨组成。在雷电、火山喷发、陨石撞击和宇宙射线等因素的综合作用下，原始大气中的无机小分子合成了氨基酸、嘌呤、嘧啶、核苷酸等有机小分子。②从有机小分子合成生物大分子。氨基酸、核苷酸等有机小分子经过长期自然聚合，又形成蛋白质和核酸。这一过程已被模拟实验证实，如美国科学家福斯特把各种氨基酸混在一起，在无水条件下加热到 150℃～170℃，经过 1～2 个小时，就得到了类蛋白质。③从生物大分子到原始生命的诞生。蛋白质和核酸形成之后，经过一些机制，逐渐发展成为能不断自我更新、自我繁殖和自动调节的生命。

原始生命是多分子体系，还没有形成细胞结构，不会制造有机物，过着异氧、厌氧的生活，对外界的依赖很大，主动性很小。后来在进化的过程中，非细胞生命在形态结构上发生了变化，其外膜的成分和结构逐渐复杂、精细，再后来形成了细胞膜；与此同时，内部结构也逐渐复杂，出现了具有不同功能的颗粒、核质、核蛋白粒、氧化粒等，形成了原始细胞，完成了非细胞向细胞的转化。

大约在 40 亿年前，开始了漫长的生物进化的过程，从非细胞到细胞、从原核细胞到真核细胞。真核细胞具有植物和动物的双重性质，既能进行自养生活，又能进行异养生活，于是在一定的条件下分化为单细胞植物和动物。植物沿着菌类植物→蕨类植物→裸子植物→被子植物的方向进化。动物则沿着无脊椎动物→脊椎动物→鱼类→爬行类的方向进化，由爬行类发展为鸟类和哺乳类。哺乳类动物在进化中产生了猿类，最后从猿类演变出具有意识、思维能力的人类。

(4) 人类的进化

人类是从脊椎动物灵长目中的猿分化出来的。劳动是促成这一进化的重要条件。能制造工具的人类大约出现在距今300万年前。人类的起源和进化大体上分为以下阶段。

①类人猿。在1400万年前，地球上出现了人类的祖先类人猿，它们能两足直立行走，迈出了从猿到人的“具有决定意义的一步”。它们能使用天然工具，但还不会制造工具，还没有完成从猿到人的转变。

②猿人。猿人大约出现在距今300～30万年前，是人类的直接祖先，他们已经能够制造石器，是最早能制造工具的人；不仅能采摘植物，而且能够狩猎动物，过着群居生活，也就是说，“我们的猿类祖先是一种爱集群的动物”。

③早期智人。早期智人大约出现在20万年前，他们不但能使用天然火，还学会了人工取火，已经能制作不同标准的石器，能够狩猎大的野兽，开始出现了劳动分工，人类进入母系氏族社会。

④晚期智人。晚期智人大约出现在4～5万年前，他们不但能够制作精细的石器，而且还能制作骨器，用骨针缝制衣服，还用石珠、蚌壳、兽牙等做成装饰品。人种开始分化，由母系氏族社会开始向父系氏族社会过渡。

2. 自然界演化的方式：渐变与突变

渐变和突变是自然界演化的两种形式，渐变是指自然界缓慢、连续性的变化；突变是指自然界激烈、间断性的变化。

在自然界演化中，渐变和突变是一对矛盾的两个方面。它们既相互对立，又相互统一。所谓对立，是指渐变和突变有着不同的特征，在时间和空间上存在不同的表现形式。例如，地球上出现了生命之后，在20多亿年的时间里，只有一些极低等的生物在缓慢进化。但到距今5.3亿年的寒武纪早期，地球上的生命突然出现了从单样性到多样性的飞跃。又如，在2.25亿年前的一次超新星爆发，曾以高能量伽马射线和其他宇宙射线辐射地球，导致地球上95%的物种消失。这些都是典型的突变事件。

自然界演化的突变和渐变除了对立，还有统一。在自然界演化过程中，突变总是相对渐变而言，没有离开渐变的突变。事实上，无论在时间上，还是在空间上，渐变都比突变表现得更普遍。例如，在漫长的生命进化中，重大的突变演化也只有几次；超新星爆发往往要经过几百万年以上的演化过程才爆发一次，而原始星云的演化却无时不在进行；局部地区的地震可能很频繁，但大部分地区却很平静。突变总是相对渐变而言，离开了渐变，就无所谓突变。

3. 自然界演化的方向：进化与退化

自然界演化有两个特定的方向，即进化方向与退化方向。进化，是指由无序到有序、由简单到复杂、从低级到高级不断上升的发展方向；退化，则是指由有序到无序、从复杂到简单、从高级到低级的不断退化的下降方向。这两个方向的辩证统一，构成了自然界丰富多彩的演化图景。

（1）演化方向上的争论

19 世纪中叶，开尔文和克劳修斯提出了热力学第二定律，即热不可能自发地、不付代价地从低温物体传到高温物体；不可能从单一热源取热，把它全部变为功而不产生其他任何影响。根据热力学第二定律，可以确定一个新的态函数——熵。熵是对热力学第二定律的定量表，用来表示任何一种能量在空间中分布的均匀程度，能量分布得越均匀，熵就越大；一个体系的能量完全均匀分布时，这个系统的熵就达到最大值。根据热力学第二定律，任何孤立系统的熵永远随时间而增加，或者开放系统除去相互传输的那部分熵之外，系统内部产生的熵永远随时间而增加。热力学第二定律长期被认为是自然界的普遍规律之一，它不仅是经过实验检验的热力学系统所遵循的规律，而且可以被推广到其他多种包含熵变化的物质系统运动过程。比如，密度分布不均匀的流体物质体系会自发趋向分布均匀，整体有序的物品放置会随时间自发地趋向于混乱和无序，等等。

克劳修斯将热力学第二定律推广到整个宇宙的演化，认为整个宇宙必然遵循熵增原理，随着熵的不断增大，宇宙中一切机械的、物理的、化学的、生命的运动形式都将转化为热运动形式，而热又总是自发地由高温部分流向低温部分，直到温度处处相等的热平衡状态（此时宇宙的熵趋向于最大值）；宇宙一旦达到这个状态，任何进一步的热交换都不会发生，宇宙就进入一个热平衡的死一样寂静的永恒状态。这就是著名的“热寂说”。

无论热力学第二定律、熵增原理的普遍性如何，在自然界中，大量从无序到有序的现象却是无法否定的客观事实。这就引起了科学家们的思考。英国物理学家麦克斯韦、德国物理学家普朗克和玻恩指出，“热寂说”是对孤立系统的认识中导出的热力学第二定律不加限制推广到宇宙的结果。物理学家波尔兹曼提出，生命的出现是宇宙热寂总趋势中一个“巨涨落”。他指出，“巨涨落”就好比是江河日下的浪潮中，一朵向上飞起的小小浪花。根据统计物理学的原则，涨落的规模越大，这种小浪花出现的机遇就越大。英国物理学家麦克斯韦设想，在自然界中有一种微小的“精灵”，能够识别、挑选状态、结构性质不同的粒子，并对它们的运动状态给予特定的限制，使无序的物质系统变为有序。这种假设的“精灵”被人们称为“麦克斯韦妖”。然而，自然科学并没有对此提供任何其存在的证据。著名物理学家薛定谔在《生命是什么》一书中指出，像生命一样的自然系统，依靠从周围环境吸取“负熵”，从而实现熵的减少，从无序变为有序。

1969 年，比利时科学家普利高津发现，在不违反热力学第二定律的前提下，自然系统可以经过自组织从无序演化为有序。他指出，一个远离热平衡态的开放系统，通过与外界环境进行物质、能量、信息交换，能够从原来的无序状态变为一种在时间、空间或功能上的有序结构。至此，人们终于搞清楚自然界系统并不是一个封闭系统，宇宙的演化并不指向宇宙热寂状态。自然界的演化，既有进化，也有退化。

（2）进化与退化的统一

进化与退化是自然界中广泛存在的两种趋势、过程，进化和退化之间具有统一性。这种统一性主要表现在以下三个方面：

首先，进化与退化相互包含。以进化为主的过程往往包含着退化。生物进化具有不可逆性，灭绝的物种不可能重新出现，但是，在生物进化之中也有退化，如返祖现象的出现。

其次，进化与退化同生共存。进化与退化通常同时存在，往往是一个过程的两个方面。一个系统有序程度的提高，需要以负熵的引入为代价，这相当于把系统内的熵增转移到环境之中去；或者说，系统的进化是以环境的退化为前提。

最后，进化与退化也是相互转化的。在一定的条件下，进化过程会退化，而退化过程也会转入进化。

4. 自然界演化的机制：自组织理论

自组织是指没有外界的特定干预，在开放的背景下，外部提供一定的条件，自然界物质系统自发地形成一定结构和功能的过程、现象。

自然界的系统要成为自组织，需要以下一些条件。

（1）开放系统

自然界系统自组织得以形成的首要条件就是开放系统，即需要从外界环境中输入负熵，以抵消系统内部的增熵。

普利高津指出，一个系统的熵（dS）是由两个方面引起的，即系统内部自发产生的熵变（dSi），以及系统与外部环境相互作用产生的外熵流（dSe）。因此，$dS=dSi+dSe$。

对于孤立系统而言，系统与外界环境之间没有物质、能量、信息交换，因此，$dS=dSi$。根据熵增原理，$dS>0$，并趋向于不断增大，从而使系统走向无序。

对于开放系统而言，系统与环境之间会进行物质能量交换，从而产生以下四种情况：

当 $dSe>0$ 时，$dS>0$，系统加速走向无序。

当 $dSe<0$ 时，且 $|dSe|<|dSi|$，则 $dS>0$，系统仍沿着熵增方向走向无序。

当 $dSe<0$ 时，且 $|dSe|=|dSi|$，则 $dS=0$，系统宏观结构不变。

当 $dSe<0$ 时，且 $|dSe|>|dSi|$，则 $dS<0$，系统将沿着熵减方向走向有序。

（2）远离平衡态

使系统远离平衡态是自组织的另一个必要条件。

当系统处在平衡态时，系统的熵值最大，系统处于稳态。

在近平衡态，系统内部进行着宏观不可逆过程，线性非平衡区的系统随时间推移朝熵减少方向演化，直到达到一个宏观状态不随时间变化的定态——非平衡定态，此时系统也处在稳定状态。

可以失稳的状态是远离平衡态，是指系统中的状态参量存在很大差异，从而距离平衡态很远的状态。在这种状态下，系统出现了非线性关系，不能用线性方程来表示，此时系统也会演化到某个非平衡定态。但是，这个定态是失稳的，系统内的涨落有可能被放大而不是衰减，从而使得系统向某个新的秩序演化。

（3）非线性相互作用

线性和非线性最初是作为一对数学名词出现的，线性指的是两个或多个量之间存在正比关系，即当自变量增加或减少时，因变量也按一固定比例增加或减少，因这种关系在直角坐标系里的函数图像是一条直线，故得其名。而与之相反的情形则属于非线性范畴。

从线性思维的模式来看，自然界的运动过程是连续的、平滑的、单一决定的，因而质变、发展就显得莫明其妙。

非线性相互作用允许描述系统状态的非线性方程存在多重解。这就意味着，在相同的外界条件下，系统本身有可能处于不同的状态。由于系统的每种可能状态随时间的发展方向而不同，这些状态也叫做系统不同的演化分支。这就是所谓分叉现象或称相变，而即将发生分叉时系统所处的特殊状态称为临界状态。分叉行为的存在，允许复杂系统展现多样化性能，这与线性简单系统形成了鲜明的对照。

（4）正反馈放大作用

自然系统进入自组织，必须存在一个反馈通道，它可以通过反馈的方式放大某种波动或起伏，从而产生新质，加速系统的自组织。

（5）涨落

一个由大量子系统组成的系统，其可测的宏观量是众多子系统的统计平均效应的反映。但系统在每一时刻的实际测度并不都精确地处于这些平均值上，而是或多或少有些偏差，这些偏差就叫涨落，涨落是偶然的、杂乱无章的、随机的。

在正常情况下，由于热力学系统相对于其子系统来说非常大，这时涨落相对于平均值是很小的，即使偶尔有大的涨落也会立即耗散掉，系统总要回到平均值附近，这些涨落不会对宏观的实际测量产生影响，因而可以被忽略掉。但是，当系统处于远离平衡态，系统内部各构成要素或子系统之间存在非线性相互作用时，那么，某种微小的涨落将通过正反馈机制而被放大，使系统跃迁到一个新的稳定有序的状态。正因为如此，普利高津才说：“在非平衡过程中……涨落决定全局的结果”，“通过涨落达到有序”[①]。

（三）人化自然观

人与其他生物一样，是自然界的存在物，但人又不同于其他生物，能认识自然和变革自然，创造出适应自己的生存环境。人类的出现就给自然界打上了人的印记，乃至我们今天所面对的自然界，已经远远不同于人类产生时的样子。

1. 从自在自然到人化自然

“自在自然”也称“纯自然”，是独立于人类主体之外，未被纳入人的实践范围而按照自身的规律运动发展着的原生的自然界。在人类产生之前的所有自然物都属于自在自然，在人类产生之后，在人类认识所能达到的范围之外，在人类通过劳动改造过了的自然界之外，还存在着广阔无垠的自在自然。它包括人类目前尚未观测到的总星系之外的宇观世界和基本粒子以下的未知的微观世

① 普利高津．从混沌到有序．上海：上海人民出版社，1987：225

界，以及构成人类生存环境的宏观世界中尚未被人认识的自然事物。

“人化自然”是指进入人的文化或文明的自然界。人化自然强调人对自然的关系。人对自然的关系既有认识关系，也有实践关系。因此，人化自然既包括人尚未改造但已经被认识的、被理解的自然，我们称之为“第一自然”、“天然自然”；又包括已经被人改造过的、打上了人的活动烙印的自然，我们称之为“第二自然”、“人工自然”。

从人的因素对自然的深入程度来看，“人工自然”大体可以分为3个层次：①人工控制的自然。用人工控制的手段，把野生动植物或天然地貌保护起来，使之维持天然状态，如野生动物保护区。②人工培育的自然。通过人类的劳动，使天然自然物发生某些状态上、结构上的部分改变，如将野马驯化为军马，将天然河道疏浚为行船水路。③人工创造出来的自然。人类创造出来的、自然界中没有的事物，如塑料、建筑物、宇宙飞船等。

2. 人工自然的特点

人工自然与天然自然密切相关，都是客观的存在；人工自然的创造要以天然自然的物质、能量、信息为基础，人工自然是天然自然转化而来的；创造人工自然要利用天然自然的客观规律，许多人工自然物还是在直接模拟天然自然的基础上创造出来的。

但是，人工自然与天然自然相比，具有以下突出的特征。

(1) 就与人的关系而言，人工自然具有依赖性

天然自然是独立于人的意识之外的客观存在，在人类产生以前就存在，在人类消亡之后还将存在。人工自然依赖于人的意识，它是主体意识的物化，是人对自然界赋予人的需要、能力和标准，所创造出来的客观实在。

(2) 就与自然规律的关系而言，人工自然具有自发性

天然自然只服从自然规律、受自然规律自发作用的支配。人工自然则不同，它当然服从自然规律，但并不服从自然规律的自发作用。比如，按照自然规律的自发作用，地球上的水只能做下降运动；但在人工自然中，可以修筑堤坝将水位抬高，人类可以通过自己的活动来强化和利用某些自然规律，反对、抵制某些自然规律的自发作用。人工自然的非自发性增加了人类对自然规律认识的难度。

(3) 就自身发展速度而言，人工自然具有快速性

天然自然特别是宏观对象的演化过程一般比较缓慢，对于恒星的形成、地层的积淀、物种的自然选择等演化过程而言，以百年计算常常是微不足道的，有的甚至要成千上万年；但相对而言，人工化程度较高的人工自然，演化的速

度就快得多。在20世纪不到一百年的时间里，出现了电灯、电视、电话、飞机、人造纤维、抗生素等等。人工自然进化迅速，是人们强化、定向、集约地应用自然规律的结果，是人工自然与社会相互作用引起加速效应。

(4) 就与社会发展的关系而言，人工自然具有决定性

天然自然对人类早期文明有更大的影响，古代的几大文明区都与大河流域的自然地理环境有关。在近现代，天然自然尽管对一个国家和地区的发展也会产生重要的影响，但相对而言，人类文明与天然自然的关系日趋减弱，人类文明更多依赖于人工自然。在一些土地面积不大、自然资源不多的国家和地区，依靠人们的创造和努力，依然会达到较高的发展水平。

3. 自然界的生态平衡

在人类产生以前，自然界就存在着由多种生物和其生存环境组成的生态系统。生态系统的要素有：无机环境（空气、水、土壤、阳光等）；生物生产者（绿色植物）；生物消费者（动物）；生物分解者。太阳辐射的能量驱动着这个系统的物质和能量的流动。这个系统中的无机环境、生物生产者、生物消费者、生物分解者之间，在长期的发展过程中形成了食物网、食物链的复杂反馈机制，通过相互制约、转化、补偿、交换和适应，建立了一种相互协调的动态平衡关系，即生态平衡。

自然界的生态平衡具有相对的稳定性，即自然界具有整体调节能力和负反馈的功能，可以平息出现的某些涨落的扰动，使系统大致保持原来的状态。比如，捕食者大量增加，就会出现“捕食者大量增加→可捕食的对象逐渐减少→捕食者最终减少”的动态循环，使得系统稳定在原有的比例上。

自然界的生态平衡又是相对的，在环境因素发生巨变，超出系统稳态控制的极限时，则由于非线性的正反馈机制把某些涨落逐渐放大，就会打破原有的生态平衡，建立一种新的生态平衡。

人类出现时自然界的生态系统也处于相对平衡的状态，人是这个系统的组成部分，人的活动又可能是系统中不可忽视的引起涨落和放大涨落的力量，尤其是在人工自然高速扩张的今天。正如著名物理学家海森堡所言：“在以前各个时代里，人类觉得他所面对的只是自然界本身。万物聚集的自然界是一个按其自身的规律而存在的领域，人类不得不设法去适应它。然而在我们这个时代，我们生活在一个被人类如此彻底改造过的世界里……我们总会遇到人工创造物，因此从某种意义上讲，我们遇到的只是我们自己。”①

① 海森堡．物理学家的自然观．北京：商务印书馆，1990：10

4. 生态危机及其根源

人类认识自然、改造自然，既是自然的人化过程，同时又是自然对人的异化过程。一方面，在实践活动中，人的本质力量对象化，自然界成为属人的自然，为人所需要和利用的自然；另一方面，在一定的条件下，人的活动结果却使自然摆脱人的控制，反过来成为祸害人、对抗人、奴役人的异己力量，这种异己力量的失控，就是生态危机。

（1）生态危机

所谓生态危机，是指由于人类的干扰行为超出了生态系统自我调节的阈值，导致生态严重失衡，从而威胁人类生存和发展的现象。

（2）生态危机的主要表现形式

当代生态危机主要表现在人口问题、自然资源问题、环境污染问题上。

①人口问题主要体现在3个方面：第一，绝对数量猛涨。300万年前，人类出现在地球上，起初人口发展非常缓慢。1830年，世界总人口才达到第一个10亿；到1930年，世界人口也只有20亿。真正的人口高速增长，出现在第二次世界大战之后，1960年为30亿，1974年为40亿，1987年为50亿，1999年达到60亿。第二、三、四、五、六个10亿分别用了100年、30年、14年、13年、12年。根据人口指数增长理论，有的学者提出这样的警告：现在世界人口每年净增7800万，如果保持这样的速度，大约每过35年就要增加一倍。第二，人口分布不均。比较落后的中国、印度、巴西等国的人口占世界人口的60%。第三，城市人口超常发展。预计现在有50%的人住在城市，有400个城市人口突破百万，有近30个城市突破千万。

人口问题对环境的压力表现在如下方面：首先是土地资源的压力。1975年，世界人均耕地是4.65亩，2000年下降到2.25亩，即减少一半。在20世纪70年代初，每公顷耕地只需养活2.6人，到2000年则需要养活4人。其次是粮食供应的压力。再次是能源供应的压力。有学者做了这样的推测：如果世界人口保持不变，并以现在的强度消耗能源，那么海水中的重氢可供人类使用100万年；但如果世界人口以1%的速度继续增长，即使每个人所消耗的能源和以前一样多，那么上述100万年燃料的储存将在920年内被用完：如果人类技术进步，提高能源的使用效率，使得每个人所消耗的能源是以前的一半，而人口仍然以不变的速度增长，那么海水中的重氢也只能使用990年。最后是人口对城市环境造成的巨大压力。由于大量人口在城市聚集，造成了住房、用水的紧张，城市空气污染的程度日益严重。除此之外，人口问题还深刻影响人类的教育、法律、政治系统，成为影响经济发展的重大社会问题。

②自然资源消耗过快。自然资源是指能为人类所利用的物质和能量的总称。按照资源的物质属性，通常将其分为可再生资源和不可再生资源两类。前者指人类开发利用后，在现阶段可更新、可循环、可再生的自然资源；后者指在现阶段不可更新、不可再生的资源。人类生存在的地球环境空间是有限的，因而资源的储量和再生能力也极其有限，人类探测、开发外层空间资源在短期内还无法预见其结果。在这种背景下，人类对环境的冲击变得越来越大。A. 森林资源。公元前，地球上 2/3 的陆地覆盖着森林；目前，森林覆盖率不到 1/3，锐减的趋势非常明显，热带雨林尤为严重。从 1990 年到 1995 年，地球上每年有 1.17×105k ㎡森林消失，现在则达到每年 1.6×105km^2 的速度。B. 土地资源。全球平均每年大约有 600 万公顷的土地沦为沙漠，因沙漠化和土壤退化丧失生产力的土地，每年就有 2000 万公顷。C. 水资源。地球上水的储量很大，但绝大部分是咸水，人类可利用的淡水只占全球水总储量的 0.77%。然而，人口的增加和工农业的发展，使得 20 世纪的用水量增加了 10 倍。由于过度开采，地球上的淡水资源正在枯竭，据世界银行 1995 年的统计，世界上已有 80 多个国家和地区、约 40%的人口面临水资源不足的问题；从 21 世纪开始，世界上将有 1/4 的地方长期处于缺水。未来可能会因为水资源争夺而带来战争。D. 物种多样性。公元 1600—1900 年间，有 75 个物种灭绝，平均 4 年灭绝一种；20 世纪以来，平均每天灭绝一种。目前有 5400 种动物、400 种植物面临灭绝的危险。专家预计，到 2050 年，将有 25%的物种灭绝，总数达到 60 万～180 万种。生物多样性的破坏已危及人类的生存。

③环境污染严重。所谓环境污染，是指由于人类的活动引入环境的物质和能量，造成危害人类及其他生物生存及生态系统稳定的现象。一般说来，可以根据污染物起作用的空间处所差别，把污染分为大气污染、水体污染和土壤污染。A. 大气污染。大气污染通常是指由于人类活动（如工业废气、生活燃煤、汽车尾气、核爆炸等）或自然过程（如森林火灾、火山爆发等）引起某些物质进入大气中，超出大气正常标准（78%的氮气、21%的氧气、少量的二氧化碳和其他气体），从而危害气候、人体健康的现象。工业革命以来，大气中二氧化碳、甲烷、氮氧化物、氟氯氰等气体的含量不断增加。这些气体对地表放射出的长波辐射有强烈的吸收作用。它们在空气中充当了玻璃或塑料薄膜的角色，导致地球表面和底层大气温度升高、全球变暖，即引起温室效应。B. 水体污染。水体污染是指一定量的污水、废水、其他废弃物等污染物质进入水域，超出了水体的自净和纳污能力，从而导致水体及其底泥的物理、化学性质和生物群落组成发生不良变化，破坏了水中固有的生态系统和水体的功能，从

而降低水体使用价值的现象。据统计，在发展中国家，80%～90%的疾病和1/3以上死亡者的死因与受细菌污染或化学感染的水有关。C. 土壤污染。土壤是指陆地表面具有肥力、能够生长植物的疏松表层，其厚度一般在2 m左右。凡是妨碍土壤正常功能，降低作物产量和质量，还通过粮食、蔬菜、水果等间接影响人体健康的现象，都叫做土壤污染。土壤污染物主要有化学污染物（如化学农药、石油及其裂解产物对土壤的破坏）、物理污染物（来自工矿的固体废弃物，如尾矿、废石、粉煤灰和工业垃圾等）、生物污染物（带有各种病菌的城市垃圾和由卫生设施排出的废水、废物等）、放射性污染物（主要存在于核原料开采和大气层核爆炸地区，以锶和铯等在土壤中生存期长的放射性元素为主）。

（3）生态危机的根源

在人类产生以前，自然界（地球上）的生态系统的要素无机环境（空气、水、土壤、阳光等）、生物生产者（绿色植物）、生物消费者（动物）、生物分解者（微生物）之间建立了一种相互协调的动态平衡关系。但是，在自然环境和生物生态系统基础上进化出来的人类生态系统中，人类是超级生产者、超级消费者，却不是超级分解者。

人类作为超级生产者表现在以下几个方面：①人类自身的生产。人口从1830年的10亿，发展到今天已经60多亿，可谓是人口暴涨。②人类生存资料的生产。为了养活急剧膨胀的人口，人类不得不成为超级的农业生产者，于是，过度放牧造成草原退化、过度捕捞造成渔业资源枯竭、过度狩猎造成物种灭绝、过度砍伐造成森林面积锐减、过渡使用化肥造成土地贫瘠。③人类非基本生存资料的生产。人类的需求是一个“创造过程”，由于无视需求的限度，造成了大量资源的浪费。

人类作为超级消费者，是指地球这颗星球上所有对人有用的东西都成为人类消费的对象，他们既消费自然界天然提供的对象，也消费自己制造出来的东西，从而产生了大量的垃圾，把整个地球变成了巨大的垃圾场。

人类至今还没有成为一个超级的分解者，只有指望植物来吸收和分解这些有害气体、液体和固体，但人类又把吸收和分解能力最强的森林、特别是热带雨林，砍伐得所剩无几；人类只能寄望于微生物（细菌和毒菌）来分解这些有害物质，但它们应接不暇，既分解不了这么多、也分解不了这么快。最终的结果就是：人类文明迅速上升的进化反过来破坏了它自己赖以生存的自然环境和生态系统。

人类曾经利用大自然赋予的资源，创造了灿烂的物质文明。然而，当人类对自然失去了敬畏之心，变得恣意妄为的时候，自然界也不再对人类显得文静与慈祥。恩格斯早就说过："我们不要过分陶醉于我们人类对自然界的胜利，对于每一次这样的胜利，自然界都对我们进行了报复，每一次胜利，起初确实取得了我们预期的结果，但是往后和再往后却发生了完全不同的、出乎意料的影响，常常把最初的结果又消除了。"①

思考题：

1. 科学自然观是怎么确立的？它有哪些基本内容？
2. 系统具有哪些特征？
3. 自组织需要哪些条件？
4. 天然自然与人工自然有哪些区别和联系？
5. 生态危机的根源在哪里？

资料链接

语　　录

"物理上真实的东西一定是逻辑上简单的东西，也就是说，它在基础上具有统一性。""就我们这些受人信仰的物理学家而言，过去、现在和将来之间的区别只是一种幻觉，然而这种区别现在仍然持续着。"②（爱因斯坦）

"我们的宇宙不仅仅是一个完整的系统，在此我们发展了某种统一性，弱力和强力之间的联系；而且，我们的宇宙是一个进化着的系统，在地质水平上，在宇宙作为一个整体的水平上，在人类的水平上、在文化的水平上，我们的宇宙是一个进化的系统，它是一个进化的结果。"③（普利高津）

思考题：

结合爱因斯坦和普利高津对自然的认识，谈谈你对马克思主义自然观的理解。

---

① 恩格斯. 自然辩证法. 北京：人民出版社，1984：305
② 徐良英，等编译. 爱因斯坦文集（第1卷）. 北京：商务印书馆，2009：243
③ 邱仁宗. 国外自然科学问题. 北京：中国社会科学出版社，1991：17

我忍受不了这样的想法：我们将把一个破烂的地球和一个令人沮丧的未来留给我们的孩子。

——阿尔·戈尔

第五章　人与自然关系的反思和重构

面对日益严重的生态问题，人与自然的关系重新成为人们关注的焦点。生态危机的根源在于人对自然的暴掠，而人对自然胆大妄为的根源则在于人对自己、对自然的双重误解——人把自己看做是生命价值的中心，把自然仅看做是为满足人类需要的存在。这种人类中心主义是继性别中心主义、种族中心主义后最大的价值偏见。人类要获得自由与解放，首先就要从自己的偏见中解脱出来，认识自然的内在价值，承认自然界的内在权利。人类要获得进步和发展，就要走可持续发展的道路。

一、走出人类中心主义的偏见

（一）人类中心主义

对于人类中心主义，我们可以从四个层面理解：第一，从存在论（或本体论）意义上来讲，人是最高等级的存在，其他物种都是低等存在。第二，从价值论上讲，人是价值的原点，其他物种只因具有满足人类某种需求的属性而具有价值。第三，从认识论上讲，只有人具有思维能力，人是认识的主体，其他物种都是有待人类认识的对象。第四，从实践论上讲，人是能动性存在，能够改造对象来满足自己的需求；其他自然物是被动性存在，是人类改造利用的对象。

在不同的历史时期，人类中心主义侧重的方面不一样，具有不同的特点。

1. 古代人类中心主义

自然目的论是一种最古老的人类中心主义观点。古希腊的亚里士多德曾说："植物的存在是为了给动物提供食物，而动物的存在是为了给人提供食物

——家畜为他们所用并提供食物，而大多数（即使并非全部）野生动物则为他们提供食物和其他方便，诸如衣服和各种工具。由于大自然不可能毫无目的、毫无用处地创造任何事物，因此，所有的动物肯定都是大自然为了人类而创造的”[①]，是其他存在物的目的，其他动物是因为人才具有存在的必然性。恩格斯对这种观点曾辛辣讽刺道：“根据这种理论，猫被创造出来是为了吃老鼠，老鼠被创造出来是为了给猫吃。”[②]

基督教则从宗教的角度强化了自然目的论，并产生了人类中心主义的神学目的论。美国历史学家林恩·怀特在1967年发表于《科学》杂志的文章《我们生态危机的历史根源》中直接指出：“在所有的宗教中，基督教是最以人为中心的宗教”[③]。《圣经》说，世界是上帝创造的，而在这些创造物中，人是它的最伟大成就，其他创造物都是为了人而创设的。《创世纪》说：神创造天地，第一天它创造了光，从而把白天和黑夜分开；第二天创造空气，把空气以下的水和空气以上的水分开，并把空气称为天；第三天把天下的水聚在一起，使陆地露出来，并使土地长满青草、蔬菜和树木；第四天创造出太阳、月亮和星星，以管理昼夜；第五天创造了水中的鱼和各种各样的生物，以及地上的飞鸟、昆虫、畜生和野兽；第六天，上帝按照它自己的形象创造了人（亚当），并对他说：“要养生众多，遍满地面，治理大地，也要管理海里的鱼、空中的鸟和地上各样行动的动物”；又说：“我将遍地上一切结种子的菜蔬和一切树上结有核的果子，全赐给你们作食物，至于地上的走兽和空中的飞鸟，并各样在地上爬的有生命的物，我将青草赐给它们作食物”。这就是说，世界是上帝为了人而创造的，世界万物要根据人加以解释，人不仅利用万物，而且主宰和统治万物。中世纪神学又把人类中心主义建立在托勒密地球中心说的基础上，从而获得了它的科学形态。按照这种理论，地球是静止不动的，它位于宇宙的中心，太阳和所有星辰围绕地球转动。但地球是上帝为了人而创造的，因而人是宇宙的中心。

2. 近代人类中心主义

笛卡尔、康德是近代人类中心主义的典型代表。笛卡尔提出“我思故我在”，我什么都可以怀疑，唯有怀疑本身无可怀疑。因此，“我思”是“我在”的前提；同时，“我思”也成为一切“存在”的前提。这就在本体论上为人类

---

① 治学. 北京：商务印书馆，1981：23

② 马克思恩格斯选集（第3卷）. 北京：人民出版社，1995：449

③ 转引自何怀宏. 生态伦理——精神资源及哲学基础. 石家庄：河北大学出版社，2002：156

中心主义作出了论证。德国哲学家康德更是提出了“人是目的”的口号。“人是目的”就意味着“人不是手段”，不能把人当做工具来看待，因为人是特殊的存在。人的特殊就在于人不仅要服从自然规律，而且要服从道德规律，而只有当人不受自然规律的束缚，服从先天的道德规律的时候，人才算是自由的存在。因此，尊重他人实际上就是尊重人自身，就是服从了道德规律。“人是目的”还意味着人是自然界的立法者。为了实现人的目的，必须给自然立法，以便人类可以认识和利用自然。“理性必须挟持着它那些按照不变的规律下判断的原则走在前面，强迫自然回答它所提出的问题，决不能只是让自然牵着自己的鼻子走。”①

近代人类中心主义突出了人类的特殊性，这种特殊性在于两个方面：思维与道德。只有人类能思维，其他物种不具有思维能力，或者不具有人类这么高的思维能力，从思维等级上讲，人类是最高存在。只有人类具有道德能力。其他物种没有道德可言，仅仅是服从自然规律而已。正是由于具有高度发达的思维能力，所以人类能够认识自然、掌控自然；正是由于人类需要道德关怀，因此人应该通过对自然界的征服来满足人类的需求，实现人的目的。

近代人类中心主义的理论困境在于：首先，思维能力能否作为最高等级存在的证明，为什么不是力量等级、灵巧等级，而选择思维等级？其次，为什么只有人才是道德关怀的对象，难道仅仅这一原则是人提出来的吗？如果其他存在物也可以提出，那么它们也会认为自己是唯一的道德代理人。再次，从人类的历史来看，道德进步是一个不断拓展的过程，走出了性别中心主义（男权世界），走出了种族中心主义，为什么不能走出物种中心（人类中心）主义？最后，理性是一个充满歧义的概念，不同的社会给予了不同的理解，如果从理性出发，很多人都不能得到道德关怀，何况其他物种。显然这个标准很难成立。

3. 现代人类中心主义②

现代人类中心主义是在20世纪中叶以来生态危机日益严重的情况下，人类重新审视自身在宇宙中的地位，重新审视人与自然关系而提出的。具有代表性的现代人类中心主义形态主要有以下几种：

第一，“开明的人类中心主义”，以澳大利亚哲学家帕斯莫尔为代表。他认为，人类是自然的改造者和管理者。人是具有能动性和创造性的社会动物，能够认识自然和改造自然。在人与自然的相互作用中，人是积极主动的一方，自

① 唐代兴. 生态理性哲学导论. 北京：北京大学出版社，2005：75

② 郭晓磊. 论现代人类中心主义的合理性及其超越. 学海，2004（3）

然是消极被动的一方。生态危机也是由人类活动造成的，解决人与自然的矛盾和冲突只能由人类去进行。但是，他批评西方哲学和宗教传统中鼓励人们把自己看作自然的绝对主人的做法。人类为什么要保护自然？保护自然的目的是为了保护自己，人类维护自然的生态平衡就是为了维护人类整体利益和长远利益。这是人类保护生态环境的出发点和归宿点。

第二，“弱人类中心主义”，以美国哲学家诺顿（B. G. Norton）为代表。他批判“强人类中心主义”只从人的感性偏好、感性意愿出发来满足人的眼前利益和需要，不考虑、顾及伴生的后果，不承担人类种系繁衍和生存发展的责任。因此，必须抛弃这种价值论，转而应当以弱人类中心主义为价值导向，即从经过人类理性审视和评价过的理性意愿出发，处理和协调人与自然的关系，既要考虑同时代的人如何公正合理地分配和处理自然资源，也要考虑代际间的人如何继承和移交自然资源。在人与自然的关系上，不但要承认自然界具有人类所需要的价值，而且还要承认自然界具有的“转换价值”，即满足人类各种需要的多层次的价值。因此，人类在实践中必须维护整体需要、价值和长远利益三者的统一。

第三，“现代人类中心主义”，以美国植物学家墨迪（W. H. Murdy）为代表。他在《一种现代人类中心主义》中，从生物进化论、文化人类学、认识论与本体论角度阐述了他的现代人类中心主义观点。他认为，所谓的人类中心主义，就是要高度评价使我们成为人类的那些因素，保护并强化这些因素，抵制那些反人类的因素。人之外的自然不会采取行动保护人的价值，这只能是人类自己的责任。他反对“平等权利”论，认为如果我们相信所有物种都有平等权利，那么就没有哪个物种应该在遗传学方面受到控制，或者是为了其他物种的福利而被杀死，进而怎样来理解为了营养而取消了植物与动物的生命行为呢？他还认为，地球基本上是一个封闭的系统，它的空气、水和其他资源的供应是相当有限的。污染、拥挤、资源匮乏等信号的出现，说明人类已经开始不适应它在自然中的地位。他呼吁人类为了个体和种的延续必须选择那些可以保护人类“生命支持系统”的事去做。

现代人类中心主义作为一种价值观，以人的利益为出发点和终极目的，在人与自然的关系上，突出了人的主体性、能动性、创造性；强调人类利益的整体性、共同性、长远性，主张尊重自然规律，促进人与自然协调发展。

但是，现代人类中心主义仍然饱受争议。首先，现代人类中心主义将人类的利益作为处理人与自然关系的根本尺度，这仍是一种人类中心主义的观点。这种只从人类自身一个物种的利益出发，而不是从整个自然界出发去考虑其他物种及其生存环境的观点，实质上是一种生物种族中心主义的延续。其次，现代人类中心主义从人类利益和价值出发去对待自然，并不是将人与自然平等看待，这种人与自然之间的不平等关系必然加剧人类之间的不平等关系。最后，从实践层面上讲，现代人类中心主义从人类的利益和价值出发去保护自然环境，缩小了自然环境概念的外延，将自然环境限制在人类的环境之内。人类只是着眼于保护与人类有关的生态环境，而不是保护所有物种的生态环境。

人类中心主义曾经是人类思想史上的伟大成就，增强了开创文明世界的信心，帮助人类摆脱了迷信、宗教的束缚，但是也导致了人与自然关系的异化。“从人的完美形象的角度看，人类中心主义那种把人的存在纬度和意义空间完全压缩和控制在人际关系范围内、把人种的形象设定为‘一个只关心其同类的存在物’的做法是有待超越的。人类中心主义是关于人的生存的伦理学，但不是人的完善的伦理学。人作为人所拥有的潜能，并不只够他的生存之用。他的那些超出其生存所需要的潜能是能够、也应该用来‘赞天地之化育’、凸现大自然的‘生物成物之德’的。”①

（二）非人类中心主义

美国哲学家胡克在《进化的自然主义实在论》一文中指出：“按照我们目前对世界的认识，人不是万物的尺度。人类的感知认识是有限制的、易错的，人类的想象也是有限的并经常是狭隘的，人类对研究资源的组织和理解也不高明。”“人类没有哲学所封授的特权。科学的最大成就或许就是突破了盛行于我们人类中的无意识的人类中心论，揭示出地球不过是无数行星中的一个，人类不过是许多生物种类中的一种，而我们的社会也不过是许多系统中比较复杂的一个。”②

如果不以人类为中心，那么应该把什么作为我们评判行为的中心？非人类中心主义从不同的角度为我们提供了理论资源。下面介绍三种非人类中心主义的观点。

1. 动物解放/动物权利论

英国伦理学家辛格是动物解放论的代表。他认为，我们的道德视野一旦扩展了，那么过去那些曾被认为是天经地义的做法，现在就会被视为不可接受了。如果以一种导致痛苦、难受和死亡的方式来对待人（包括没有认知能力的婴儿和功能不健全的成人）在道德上是错误的，那么，以同样的方式来对待动

---

① 何怀宏．生态伦理——精神资源与哲学基础．石家庄：河北大学出版社，2002：369

② 转引自邱仁宗．国外自然科学哲学问题．北京：中国社会科学出版社，1991：70

物也是错误的。我们将动物排除在道德考虑之外的行为，正如早年将黑人与妇女拒之门外一样在道德上是错误的。

辛格的动物解放论的理论前提是 18 世纪的边沁的功利主义。功利主义伦理学的两个基本原则是平等原则与功利原则。第一，平等原则就是“每人只算一，无人算作多”，要求每个人的利益都同等重要。因此，我们在选择自己的行为时必须要把受到该行为影响的每个人的利益都考虑进去，而且要把每一个人的类似利益都看得与其他人的类似利益同样重要。辛格认为，当我们谈到平等的时候，“并不依赖智力、道德能力、体能或类似的事实性的特质。平等是一种道德理念，而不是有关事实的论断”。“要求平等的时候，倘若所根据的必须是一切人类事实的平等，我们势必只好停止要求平等。”①但辛格指出，边沁谈到平等原则的时候，“将感受痛苦的能力视为一个生物是否有权利受到平等考虑的关键特征”。而如果一个存在物能够感受苦乐，那么拒绝关心它的苦乐就没有道德上的合理性。不管一个存在物的本性如何，平等原则都要求我们把它的苦乐看得和其他存在物的苦乐同样重要。所以，按照平等原则，所有能够感受到苦乐的动物都应该得到平等关心。第二，功利主义原则就是“最大善”原则。最大善的计算，则必须依靠此行为所涉及的每个个体之苦乐感觉的总和，其中每个个体都被视为具有相同分量，且快乐与痛苦是能够换算的，痛苦仅是“负的快乐”。一个生命只要能感受苦乐，就有权益。如果一个生命会“痛苦”，我们在道德上就没有正当的理由可以忽视其痛苦。根据这一原则，辛格用了大量笔墨揭露和谴责“残暴的动物实验”和“工厂化农场的悲惨世界”。他说：“今天全世界处处存在的非人类动物实验，是物种歧视的结果。”②

辛格动物解放的目标有 4 个：第一，释放被拘禁于实验室和城市动物园中的动物。辛格指出，以科学研究的名义而在动物身上所做的试验并非都是无可指责的。把动物拘禁在动物园的囚室以使远离大自然的城市人观赏和嬉戏的做法，更是对生命的尊严的亵渎。第二，废除“工厂化农场”。辛格将那些以营利为目的的商业牧场称为“工厂化农场”。在狭窄、拥挤而黑暗的工厂化农场中，动物仅仅被当做一种产品，而非当做一个生命。动物的这种生存处境令辛格为代表的动物解放主义者们忧心忡忡。他们决心废除工厂化农场，为家畜争取到它们在农业文明时代所拥有的那种生存条件。第三，素食主义。辛格认为，对肉类的嗜好、对营养的需要都不能证明吞食动物尸体的合理性，食肉主

① 彼得·辛格. 动物解放. 青岛：青岛出版社，2004：6—7
② 彼得·辛格. 动物解放. 青岛：青岛出版社，2004：10—11

要是一个习惯问题。他说："现代道德要求我们，避免给动物带来不必要的痛苦和伤害，要求我们力所能及地做善事；从这一重要的道德常识的角度看，吃肉是一种邪恶的行为。"第四，反对以猎杀动物为目的的户外运动。辛格指出，就像古代罗马贵族那种把基督徒训练成角斗士，并通过观看角斗士相互厮杀来取悦的行为是残酷而邪恶的一样，当代人那种通过猎杀动物来消磨业余时间的行为（打猎、钓鱼）也是错误的。

雷根是动物权利论的代表。雷根认为，动物所拥有的权利是道德权利，既包括不被伤害或不受干扰的权利，也包括帮助或支持的权利。当人类作出一个道德决定的时候，这个决定可能影响自己也可能同时影响他人（或动物）。这个时候首先要考虑的是个体的道德权利，个体的道德权利应当首先得到尊重。也就是说，侵犯他人（动物）得来的好处绝不能成为侵犯这些权利的正当理由。实践中就是要杜绝利用动物作医疗实验的行为。雷根认为，弱势群体更容易受到侵害，然而弱势群体往往不知道自己受到侵害，也不知道如何维护自己的权利。当这种情况发生时，知道他人受到侵害的人就有义务挺身而出为受害者说话。而且，这种义务本身就是对公平、正义的要求，而不是祈求。在人与动物之间，人类显然要承担更多的义务。

不过，雷根也认为，动物的权利和人的权利虽然同样是不可侵犯的，但是在某些情况下，动物的个体权利可以被侵犯。这必须满足一些条件："第一，对该个体的权利的侵犯将阻止（而且是唯一现实的阻止方式）对其他无辜个体的更大伤害；第二，对该个体的权利的侵犯是一系列措施中的一个必要环节，这些措施将从总体上阻止对其他无辜个体的更大伤害；第三，只有侵犯该个体的权利，我们才有希望阻止对其他无辜个体的更大的伤害。"①

2. 生物中心论

法国学者史怀泽（Albert Schweitzetr）是第一个提出生物中心论的人。他主张"敬畏生命"，认为所有生命都是神圣的，植物和动物是我们的同胞，每一个生命都是一个秘密，每个生命都有价值。而且，生命之间存在着普遍的联系，我们的生命来自其他生命，如果我们不能随意毁灭人的生命，那么，我们也不能随意毁灭其他生命，我们要像敬畏自己的生命意志那样敬畏所有的生命意志，满怀同情地对待生存于自己之外的所有生命意志。"善的本质是保持生命，促进生命、使可发展的生命实现其最高的价值；恶的本质是毁灭生命、

① See T. Regen. *Animal rights, human wrongs*. Environment Ethics, Vol. 2, No. 2 (Summer, 1980)

伤害生命，阻碍生命发展。”[①]

现代生物中心论的代表人物是保罗·泰勒。在 1986 年完成的《尊重大自然》一书中，他建立了一套完整的生物中心论的伦理体系：第一，生物自身的善当做是它不断地全面发展自身的生物力量，它的善在某种程度上可被认为是它的强壮和健康。第二，生物自身的善具体体现于“拥有任何一种与环境融洽相处的、并因此保护自身存在的能力，这些能力贯穿于其物种正常的生命循环的各个阶段”[②]。无论动物还是植物，无论是有知觉的还是无知觉的，“它的内在功能与外在活动一样都有目的导向，具有不断地维持有机体的存活时间的趋势，并且自身能够成功地完成这些生物运作，由此它生养繁殖，并能适应不断变化的环境。”[③] 生物自身的善应该就是这种内在功能和外在活动的目的导向的体现。第三，人类与生物这种善之间的关系就是：这种自身的善能够被人类对其产生好的或坏的影响，即能够损害或增益其利益。在此基础上，他得出结论：如果我们能够不借助于其他事物而言，说对一个事物产生好或坏的影响是有意义的，那么事物就有其自身的善。简而言之，凡能够被损害或能够获得利益的事物都有其自身的善。“每一生物、物种和生命群体都具有其自身的善，道德代理人（Moral Agent）通过其自身的行为可以故意地扩大或破坏这种善。当我们说某一实体具有其自身的善，简单而言就是指它可以受益或受害而与其他统一体无关。”[④]

我们应该如何尊重生命呢？泰勒指出，应该遵循以下原则：第一，不伤害原则。不伤害自然界中已经存在的事物，这包括不杀害个体、不摧毁种群和生命共同体等。这个原则只适用人类，因为人之外的动物或植物，可以给其他生物带来伤害和死亡。第二，不干涉原则。不能限制其他有机体追求它的自由；不干涉大自然中所发生的一切。第三，忠诚原则。我们不要破坏野生动物对我们的信任，不要欺骗和误导它们，而要去支持它们的欲望。因此，捕猎、设陷阱和钓鱼等活动就是不道德的了。第四，补偿正义原则。这个原则要求我们对那些被伤害了的有机体做出补偿，如在个体受到伤害还没有死亡的情况下，帮助其恢复；如果某个种群被伤害了，则要求对种群剩余个体作永久保护，等等。

---

① 余谋昌，王耀先．环境伦理学．北京：高等教育出版社，2004：72

② *Environmental Ethics* ［M］．Wye College．University of London，1997：10—11

③ Taylor，Paul W. *Respect for Nature：A Theory of Environmental Ethics* ［M］．Princeton University Press，1986

④ *Environmental Ethics* ［M］．Wye College．University of London，1997：10

泰勒的生物中心论对于生物保护具有重要意义。按照动物解放/权利论，对于生物，伦理关怀的对象只能是动物而与植物无关；但是，按照泰勒的生物中心论，生物保护的对象就不仅是动物，而且还应该扩展至植物。

3. 生态中心主义

生态中心主义把生态系统当做一个独立的整体，而非有机个体的“堆放仓库”来理解；强调生物之间的相互联系、相互依存，以及由生物和非生物组成的生态系统的重要性；强调生态系统的整体性，主张物种和生态系统比个体更重要。生态中心主义由利奥波得的大地伦理学、罗尔斯顿的自然价值论和奈斯的深层生态学这三个分支构成。

(1) 利奥波德的大地伦理学

20 世纪初到 20 世纪中叶，两次世界大战不仅破坏了许多国家的经济，也加剧了帝国主义对资源的掠夺与开发，直接破坏了自然生态环境。20 世纪 30 年代，美国著名生态学家和环境保护主义先驱奥尔多·利奥波德在他的《沙乡年鉴》一书中，运用生态学原理创立了大地伦理学思想，这是生态中心主义的环境伦理学的最早形态。“扩展共同体的界限，使之包括土壤、水、植物和动物，或由它们组成的整体、大地”。利奥波德把大地上的山川河流、鸟兽虫鱼、花草树木都看做一个有机的整体，人类是这个整体不可分割的组成部分。他主张消除人与自然的界限，坚持人与大地上的一切物种平等。“大地伦理就是要把人类在共同体中以征服者的面目出现的角色，变成这个共同体中的平等的一员和公民。”[①] 他认为，自然界是一个整体，判断人类行为善恶的标准，就是看其是否有利于自然的和谐、完整、稳定和美丽；人与自然是一种平等的伙伴关系，而不是征服者和被统治者的关系；因此，要尊重自然生态过程持续存在和繁衍生息的权利；要尊重自然本身的内在价值，要知道它不仅仅对人类生存和福祉有意义。当我们把大地看做是我们所归属的共同体时，我们就会开始带着热爱和尊敬去利用客观的存在物，履行对自然界道德责任的义务。

(2) 罗尔斯顿的自然价值论

传统的价值论是以人的需要和兴趣为中心的工具价值论，把人看做是唯一的价值和目的的中心，自然界只有对人而言的工具价值，而无其内在价值。这实际上是一种典型的人类中心主义价值观。罗尔斯顿的自然价值论就是以对这一价值观的批判为起点的。他认为，当代环境危机的价值论根源在于把自然界仅仅视为人类的工具，作为一种资源来使用，全然不顾自然界自身的内在价

① 利奥波德，著；侯文蕙，译. 沙乡年鉴. 长春：吉林人民出版社，1997：194

值。他说："我们现代人在开发利用自然方面变得越来越有能耐，但对大自然的价值和意义却越来越麻木无知……当我们完全以一种彻头彻尾的工具主义态度看待人工产品或自然资源时，我们也很难把意义赋予这个世界。"在他看来，自然界具有与人相同的内在价值，我们应该从"根源"意义上欣赏自然，而不应该仅仅从"资源"意义上去理解大自然。"这种深层的伦理是关于我们的根源（而非资源）的伦理，它也是一种关于我们的邻居和其他生命形式的伦理"①。人与其他自然存在物的不同之处在于：人不仅能站在自己的立场上来肯定自身的价值，而且能站在其他存在物的立场上肯定他们的价值。只有做到这一点，人才能超越自己。

罗尔斯顿的自然价值论包括如下内容：第一，自然价值是客观的。罗尔斯顿认为，价值客观地存在于自然界中，自然及其万物的价值不是人类给予的；相反，自然中的客观价值产生于人类主体之前，它们是主观价值产生的源泉。显然，"没有人类，就没有价值"的判断是错误的。他说："从生态学角度看，地球是有价值的。这句话的意思是：地球能够产生价值；而且作为一个进化的生态系统，它一直是这样做的。"② 第二，自然物的内在属性。罗尔斯顿进一步提出，这些客观存在于自然中的价值是内在于客观事物的，它们有如颜色等客观属性一样，构成了事物的自然属性。价值是客体的属性，即对象物本身所固有的某种属性，与主体无关。当然，没有对自然界的感受，人类就不可能知道自然界的价值。但是，人在特定的时空条件下只能感知自然价值的一部分，而那些未被评价、体验到的自然价值仍然存在着。第三，自然价值是由自然界的创造性产生的。罗尔斯顿认为，价值属性最重要的特征就在于它的创造性。他明确指出："自然系统的创造性是价值之母；大自然的所有创造物，就它们是自然创造性的实现而言，都是有价值的。"所谓创造性，就是自然界中新事物、新特征不断产生的过程和特性。自然物之所以有价值，是因为它是自然的产物；而自然之所以有价值，是因为它能创造万物，其中包括有意识的生命。第四，自然价值是内在价值、工具价值和系统价值的统一。罗尔斯顿根据系统论的观点，把生态系统看成是由若干价值相互依赖、相互作用所构成的立体网络结构。

（3）奈斯的深层生态学

深层生态学最初由挪威的哲学家奈斯（Arne Naess）提出，如今已经成为

① 转引自曾国平，张德昭．环境伦理学与后现代主义．教学与研究，2006（8）

② 罗尔斯顿．环境伦理学．北京：中国社会科学出版社，2000：6

影响广泛的理论。深层生态学是相对于改良主义者的“浅层生态学”而言的，后者对自然持一种功利主义的、人类中心说的态度，倾向于从技术上解决环境问题。而深层生态学要求我们对自身的生活方式和社会体验进行深层次的探询，藉此我们可以发现我们在自然中的真正位置。深层生态学家们强调，人类只是地球生态的一部分，只有认识到人类与整个自然界是一个联合体，我们才能达到人性的全面实现。所有的有机体都是平等的，人类并没有超越其他任何生物的特殊价值，我们只是生物群落中普通的一员。

深层生态学有下述基本原则：第一，人类和非人类生命在地球上的存在、繁衍皆有其内在价值，非人类生命形式的价值并不以对人类有用为前提；第二，生命形式的丰富性和多样性本身就是有价值的，它造就了地球上人类和非人类生命的繁盛；第三，人类没有权力减少这种丰富性和多样性，除非是为了满足最基本的生存需求；第四，目前人类对非人类世界的干扰过度，情势急剧恶化；第五，人类生活的富裕、文化的繁荣与人口数量的实质性减少并不矛盾，而非人类生命的繁盛需要这种减少；第六，生活条件的重大改观需要政策的变革，并由此影响基本的经济、技术和意识形态结构；第七，人们乐意享受生命质量，即满足内在价值，而非坚持生活上的高水准，在“大”与“伟大”之间存在本质不同；第八，若同意上述观点，则有责任直接或间接地尝试实施所需要的变革。

因为奈斯鼓励多样性，深层生态学已经发展成为一种多变、动态的运动。持不同哲学观点的深层生态活动家和思想家都能同意上述基本原则，因而他们的行动目标相同。

“自我实现”是奈斯之深层生态学的中心，是指扩展和深化我们对自我的认识，超越狭隘自我，达到与所有生命存在的认同。既然我们能够拥有这种广阔的体验，能够“从他者中看到自身”，那么我们的自然天性便是保护地球。

二、走向可持续发展的道路

面对日益严峻的生态环境，人类不仅应该思考对待自然的态度，而且应该反思自己的发展模式。传统发展观的实质是以国家为核心的经济增长观，而可持续发展则是全球视野下的科学发展观。

（一）传统经济增长观及其缺陷

1. 经济增长观

经济增长理论的渊源可以上溯到古典政治经济学时期，亚当·斯密、大卫·李嘉图等人对经济增长和发展问题进行了最初的研究。斯密经济学的主题是“如何增大国民财富”，李嘉图则以比较成本学说为基础的贸易理论说明国际贸易会给各国带来怎样的利益。他们的研究置换成现代经济学的术语就是：“增加财富、摆脱贫困”。

第二次世界大战之后，西方经济学深化和拓展了古典政治经济学开辟的经济发展研究领域，并普遍采用数学工具把研究成果具体化，相继产生了多种经济增长模型和增长理论，如哈罗德-多马经济增长论、索洛-斯旺的新古典经济增长论、卡尔多-琼·罗宾逊的新剑桥经济增长论等。由于经济学家是在主流经济学的熏陶下成长起来的，他们基本上不加批判地对经济增长理论照单接收。按照经济发展主要是经济增长的理论，发展中国家的经济发展被定位为消灭小农经济，实现工业化；发展的重心是国民经济的总量增长；发展的手段则是增加资本。

这种理论以工业的增长作为衡量发展的唯一尺度，把国家工业化和由此产生的工业文明视为现代化的标志，对GNP（国民生产总值）高速增长有强烈欲求，认为GNP的提高无疑会自动提高人民的生活水平，最终可以消除贫困；经济增长有助于社会稳定和政治民主化。总之，经济增长了，所有其他目的就会自然实现。

这种思想在20世纪五六十年代相当盛行。在联合国的第一个发展10年（1960—1970）中，其发展目标就是规定不发达国家的GNP年度增长率最低为6%，并希望较贫困的国家能够通过经济增长来改善人民的生活条件。应该说，在这种思想的指导下，大多数国家的经济确实有所增长，也达到了联合国规定的GNP增长目标。但一系列社会问题不仅没有解决，反而变得更为严重，主要表现在：收入分配越来越不平等；贫富差距悬殊，社会动荡，城乡对立，国内二元经济结构加剧；部分国家外债高筑，对发达国家的依赖程度加深，生态环境持续恶化，等等。

2. 增长是否有极限

就在人类热衷于讨论经济增长到底能否解决其他社会问题的时候，有人已经开始在思考增长到底是否有极限。

重农学派的代表人物杜尔阁提出了报酬递减原理，指出了土地资源的生产力极限。他认为，自然资源是创造一切财富的首要前提。而报酬递减规律则指出了财富增长的自然生产力边界，也就是说，报酬递减规律表明了自然资源和生态环境存在着自然生产力发挥的最大限度或容量，即生态阈值。

1798年出版的《人口原理》，是马尔萨斯对自然资源绝对稀缺论的最早概括。他认为，既然性欲是永恒的，人口将以几何级数增长，而土地、粮食和物质资源的供应却是以算术级数增长，如此一来，人口的增长速度将快于食物供给的增长速度，人口过剩和食物匮乏就成为必然，饥饿、瘟疫和为争夺资源而进行的战争就不可避免。他认为，不是有限的自然资源和劳动力导致了人口增长的限制，而是人口增长导致了资源的过度使用和劳动力价值的下降；不是资源和劳动力的缺乏产生了贫困和人类的灾难，而是人口增长导致了这一点。所以，人口增长是人类苦难的最重要的原因。

“罗马俱乐部”在1972年出版了《增长的极限》一书，该书被称为“七十年代的爆炸性杰作”。美国科学家米都斯等在书中表达了对人类未来的关切。“我们希望这本书会引起许多研究领域和许多国家中其他人们的兴趣，提高他们的眼界，扩大他们所关心的问题的空间和时间范围，和我们一起来了解一个伟大的过渡时期，而为这过渡做好准备——从增长过渡到全球均衡。”该书通过5个变量，即人口、农业生产、自然资源、工业生产、污染，用系统方法建立了“全球均衡模型”或“零增长模型”。其中，如果按照5个变量目前的水平继续发展下去，在未来100年内将达到这个星球的极限：“我们甚至尝试对技术产生的利益予以最乐观的估计，也不能防止人口和工业的最终下降，而且事实上无论如何也不会把崩溃推迟到2100年以后”。罗马俱乐部认为，造成目前危机的原因首先是人类缺乏自然界其他物种的生物智慧、自我调节机制和动态平衡，人类滥用了自己改造自然的能力；其次是社会政治组织的原因，人类社会被划分为各种只顾自己利益的单位，为了自己的独立性和优势而牺牲别人、全球的利益，使得科学技术无计划、无节制；最后是人类自己的原因，包括人缺乏调节、控制自己技术的训练，人的贪欲迷醉于技术的威力、专业技术人员的非人道主义倾向，等等。

《增长的极限》发表之后引发了热烈的讨论。有些人认为根本不存在“增长的极限”，认为米都斯等人所使用的模型过于简单，而且模型中的人口、工业生产、粮食生产、环境污染和对不可再生资源的消耗在未来变化的趋势不具有必然性；认为《增长的极限》一书中所作的预测也大多不准，如该书预测石油、天然气等在20世纪就将被用完，这种情况直到现在也没有发生；该书没有看到科技进步之后，会逐渐出现可以替代的能源。有些人则认为“零增长”根本不切实际，认为目前出现的问题仅仅是我们在发展过程中必然付出的代价，但我们的发展最终将会把人类带向一个美好的未来。有的学者指出，没有哪一个国家会真正实行“零增长”，尤其是在竞争日益激烈的今天，实行零增长不仅会妨碍社会的发展，而且会出现失业增加、福利下降等问题。一些发展中国家的学者更是指出，罗马俱乐部代表的是西方发达国家的利益，如果发展中国家实行“零增长”，意味着与发达国家的差距永远无法消除。

“增长的极限”到底存不存在？如果把人类看做是生态系统的一员，这个问题的答案是显而易见的。人类的发展不可能违背生态系统的规律，也不可能脱离生态系统而存在，如果人类仅仅把经济增长视作目标，最终必然到达生态系统承载的极限。

3. 增长不等于发展

(1) 经济增长不同于经济发展

经济增长是指一国因生产能力提高而引起的社会总产出的增加，即国民生产总值的增长，其衡量指标是经济增长速度和人均国民生产总值的增加。在国民经济的总核算中，国内生产总值是依据一定时期（年）的全部产品和劳务来计算的，即根据它们表现为货币的价格来计算。K·施泰尼茨指出，由于对经济增长的这种规定，经济增长在数量上反映出来的决定性弱点是显而易见的：①对生产上发生的质的变化和结构变化视而不见；②所有在市场上实现的支出，都将有助于增加国内生产总值，这并不取决于这些支出是有益的还是有害的；③在国民经济核算的范畴中，基本上只反映有收益的劳动的结果，而在家庭进行的家务、家政等活动却被忽略了；④忽略了同样的增长，而为此所需要投入的劳动和物质资源可能是截然不同的，即劳动和资源的效率。[①] 随着产出的增加，还意味着随着产出增加而出现的投入与产出在结构上的变化及一般经济条件的变化。这就是说，经济增长主要指产出量增加及更高的增长率。而经济发展不仅包括经济增长，还包括经济结构、经济制度和运行机制变化在内的经济进步。

(2) 经济增长不等于社会发展

英国学者杜德利·西尔斯在《发展的含义》一文中指出：经济增长与社会进步之间不能画等号。经济增长仅仅只是物质的扩大，增长本身是不够的，事实上也许对社会是有害的；一个国家除非在经济增长的同时，不断减少社会的不平等、失业和贫困，否则就不可能有发展。法国社会学家佩鲁认为，增长、发展、进步和社会进步是性质不同的概念，增长是指社会规模的扩大；发展是结构的辩证法，是指社会整体内部各种组成部分的联结、相互作用以及由此产生的活动能力的提高。假如增长不能改变整体内部诸要素之间的关系和能力，就被称为“无发展的增长”。英国学者托达罗指出，应该把发展看作包括整个社会体制重组在内的多维过程。除了收入和产量的提高外，发展显然包括制

---

① 经济增长与可持续发展. 国外社会科学，1999 (6)

度、社会和管理结构的基本变化以及人的态度，在许多情况下甚至还有人们习惯和信仰的变化。法国学者罗兰·克兰则把“社会进步指数”作为衡量社会、政治和文化现象的综合标准，包括技术系统、经济系统、政治系统、家庭系统、个人社会化系统、思想和宗教哲学系统这六个方面。

传统经济增长观迷信财富增加会自然解决其他社会问题，但现实的情况却是带来诸多问题。经济增长是解决社会问题、实现社会进步的一种方式，而且只是众多方式中的一种；经济增长本身不应该成为人们追求的目标，当经济增长有损社会进步之时，人们就应该反思传统经济增长理论，反思经济增长与自然资源之间的关系、经济增长与社会进步之间的关系、当代人与未来人之间的关系。正是在这种背景下，在环境问题的凸显以及寻求解决之道的过程中，可持续发展的提出就成为必然了。

（二）可持续发展观

1. 可持续发展思想的提出

“可持续发展”（sustainable development）最早于1972年在斯德哥尔摩举行的联合国人类环境研讨会上提出。这次研讨会上，来自全球的工业化和发展中国家的代表，共同界定人类在缔造一个健康和富有生机的环境上所享有的权利。自此以后，各国致力界定“可持续发展”的含义，有的侧重于自然方面，用“可持续发展”意指自然资源及其开发利用程序间的平衡；有的侧重于社会方面，意指人类可持续生存；有的侧重经济方面，意指“今天的使用不应减少未来的实际收入”，等等。

1980年，国际自然保护同盟的《世界自然资源保护大纲》提出：“必须研究自然的、生态的、经济的以及利用自然资源过程中的基本关系，以确保全球可持续发展”。1981年，世界观察研究所所长、美国著名学者布朗（L·Brown）出版了《建设一个可持续发展的社会》一书，阐述了可持续发展的观点，提出了通过控制人口增长、保护资源基础和开发再生能源这三大途径来实现可持续发展，并强调指出：“我们不是继承前辈的地球，而是借用了儿孙的地球”。告诫人们建设一个可持续发展社会的紧迫感。

1983年，第38届联合国大会成立了以当时的联邦德国总理勃兰特、瑞典首相帕尔梅、挪威首相布伦特兰为首的高级专家委员会，分别发表了组织实施可持续发展战略的三个纲领性文件：①勃兰特，《共同的危机》；②帕尔梅，《共同的安全》；③布伦特兰，《共同的未来》。他们不约而同地提出了为克服危机、保障安全和实现未来目标所必须组织实施的可持续发展的思想。

1987年，世界环境与发展委员会在布伦特兰的领导下，出版了《我们共同的未来》。这份报告以丰富的资料，论述了当今世界环境与发展方面存在的问题，提出了处理这些问题的具体建议，系统地阐述了可持续发展的思想。

1992年，联合国在巴西里约热内卢召开了“环境与发展大会”，有183个国家和地区参加，102位国家元首、政府首脑与会。会议提出了一个重要口号：“人类要生存，地球要拯救，环境与发展必须协调”。会议通过了《里约环境与发展宣言》、《21世纪议程》等重要文件。这些文件始终贯穿着一个核心，即可持续发展；着眼于3个实现：实现人类社会、经济与环境的协调发展；实现世界各国的共同发展；实现人类世世代代的发展。此外，这些文件还从政治平等、消除贫困、环境保护、资源管理、生产和消费方式、国际贸易、群众参与等方面，对可持续发展进行了详尽的阐述。

1993年，中国政府为落实联合国大会决议，制定了《中国21世纪议程》，指出“走可持续发展之路，是中国在未来和下世纪发展的自身需要和必然选择”。1996年3月，我国八届人大四次会议通过的《中华人民共和国国民经济和社会发展“九五”计划和2010年远景目标纲要》，明确把“实施可持续发展，推进社会主义事业全面发展”作为我国的战略目标。

2. 可持续发展的定义和内涵

布伦特兰在《我们共同的未来》一书中把可持续发展定义为：“既满足当代人的需要，又不对后代人满足其需要的能力构成危害的发展”。这一定义得到广泛的接受，在1992年联合国环境与发展大会上取得共识。可持续发展包含两个基本概念：“需求”和“约束”。所谓需求，主要是指全世界穷人的基本需求应赋予压倒性的优先权，这是可持续发展的主要目标；所谓约束，主要是指对未来环境需要的能力构成危害的约束，这种能力一旦被突破，必将危及支持地球生命的自然系统，如大气、水体、土壤和生物。决定这两个概念的关键性因素是：①收入再分配保证不会为了短期存在需要而被迫耗尽自然资源；②降低主要是穷人对遭受自然灾害和农产品价格暴跌等损害的脆弱性；③普遍提供可持续生存的基本条件，如卫生、教育、水和新鲜空气，保护和满足社会最脆弱人群的基本需要，为全体人民，特别是为贫困人民提供发展的平等机会和选择自由。

可持续发展具有以下几个方面的特征：

首先，可持续发展突出强调发展，把消除贫困当做实施可持续发展的一项必不可少的条件。没有发展，就没有可持续发展。由于存在发展的巨大不平衡，发达国家把自己的夕阳产业、高污染、高消耗的产业转移到发展中国家和地区，发达国家因此实现了自己的生态保护。但是，对于处在经济发展中的国家而言，面临破坏生态与停滞发展这两重困境。在落后地区，人们为了追求生存与发展，不惜以滥采资源、破坏生态为代价。因此，可持续发展对于发展中国家而言，第一位的是发展，只有发展才能为解决生态危机提供必要的物质基础，也才能最终摆脱贫困、愚昧。

其次，可持续发展重在可持续性，将经济发展与环境保护联系起来，并把环境保护作为发展进程的一个重要组成部分，作为衡量发展质量、发展水平和发展程度的客观标准之一。只有加强环境与资源的保护，才能获得长期持久的支撑能力。今天，“一流的环境政策就是一流的经济政策”这一主张正在被越来越多的国家和地区所接受，这是可持续发展区别于传统发展的一个重要标志。

再次，可持续发展追求人与人之间的公平性。可持续发展认为，人与自然的危机是和人与人之间的矛盾不可分割的，只有解决了人与人之间的不公平，才有可能达到人与人之间的协调、和谐。这里的公平包括两方面的含义：代内公平和代际公平。代内公平就是指同一代人中一部分人的发展不应当损害另一部分人的利益。这就要求实行平等原则和对等原则。个体之间、国家之间、地区之间拥有平等的发展权利，不能人为制造差别待遇；同时，任何享有权利的主体都应该承担对等的义务，不能只享受权利不承担义务。从这个角度出发，发达国家和地区在享受丰裕、生态生活的同时，应该向发展中国家和地区提供相应的技术支持。代际公平是指当代人在发展与消费的同时，应承认并努力做到使后代人拥有同等的机会，不能以损害后代人的利益来满足自己当前的需求。由于当代人与后代人之间并不存在对话的机会，因而当代人应该担负起对后代人发展的责任，增强对未来人负责的自律意识；可持续发展要求当代人为后代人提供至少和自己从前辈人那里继承下来的一样多甚至更多的财富。代内公平是代际公平的基础，如果无法实现代内公平，人们就无暇顾及代际公平。

最后，可持续发展坚持共同性原则。人类共同生活在相对封闭的地球空间里。在这个生态系统中，任何国家和地区所造成的环境问题、生态问题都具有全球性的特征。可持续发展强调危机的共同性、安全的共同性和未来的共同性。传统发展观强调各自独立的发展，即便是在讲相互联系的时候也是讲如何利用全球化来发展自己。可持续发展则要求跳出狭隘的地区视野，从为人类、全球安全、共同未来负责的高度，谋求人类的共同发展，并将其作为价值评判的标准。

3. 走持续发展的道路

走可持续发展的道路不能仅仅停留在观念形态，必须将其付诸实施，建立可持续发展的社会。可持续发展社会的建立是一项系统工程，必须得到经济、政治、社会、技术等的支持。

（1）转变经济发展模式

传统的经济发展模式是以对自然资源的过度掠夺、以牺牲环境容量为代价来获取财富数量的增长，表现出典型的高消耗、低效益和高污染排放等特征。经济的可持续发展模式的首要任务就是实现低资源能源消耗、低污染排放、低生态破坏，也就是说，要大力发展循环经济、低碳经济。

循环经济是物质闭环流动型经济的简称，是以资源的高效利用为目标，以“减量化、再利用、资源化”为原则，以物质闭路循环和能量梯次使用为特征，按照自然生态系统物质循环和能量流动方式运行的经济模式。它要求人类在社会经济中自觉遵守和应用生态规律，通过资源高效和循环利用，实现污染的低排放甚至零排放，实现经济发展和环境保护的“双赢”。

低碳经济，是指在可持续发展理念指导下，通过技术创新、制度创新、产业转型、新能源开发等多种手段，尽可能地减少煤炭、石油等高碳能源消耗，减少温室气体排放，达到经济社会发展与生态环境协调一致的一种经济发展形态。英国在2003年能源白皮书《我们能源的未来：创建低碳经济》中提出了“低碳经济”。2006年，前世界银行首席经济学家尼古拉斯·斯特恩牵头所做的《斯特恩报告》指出，全球以每年GDP1%的投入，可以避免将来每年GDP5%～20%的损失，呼吁全球向低碳经济转型。2007年7月，美国参议院提出了《低碳经济法案》，表明低碳经济的发展道路有望成为美国未来的重要战略选择。2007年9月，中国国家主席胡锦涛在亚太经合组织（APEC）第15次领导人会议上，本着对人类、对未来的高度负责态度，对事关中国人民、亚太地区人民乃至全世界人民福祉的大事，郑重提出了4项建议，明确主张“发展低碳经济”，令世人瞩目。

（2）建立健全可持续发展的政治制度

这里的政治制度内容至少包括全面协调和可持续发展的科学发展观、全面的政绩观和环境与经济综合决策机制三个方面。

①科学发展观。2003年10月14日，中共十六届三中全会通过了《中共中央关于完善社会主义市场经济体制若干问题的决定》，第一次明确提出了“坚持以人为本，树立全面、协调、可持续的发展观，促进社会经济和人的全面发展。”这是新的科学发展观，用于指导我国现代化建设。它的基本内涵除了包括可持续发展外，还包括以人为本，全面、协调地发展。所谓以人为本，就是把人的发展看做是经济社会发展的根本动力，把经济发展的目的放在满足人民

群众不断增长的物质文化需要上。所谓全面发展，就是着眼于经济、社会、政治、文化、生态等各方面的发展，不光考虑经济，还要考虑社会，考虑自然能否支撑。所谓协调发展，就是各方面发展要相互衔接、相互促进、良性互动。

②全面的政绩观。这要求在考评领导干部的时候，不能单看某地区经济增长的速度，还要从经济增长与资源消费、经济增长与社会效益之间的关系来考察。比如，以往对领导干部的考察主要是考察GDP，树立全面的政绩观就要求我们建立绿色GDP核算体系，因为传统GDP根本不能衡量资源的消耗、环境污染、生态破坏造成的损失，而且刺激和助长了一些部门、地区为追求高GDP增长而破坏环境和耗竭式使用自然资源的行为。绿色GDP=传统GDP-(生产过程资源耗竭全部+生产过程环境污染全部+资源恢复过程资源耗竭全部+资源恢复过程环境污染全部+污染治理过程资源耗竭全部+污染治理过程环境污染全部+最终使用资源耗竭全部+最终使用环境污染全部)+(资源恢复部门新创造价值全部+环境保护部门新创造价值全部)。

③经济综合决策机制。在事关公共利益的经济行为决策中，采取民主、科学的方式进行决策，尽量避免因决策失误造成对公共利益的损害。民主决策就要求利益相关方要参与到决策中来，利益相关方的诉求在决策中能够得到体现。科学决策就要求决策前做好调查，决策中注意不同观点，决策经得起检验，承担错误决策导致的后果，等等。

(3) 倡导可持续发展的社会价值观

走可持续发展之路离不开社会的广泛参与，必须建立超越传统工业文明的生态文明，使人类在经济、科技、法律、伦理以及政治等领域建立一种追求人与自然以及人与人之间和谐的价值观和道德观，并以生态规律来改革人类的生产和生活方式。

建立人与自然和谐的价值观首先就要改变人类对自然的态度。自然不仅是人类认识、把握、掌控、利用的对象，更是人类的栖息场所，人类属于自然界的一部分。自然不仅具有对人类而言的工具价值，其本身就具有内在价值，人实现自身的价值并不在于增强对自然的掠夺、扩大属于自己的财富。人的价值更在于人际关系的和谐，获得相互的承认。正如梅多斯所讲："人们并不需要大量的汽车，他们需要的是尊重。他们并不需要整柜的衣服，他们需要的是感觉自己有吸引力，另外他们需要刺激、多样化和美丽。人们也不需要电子娱乐，他们需要的是做一些值得去做的事情。人们需要认同、团体、挑战、被承认、爱和欢乐。如果想用物质的东西来填补这些需要，那就无异于对真实的和从未解决的问题提出了一大堆错误的解决方法。”①

（4）大力发展绿色技术

所谓绿色技术，是指减少污染、降低消耗、治理污染和改善生态的技术体系，具体而言，包括清洁生产技术、治理污染技术和改善生态技术。

清洁生产（Cleaner Production）一词由联合国环境规划署工业与环境规划活动中心于1989年最先提出。该中心将它定义为："清洁生产是指将综合预防的环境策略持续地应用于生产过程和产品中，以便减少对人类和环境的风险性。对于生产过程而言，清洁生产包括节约原料和能源，淘汰有毒原材料，并在全部排放物和废物离开生产过程以前减少它们的数量和毒性。对产品而言，清洁生产策略旨在减少产品在整个生产周期过程中对人类和环境的影响。"《中国21世纪议程》将清洁生产定义为："既可满足人们的需要又可合理使用自然资源和能源，并保护环境的实用生产方法和措施。其实质是一种物耗和能耗最少的人类生产活动的规划与管理，将废物减量化、资源化和无害化，或消灭于生产过程中。同时，对人体和环境无害的绿色产品的生产将成为今后产品生产的主导方向"。清洁生产的实质是预防为主，即生产中减少废物产生量，变原来的"末端治理"为"源头控制"。由于清洁生产技术只能预防未来的污染，而不能消除已有的污染，所以还必须发展治理污染技术。

治理污染技术，是指通过分解、回收等方式消除环境污染物，即解决已存在的污染的技术。

改善生态技术，是指即便没有人为干扰，局部自然生态也可能出现恶化，如沙漠化、泥石流、湖泊沼泽化等，自然生态恶化同样会影响人类的生存，因而需要相应的技术来改善自然生态，如沙漠植草、土石工程、湖泊疏浚等技术。

面对日益严重的环境危机和资源能源危机，人类必须携手共进。尽管没有人知道"增长的极限"具体在哪里，但如果不改变原有的发展道路，也许我们就会在不知不觉中触及"极限"。走可持续发展的道路，不再将我们的"成就"建立在对自然的征服和掠夺上，而是建立在对人类社会更加公平正义的追求中，这也契合了马克思、恩格斯对未来社会的天才设想。

思考题：

1. 如何理解人类中心主义的内涵？

① 梅多斯，等. 超越极限：正视全球性崩溃，展望可持续未来. 上海：上海译文出版社，2001：224—225

2. 你赞成还是反对现代人类中心主义？请说明理由。

3. 动物解放/权利论的主要内涵是什么？怎么处理人与其他物种出现的冲突？

4. 生物中心论的内涵是什么？怎么看待大地伦理学和深层生态学？

5. 可持续发展的内涵及其特征是什么？如何走可持续发展道路？

资料链接

哥本哈根会议在失望中落幕

2009 年 12 月 19 日下午，联合国气候变化大会在丹麦哥本哈根落下帷幕。全世界 119 个国家的领导人和联合国及其专门机构与组织的负责人出席了会议。联合国秘书长潘基文 19 日说，过去 13 天的气候谈判相当复杂，进展也相当艰难。本次会议没有达成一项具有法律约束力的协议。

气候问题本应是超越主权的话题，与之相关的必须是全球意义上的绿色经济、绿色意识、绿色政治。但它必须由一个个主权国家做出妥协甚至牺牲，因为不同的国家有着不同的个体利益，有着不同的诉求。在哥本哈根大会期间，相关国家围绕气候变化展开了激烈的讨论。

发达国家要求发展中国家必须承诺减排目标。以美国为首的发达国家警告中国和印度等国：如果不在国际减排措施上合作，就更有可能遭遇美国国会实施的保护主义举措（含“碳关税”条款）。发展中国家则认为，发达国家要承担的责任是进一步削减碳排放，把减排责任推卸给发展中国家是“不公平”的。他们举例说，在金融危机中，发达国家能够投入千亿资金用于救市，那么在面对这场人类共同的气候危机时，也应该采取积极的措施，增加投入；同时还指出，部分发达国家多年来未履行《京都议定书》的减排义务。

国际能源机构在《世界能源展望》的报告中指出，如果不能马上达成针对气候改变的全球协议，世界就要面临能源费用和温室气体排放数量的大幅增长。该报告指出，如果现行能源政策不改变，对化石燃料的需求量在未来五年里每年平均会增加 2.5%。照此下去，全球平均气温将在 20 年内上升 6 摄氏度，给气候带来“无法弥补的伤害”。该报告还说，世界每拖延一年处理气候问题，那每年就要多花费 5000 亿美元，来削减二氧化碳等废气的排放。报告说道：“行动的时间到了。能源是温室气体的主要来源，也是气候问题的核心所在，和解决方案的主要部分。”“拯救地球刻不容缓，随着时间流逝，治理的机会在减少，改造能源领域的费用却在增加。”

思考题：

结合上述材料，分析哥本哈根会议的症结在什么地方？如何才能实现全球的可持续发展？

第三篇　科学研究与科学发展篇

提出一个问题往往比解决一个问题更重要。因为解决问题也许仅仅是一个数学上的或实验上的技能而已，而提出新的问题、新的可能性，从新的角度去看待旧的问题，却需要有创造性的想象力，而且标志着科学的真正进步。

——爱因斯坦

第六章　科学研究的方法和思维方式

一、科学研究的基本方法

在科学研究过程的各个阶段应用各种认识方法，以解决主体与客体、人与自然界的矛盾，这些方法统称为科学方法。

科学方法是从科学研究过程中总结出来的规则、规律，具有普遍性。按其普遍性的程度，可以把科学方法区分为 3 个层次：第一层次是各门自然科学中的一些特殊的和具体的研究方法，如物理学中对太阳的化学元素的研究使用光谱分析法，化学中对化学反应速度的研究使用催化剂以加速化学反应的催化方法，生物学中对细胞结构的研究使用显微分析方法等；第二层次是适用于各门自然科学的一般研究方法，是从具体、特殊的研究方法中提炼和概括出来的，并随着各门自然科学具体研究方法的发展而发展，如认识自然界必须使用的实验方法、数学方法、系统方法等；第三层次是概括面最广、抽象程度最高，普遍适用于自然科学、社会科学、思维科学的研究方法，着重从世界观、认识论和方法论上来论述，这就是辩证唯物主义的认识论和方法论——唯物辩证法。我们这里主要按唯物辩证法的观点来阐述属于第二层次的方法，即整个自然科学普遍适用的方法。它是对第一层次上的科学方法的概括和总结，又是以第三层次上的哲学观点和方法为基础，因而是后者的一个组成部分。

自然科学的认识论和方法论，是人类对自然界的认识活动的规则和规律的概括，并以一定的哲学作为它的理论基础和出发点。唯物辩证法认为，人们的认识活动是一种社会实践活动，在实践的基础上产生和发展的认识过程包括感性认识和理性认识这两个既相互区别、又相互联系的阶段。认识的真理性只能通过实践来检验，由实践到认识，又由认识到实践，如此循环往复，这是认识前进运动的螺旋形式。根据这个观点，在科学认识中存在着两个基本阶段，一个是感性认识阶段，属于经验层次；另一个是理性认识阶段，属于理论层次。相应的，在科学方法中也存在两种基本方法，一种是经验认识的方法，另一种是理论认识的方法。

在一个十分复杂的科学认识过程中，经验认识和理论认识之间的关系是错综复杂的；在科学认识的感性阶段中，一般说来，以经验认识方法为主，但也往往使用理论认识方法。比如，进行一项实验时，在实验课题的选择，实验程序的设计、操作，对实验结果的分析等一系列过程中，要同时用到比较、分析、综合、归纳和演绎等方法。在科学认识的理性阶段，一般说来，以理论认识方法为主；但在建立一种理论时，也需要随时用观察和实验的方法来检验、修正理论。

最后需要强调指出，科学研究是一种生产知识的社会活动，尤其在现代科学研究中，科学家已不再是个人单独研究，而是以集体协作的方式进行研究。科学家的思想、观点不仅受已有科学理论的影响，而且受社会上的哲学思潮等意识形态方面的影响。同时，由于科学在社会中的地位和作用越来越突出，它已经成为社会进步的一个异常重要的因素。因此，完全有必要从社会的角度来探讨科学研究的方法，以更深刻地认清科学的本质。

二、科学研究的过程

（一）现代科学研究的基本环节

科学研究虽然没有固定的程序和模式，但在一般情况下，科学研究过程总是由几个相互连接的环节所组成。在现代科学研究条件下，一个相对完整的研究过程主要包括以下环节。

1. 确定科研选题

在整个科学研究过程中，选题是具有战略意义的一步。在这个环节上，发现和确认问题、分析问题的类型和来源等具有重要的方法论意义，它直接决定着未来科学研究的走向。

2. 获取科学事实

根据已经选择的科学问题，搜集和整理事实材料。这里既包括通过文献检索、获取间接经验事实，又包括对直接经验事实的获取。而获取直接经验事实的基本方法就是观察和实验。观察和实验方法是这一环节的两个基本方法。

3. 进行思维加工

基于已经获取的科学事实，运用逻辑方法和非逻辑方法进行科学抽象，形成科学假说。在这个环节上，科学研究过程中的发现活动与证明活动的相互作用表现得最为明显，因而有关科学发现的非逻辑方法与有关科学证明的逻辑方法同样起着重要作用。

4. 实践检验论证

对已经形成的假说进行实践检验，所运用的主要方法仍然是观察和实验，但通常也要辅之以逻辑方法。

5. 建立理论体系

把已确证的假说和先前的理论尽可能统一起来，形成比较严密的有内在逻辑关系的体系。这一环节所运用的科学方法主要是逻辑方法，尤其是公理化和模型方法在此起着重要作用。

在科学研究过程的各个环节上，不同方法所起的作用是有区别的，但各种科学方法并不是彼此孤立、互不相干的，正是科学研究的完整过程像一条项链将不同科学方法有机地串联起来。可以说，科学研究的一般程序从总体上大致勾画出了相互联系、彼此衔接的科学方法论体系框架。

（二）科学问题与科研选题

1. 科学研究始于问题

科学研究作为一项创造性的探索活动，它的逻辑起点在哪里？这一直是致力于科学方法研究的科学家和哲学家们感兴趣并激烈争论的问题之一。早在古希腊时代，亚里士多德就曾明确提出过科学发现逻辑的一般程序，即从观察个别事实开始，然后归纳出解释性原理，再从解释性原理演绎出关于个别事实的知识。在此程序中，科学研究的起点必然是观察。以经验科学为特征的近代科学也从实践方面为“科学始于观察”的观点提供了许多有力的论证。因此，观察与实验是科学研究的逻辑起点的观点为近代大多数科学家和哲学家所接受。

随着现代科学的发展，人们开始注意到，现代科学研究的实际过程与传统的“科学始于观察”的程序模式很难符合。因为科学观察并不是日常生活中的观看。进行科学观察，首先要解决为什么观察、观察什么、怎么观察等先行问题，这些先行问题的确定，取决于科学家要研究什么问题。著名科学家爱因斯坦的科学实践表明，科学研究的逻辑起点不是一般的观察，而是问题。爱因斯坦明确指出，“提出一个问题往往比解决一个问题更重要。因为解决问题也许仅仅是一个数学上的或实验上的技能而已，而提出新的问题、新的可能性，从新的角度去看待旧的问题，却需要有创造性的想象力，而且标志着科学的真正进步。”[①]

法国数学家帕斯卡（B. Pascal，1623－1662）观察到气压计的水银柱随着海拔高度的升高而下降，便提出为什么水银柱离海平面越高它就越下降的问题，从而引导到大气压力的发现。德国科学家伦琴（W. K. Rontgen，1845－1923）在他的实验室里观察到他密封得很好的照相底片被感光，从而提出了是什么射线引起底片感光的问题，最后发现了X射线。水星在近日点上的移动，是早就观察到的现象，于是天体力学家不断提出这样的问题：为什么水星在近日点上发生移动？这里，观察在先，问题在后，仿佛观察是科学研究的出发点。但科学研究的起点问题不单纯是一个时间先后的问题，推动科学家进行科学研究的出发点，从方法论的角度来看仍然是问题。例如，在伦琴发现X射线之前，美国费城的古德斯比德和英国的克鲁克斯都观察到有密封底片被感光的现象，他们可以说是最早拍摄了X光照片的人，但他们都没有发现什么科学问题，前者将这张X光照片扔到废纸堆里，后者以底片质量不好为由将它退回给厂商，都没有因此而开展自己的科学研究。所以，观察可以先于问题，而科学研究仅仅从问题开始，没有问题，已观察到的事实很快就会被人遗忘，不会对科学研究起到任何积极作用。

需要注意的是，观察之所以引出问题或构成问题，是因为观察总是在一定的理论背景下进行的，并且当且仅当一定的观察与一定的理论背景联结起来的时候才会构成真正的科学问题。如伦琴观察到密封底片感光之所以构成问题，是因为依照当时的射线理论是不可能有什么光线或射线进入密封底片中的，底片感光的现象在这个理论背景下便构成问题了。同样，水星近日点的移动之所以构成问题，是因为它与牛顿理论的背景不相容。还有另一种情况，在科学史上的任何时候都有许多观察事实，在当时的背景下人们都不认为需要弄明白什么，就没有构成问题，如天空为什么是蓝色的、树叶为什么是绿色的等等。这些观察事实长久以来被认为理所当然而不构成问题，只有在后来有了这些事实的理论背景之后才形成问题。也就是说，问题是在一定的科技背景下产生的，是在科技的发展过程中逐渐催生出来的。

上述事例分析表明，理论常常在问题之前产生，但这也不能说明科学的起点是理论。当然，科学研究需要理论指导，但若没有问题，理论本身也不能向前发展。所以，引导我们进行科学研究的起点不是理论，而是问题。特别是当一种理论陷入困境、陷入与观察事实相矛盾或理论内部发生矛盾之时，问题便

---

① 王通讯，等. 名人名言录. 石家庄：河北人民出版社，1980：34

突然产生了。正是由问题来引导我们评价既有的理论，推动我们去提出假设、进一步地观察与实验，以开辟科学研究的新领域和新路径。

科学研究始于问题也有一定的生理学根据。现代神经生理学指出，在人的大脑中有一个驱动人们提出问题并进行探索的系统，即乳状体（mammillary bodies)、海马体（hippocamps）和林麦克（limic）系统。当这些系统受到病变或药物损伤时，病人表现出丧失好奇心和积极性，只善于做重复的工作而无法处理新问题、认识新事物等。

那么什么是科学问题呢？概而言之，科学问题是指一定时代的科学家在特定的知识背景下提出的关于科学认识和科学实践中需要解决而又尚未解决的问题。它包括一定的求解目标和应答域，但尚无确定答案。

科学问题是科学研究的逻辑起点。这一观点反映了现代科学研究活动的本质特征。从现代科学理论发展的进程来看，科学理论的萌发、进步以及新旧理论的交替、更迭，并不是简单地起源于经验观察，而是来源于理论本身的不完备性。理论与实践的矛盾、理论本身或不同理论之间的矛盾往往构成科学研究的基点和突破口。科学认识主体总是以科学问题为基本框架，有选择地搜集事实材料，有目的地进行科学观察和实验。这种通过问题展开研究的方式，能有效地提高科学研究的成效。

当然，“科学始于问题”并不否认以实践为基础的认识的一般规律，它们是从不同角度提出的不同命题。“科学始于问题”着眼于科学研究的程序；“认识以实践为基础”着眼于回答人的认识来源问题，它们并不存在矛盾关系。作为认识的一般过程，实践是认识的基础，认识过程的每一个阶段既是已有的实践和认识的终点，又是新的认识与实践的起点。科学问题这种认识形式既包含先前实践和认识的成果，也预示着进一步实践和认识的方向。

2. 科学问题及其来源

(1) 科学问题

科学问题的设置，不仅与科学家个体的“当前状态”有关，而且还与科学共同体的“当前状态”有关。有时就个体而言，某一问题的设置是成立的，但于群体（科学界）而言则不成为问题，或是一个早已解决的问题。这就是为什么在科学研究的起始阶段，常常要求科学家全方位、系统地查阅国内外已有的研究成果和资料，目的就在于评价该问题研究是否存在差距、是否有探索意义。因此，科学问题是指在特定时代，科学认识主体在分析当时科学背景知识基础上提出的科学认识上的差距和矛盾。

科学问题的提出不是孤立的，它蕴涵着问题的指向、研究的目标和求解的应答域。科学问题从形式上可以分解为以下三种主要类型：

第一，“是什么”的问题。这类问题要求对研究对象进行识别或判定，一般具有“X是什么”的语句形式，如“原子是什么”“遗传基因是什么”“通过望远镜观察到的某个天体是什么”等等。

第二，“为什么”的问题。这类问题要求回答现象的原因或行为的目的，是一种寻求解释性的问题，如“为什么太阳从东边出西边落”等等。

第三，“怎么样”的问题。这类问题要求描述所研究的对象或对象系统的状态或过程，是一种描述性的问题，如“原子的结构是怎样的”等等。

一般把问题所指向的研究对象称为“问题的指向”。第一类问题的指向是自然界的某种可观察的实体或现象，第二类问题的指向是现象的原因，第三类问题的指向是对象或对象系统的状态或过程。

若仅仅只有问题，而没有求解目标或应答域，这样的问题即使来自科学领域，也很难成为科学问题。科学问题的求解目标，从宏观上讲，是要解决科学理论与经验事实的匹配，科学理论本身的自洽性、统一性和逻辑简单性等问题；从微观上讲，是搞清问题产生的来龙去脉、解决问题的难点之所在，以及解决问题的方法、手段，从而揭示客观研究对象的因果性和规律性。科学问题求解范围即应答域，可以是一个无所限定的全域，也可以是一个限定不同范围和程度的类域，还可以是一个限于某种假定的特域。因此，科学问题设置本身就伴随着科学认识主体的一系列深刻思考，包含了问题的意义、求解的目标、预设的求解范围和方法等，为解决问题提供了较明确的指向。这就是为什么提出和设置科学问题比解决科学问题更难的原因所在。

(2) 科学问题的来源

从根本上说，科学问题来自于科学实践和生产实践，并渗透和贯穿于科学研究活动的全过程。具体地说，科学问题的来源主要有以下几方面。

①科学理论与科学实践的矛盾所产生的科学问题。传统的科学理论难以解释新的经验事实，是现代科学发展中产生科学问题的重要来源之一。随着科学实践的发展，实验技术与手段不断完善，以及大量新的经验事实被揭示，必然会加剧理论与实践的矛盾，从而引发一系列的经验问题，如“以太”假说。直到19世纪末、20世纪初，物理学家仍然坚持假定“以太”是宇宙空间中用以传播光波的绝对不动的介质，并假定光速与测量者对光源的相对运动有关。可是1887年“迈克尔逊—莫雷”实验表明，无论观察者向哪个方向运动，他所测得的光速始终不变。正是这个理论预言与观察事实的矛盾导致了引起狭义相对论出现的科学问题。

但科学理论与观察事实之间的矛盾并不必然导致旧理论的崩溃。例如，历史上关于天王星实测轨道的数据与根据牛顿力学理论所作的轨道数据相矛盾，虽然一度使牛顿力学面临困境，但它却以发现海王星这个新事实得到解决，牛顿力学反而因此更加牢固。

②科学理论体系内在矛盾所产生的科学问题。科学理论体系的构建，在逻辑上应该是自洽的。当理论内部出现逻辑困难，在逻辑推理过程中出现“断点”或“跳跃”，导出相互矛盾的命题或结论时，就会产生需要进一步探讨概念的问题，科学中的“悖论”、“佯谬”便是其典型形式。例如，在发现原子有核存在以后，卢瑟福在经典电动力学的基础上提出了原子结构的“小太阳系”模型。但是稍加分析就会发现其中的逻辑困难，因为根据经典电动力学，绕核进行旋转的电子会不断向外辐射电磁波从而损失能量，于是电子轨道半径会越来越小，最后沿着一条螺线轨道，掉落在原子核上。可是卢瑟福模型却又认为原子是稳定的。这就构成了理论内部的一个矛盾，为解决此问题又便导致了玻尔原子模型的出现。

③不同科学学派和科学理论之间的矛盾所产生的科学问题。在一个学科领域中，对同一事物，可以有不同学派运用不同理论进行解释，如天文学中的日心说与地心说，地质学中的渐变论与灾变论，光学中的微粒说与波动说；或者在不同学科领域之间的理论产生了矛盾，如生物系统自发地向有序性增加、熵减少的方向演化，而非生命的孤立系统则向有序性减少、熵增加的方向演化，物理学与生物学演化方向的矛盾，促进了非平衡态热力学的发展。

④科学发展和理论体系完善所产生的科学问题。人们的理论思维，有一种追求逻辑简单性的倾向。当一个理论体系不能达到这种逻辑要求时，科学家就会感觉到我们的知识体系处于有缺陷需要克服的状态，于是就产生了我们所说的科学问题。例如，当托勒密的“地心说”需要用几十个本轮和均轮来解释天体运行时，就产生了一种逻辑上的需要：如何构造一个体系对于天体的视运动作出更为简单的解释？正是这个问题成为推动哥白尼创立“太阳中心说”的主要动力之一。正如爱因斯坦所说：“我们在寻求一个能把观察到的事实联结在一起的思想体系，它将具有最大可能的简单性。”“逻辑简单的东西，当然不一定就是物理上真实的东西。但是，物理上真实的东西一定是逻辑上简单的东西。”①

⑤经验事实积累到一定阶段时产生的科学问题。科学的任务不仅在于描述、归纳、整理经验事实，而且在于从理论上概括和把握各种自然现象的内部

① 爱因斯坦文集（第1卷）. 北京：商务印书馆，1971：380

联系。因此，经验事实积累到一定阶段，就会提出“如何统一解释和揭示那些曾经被分门别类研究的自然现象之间的内在联系”之类的问题，这一类问题的提出常常给科学带来飞跃，如元素周期律、能量守恒与转化定律的发现等都是基于在这类问题的。

⑥社会经济发展和生产实际需要所产生的科学应用问题。工农业生产的需要、社会生活与健康的需要、生态平衡与环境保护的需要、军备和战争的需要等，都会提出大量问题，这些问题经过一定程度的抽象、转化，可以成为基础理论研究中重要的科学问题。

3. 解决科学问题的基本途径

一般来说，大多数科学问题是复杂的，要有效地解决科学问题，首先必须对科学问题进行分解。剑桥大学的生理学家巴克罗夫特认为，在研究工作中，最重要的就是要把问题化为最简单的要素，然后用直接方法找出答案。牛顿在他的名著《光学》和《自然哲学的数学原理》中，分别提出了几十个“问题”，这些问题实际上是对光学和力学中许多重大问题的进一步分解，在很长时间内是后代科学家们的研究指南。

对科学问题进行分解，常常会发现其中所蕴涵的深层次问题。美国著名的物理学家伽莫夫曾经这样评论过伽利略关于单摆的研究和他对于问题深入分解的能力：伽利略在教堂做弥撒的时候，受蜡架摆动的启发，进一步实验，终于使他发现单摆的周期与振幅无关，与摆垂挂的重物的重量无关。“为什么单摆的周期与振幅无关，即与摆动的大小无关呢?”“为什么重的石头和轻的石头系在同一石头的一端时，是以同样的周期摆动呢?”伽利略一直没有解决第一个问题。因为这需要微积分的知识，而微积分几乎在他之后一个世纪才发明出来。但是，他对这个问题的提出无疑是有很大贡献的，虽然他当时没有足够的能力和知识解答这个问题。

对科学问题的解决，有以下一些基本途径。

（1）通过进一步获取经验事实来回答问题

获取事实并不是要求我们漫无边际地搜索资料，而是要求从背景知识出发，根据问题的指向和预期的应答域，利用已知的普遍原理、定律去设计合适的实验和观察，从而获得我们所需要的解答。例如，针对17世纪和18世纪物理学界争论不休的光的波动说和微粒说孰是孰非的问题，19世纪的物理学家将其引申为一个事实问题，即：“光在空气中的传播速度大还是在水中的传播速度大?”这样，只要能制造出有效的仪器，确定出实际观测的方法，就能通过对事实的认定来解决这个理论问题。科学共同体的常规工作就是扩大对事实的认识范围，提高对事实精确性的认识，并为此制造一个又一个复杂仪器，设计一个又一个精巧实验。

（2）通过引入新的假说来解答问题

在整个中世纪，关于血液运动的流行理论是盖仑学说。盖仑认为，血液在肝脏中形成，然后由静脉将一部分输送到全身，另一部分流入右心室，通过左、右心室之间的孔道流到左心室，再经动脉流到全身，就是说血液只能来回流动。16 世纪，英国医生哈维通过放血实验，得知一头牛或猪的全身血液不过 10 公斤左右，他估计人体内的血液也不会太多。少量血液在人体内是如何不断运行的呢？盖仑的学说是无法回答这一问题的。哈维通过进一步的实验，并在总结塞尔维肺循环理论的基础上，依据老师法布里奇发现的静脉瓣膜提出假说：血液在人体内是循环流动的，其流动路径是：静脉→右心房→右心室→肺动脉→左心房→左心室→主动脉→静脉。这个假说中虽然仍有一些问题解释不清，如血液是如何从动脉流到静脉去的，后来虎克等人在显微镜下发现毛细血管才解决了这个问题；但血液循环假说的提出的确使当时医学界的大多数问题得到了解决。

（3）通过引入新概念来解决问题

不管以何种方式提出来的反常问题，都是针对已有的理论和原则，特别是针对其中的基本概念。因此，当反常问题久久得不到解决，并对原有主导理论中的基本概念产生怀疑时，往往需要引入新概念。如狭义相对论和广义相对论，就是通过引入相对于经典物理学的新概念来消解困扰经典物理学的理论难题而建立起来的。这些概念虽然与牛顿物理学的概念名称相同，但它们的含义却并不相同。后者所说的能量和质量互不相干，而前者所说的能量和质量则可以相互对应；后者所说的时空是绝对的，而前者所说的时空则是相对的。这些新概念的引入，揭示了更加具有普遍性的规律，从而超越了原有理论的局限性，找到了解决经典物理学难题的方法。

科学问题一经提出，科学家就会通过猜测去寻求解答，或是发现新的事实，或是引入新的解释性理论，或是引入新的概念。科学问题的解答没有普遍有效的规则，它是主动的探索，甚至对同一个问题也可能有多种不同的提法、多种不同的答案。科学认识的过程就是一个不断提出问题、解决问题的过程。

4. 科研选题的原则

科研选题就是形成、选择和确定所要研究的问题，是科学研究的起始步骤。科研选题的基本原则，既是选题的方法，又是课题评价的基本原则。一般来说，科研选题应遵从下列基本原则。

（1）需要性原则

科研选题首先要满足社会需要和科学自身发展的需要。社会需要包括人类的生产和生活两方面。社会物质生产的基础是能源、材料、信息三大要素，而人类日常生活的基础是衣、食、住、行、用五大要素，它们共同构成社会需要的基本出发点。随着人类社会的进步和发展，这些社会需要不论在数量上还是在质量上都变得日趋强烈。因此，在社会基本需要的领域内，有取之不尽、选之不竭的研究课题。

除了满足社会需要外，科研选题还应考虑科学自身发展的需要。科学上的一些重大研究课题并不都直接来自于生产实践，许多课题是因科学发展过程中的内在矛盾提出来的，尽管某些理论性探索课题并不能预见其应用前景，但随着科学实践的发展、技术的进步，会逐渐显露其潜在的应用价值。

（2）创造性原则

科学研究是一项复杂的探索性工作，其本质在于创新。科研选题应是前人没有解决或没有完全解决的疑难问题，并预期能从中产生创造性的科学成果。科研选题上的创造性主要表现在这几个方面：概念、理论观点上的创造性；研究方法、探索角度上的创造性；理论应用上的创造性。当然，科研选题上的创造性也离不开继承，那些极富创造性的科研成果本身必然是继承与创造的辩证统一，科学总是在前人的基础上不断探索与发展的。

创造性是科学研究的灵魂与价值所在，研究课题的选择总是希望在科学理论或科学实践中有新发现、新发展、新突破，从而得到科学家与社会的广泛承认；否则，研究结果便会失去学术意义或应用价值。

（3）科学性原则

科研选题应该以一定的科学理论和科学事实为依据，把课题置于当时的科学背景下，进行深入分析。那些与已经确证的科学理论完全违背的课题，如“永动机”的设计，就不应该作为选择对象。虽然从理论上讲“科学无禁区”，但在实践中“选题有约束”，那些科学实践一再证明行不通的课题不宜作为研究对象。

当然，科学是发展的，任何科学理论和科学事实都是特定时代、特定条件下的产物。昨天不可能成为研究课题的，今天或明天有可能成为十分有价值的课题。因此，应该用辩证的观点去认识和选择科研课题，并随着科学的发展合理地调整研究方向和研究课题，这也是坚持选题科学性原则的重要内容。

（4）可行性原则

这要求根据实际具备的或经过努力可以具备的条件来选择研究课题，对预期完成课题的主观、客观条件尽可能加以准确估计。符合需要性、创造性、科学性的题目，并非都是可行的题目。这是因为在任何时候，人的认识与实践总是要受到一定时代社会生产力和科学水平的种种限制。

还应指出的是，对选题的可行性思考往往与个人的价值观有关。有些人喜好可行性明显、见效快的“短、平、快”项目；另一些人则不赞成急功近利的做法，而着眼于难度大、风险高、周期长的项目。但是，不论出于哪种价值考虑，都应该在发挥自身优势的前提下从现实可行的工作做起。

5. 科研选题的步骤

科研选题不仅要遵从上述基本原则，还应该遵守一定的步骤。因为，科研选题的形成过程有自身的规律，只有当选题获得有关方面认可，并得到经济上的资助后，科研工作才正式进入实施阶段，否则将难以展开。一般来说，科研选题需要经过以下基本步骤。

(1) 前期调研

在选题开始时，首先要了解前人的工作与现实需要，进行文献调研和实际考察。文献调研是为了考察科学共同体对有关课题已经做过的工作及其经验教训，即研究的“当前状态”，以免重犯他人已经指出的错误或重复他人已经做过的研究。实际上，考察是为了了解所选课题是否属于学科理论发展或生产技术领域迫切需要解决的问题，估计问题的可能应答域以及研究的理论价值或社会经济效益。

科研选题的来源是多层次、多方位的，既有来自科学自身发展的课题，也有来自社会生产实践需要的课题。科研选题由于来源不同、要求不同，前期的课题调研工作也各有特色，应该根据课题的性质或侧重于文献调研，或侧重于实际考察，或二者兼顾。课题的前期调研越充分，把握的情报资料和现实情况越丰富，课题选择的理论基础和现实依据才会越扎实。

(2) 构思论证

在前期调研的基础上，对所搜集到的科研资料，进行系统地归纳、整理、判断、分析，初步论证课题的理论意义和现实意义，分析课题的研究价值和主要难点，粗线条地构思为完成课题研究目的拟采取的主要方法和技术路线。课题的构思论证是从选题进入主题研究的关节点。只有拟订详细周密的研究计划，才能使科研工作胸有成竹。一般来说，在课题构思和论证过程中包括3个重要环节：首先，明确研究目标，抓住核心问题，拟订研究的总体设想，分解研究课题和研究步骤；其次，确定研究手段、实验方法、技术路线，构思实验原理和装置结构；最后，预算课题研究经费，计划研究进度，论证和评价课题价值，包括科学意义、经济效益、社会效益等，预计科研成果的形式和去向等。

由于科研选题具有很大的探索性，常常不可能把课题研究的每一个步骤、每一个细节都构思得十分完整，而且在具体研究过程中也会遇到一些意想不到的难题，研究方案也往往不是固定不变的，需要根据情况变化不断调整和修改。尽管如此，课题形成过程中能明确研究的指导思想、基本思路和方法，有助于在实际研究过程中少走弯路，也有助于赢得同行专家评审的认可，获得经济上的资助。

（3）申报评审

由于科研经费资助的来源不同，课题申请的方式也有所不同。科研选题需要在前期调研、构思论证的基础上，填写科研项目申请表，接受有关专家学者的评议和审查。因此，完成科研选题项目申请表是科研选题过程的最终形式。

总之，科研课题的选择和提出是一项十分复杂的工作，并不是灵机一动、灵感一来，顺手填写一个项目申请表就可以完成的。事实上，不少科研工作者在正式申报科研选题以前就已经进行了大量工作，积累了丰富资料，甚至已经着手进行了一些前期的探索预研工作，这为课题的正式提出提供了坚实的基础。

（三）获取科学事实的基本方法

1. 科学事实及其性质

科学事实是指通过观察和实验所获得的经验事实，是经过科学整理和鉴定的确定事实。科学事实一般分为两类。

事实Ⅰ：客体与仪器相互作用结果的表征，如观测仪器上所记录和显示的数字、图像等。它既与客体有关，又与人所设置的认识条件有关，同一客体在不同仪器上的显示结果可能是不同的。如压力的变化究竟表现为汞柱的上升还是压力计指针的摆动，取决于认识手段。

事实Ⅱ：对观察实验所得结果的陈述和判断。它既与客体的本性、仪器的性能有关，又与人用以描述事实的概念系统有关。同一事件在不同概念系统中所作的描述也可能是不同的。如太阳每天从东方升起的事件，在日心说和地心说不同的解释框架中就成为不同的运动形式了。

科学事实属于认识论的范畴，它体现的是客观事物在科学认识主体中的记述和判断，因而其内容是客观的，形式是主观的。没有客观事件发生，自然不会有科学事实；没有主体所设置的认识条件（包括概念系统），也无法记载科学事实。这就是说，科学事实来源于客观事实，但又不等同于客观事实，而是一种有主体参与的经验事实。这里需要把握两点。

第一，科学事实是经过检验的客观事实。客观事实是在一定时空条件下发生的客观事件，它的存在不依赖于人的主体认知。如太空中的许多星体，微观世界里的一些基本粒子等，虽然我们目前的认识活动还没有抵达那里，但它们客观地、潜在地存在着。当人的主观认知进入客观事实领域，通过观察和实验的检验，客观事实被证明为具有可重复性的可靠知识时，它才符合科学事实的品格。这里强调科学事实的可重复性，是为了尽可能排除错觉和假象，消除事实描述和判断中可能存在的谬误。科学事实一旦被确立，就会保持自身的相对独立性。在根据某个科学事实提出的理论和假说被推翻时，科学事实本身并不一定会被抛弃，它在新的理论体系中依然可以找到自己的位置。

第二，科学事实是渗透理论的经验事实。经验事实是为人的感官感知到、认识到的事件，是人的经验的内容，既具有客观性，又具有主观性。科学事实的获取，离不开主体的能动作用，离不开主体的理论储备和思维特点。因此，通过经验感知获得的科学事实，本质上是一种经验事实。经验事实尽管经过了实践检验，具有可重复性的特点，但其仍然具有个体性和局限性，也就是说，它存在可错性。与没有对和错可言的客观事实不同，本质上是经验事实的科学事实存在着可错性。

全面把握和正确认识科学事实的上述性质，对于获取科学事实并运用其形成新的科学概念和理论有着重要的认识论意义。

2. 科学观察与科学实验

获取科学事实最基本、最普遍的方法是科学观察与科学实验。

(1) 科学观察

所谓观察，可以简单理解为人脑通过感觉器官对客观现象的感知过程。而把观察这种认识方法运用于科学研究过程，就称之为科学观察。一般认为，科学观察是人们有目的、有计划、有步骤地通过自己的感官去反映自然界各种事物现象的活动。科学观察有两个最主要的特点，即感知性和目的性。一方面，科学观察是一种感性认识活动，它要通过人的感觉器官或借助科学仪器来感知客观自然现象，从而获取科学事实；另一方面，科学观察又不像日常观察那样大多是随意地、消极地接受外界对感官的刺激，而是出于特定的科学研究需要进行的有计划、有步骤的认识活动。

从不同角度可以对科学观察进行不同的分类。根据人们获取观察对象信息的要求不同，有定性观察和定量观察之分。定性观察主要考察自然界事物的某种特征以及事物之间的某种联系，通过定性观察能够回答“是不是”、“是什么”之类问题。定量观察是指人们为了获得观察对象量的规定性而进行的观察，它能对观察对象的特征进行数量上的反映和描述，使观察事实的可靠性和观察陈述的可检验性得到提高。科学研究中精确、严密的科学定律的建立，无不依赖于定量观察。

按照观察过程是否使用仪器中介，有直接观察和间接观察之分。直接观察在观察者和观察对象之间不存在任何中介，具有简单、方便、较少客观条件限制等优点，至今在地理学、地质学、气象学、医学等领域仍不失为一种基本的经验认识方法。由于人类感官感知客观事物在范围、速度、准确性等方面存在不可避免的局限，便引进了中介即观察仪器，发展出形形色色的间接观察。间接观察放大了人的观察范围，提高了观察的精确度和观察速度，能够克服人的感官带来的某些错觉，有明显的优越性。由于仪器的使用，人们对自然的观察超出了原来的局限，自然观察的对象进而转化为另一种形式的观察，即科学实验。这时，自然观察的对象就转化为科学实验的对象，观察也就成为科学实验的组成部分。

(2) 科学实验

科学实验是人们根据一定的科学研究目的，运用仪器、设备等物质手段，在人为控制或模拟研究对象的条件下，使自然过程以纯粹、典型的形式表现出来，以便进行观察、研究，从而获取科学事实。与科学观察方法相比，科学实验方法是在人工创造的条件下，在变革和控制研究对象的过程中去观察个体的，因此，它比观察方法能获得更精确、更可靠的科学事实。科学实验主动地从自然现象中索取人们所期望的东西，而非实验条件下的科学观察主要搜集自然现象。具体地说，科学实验方法的特点主要表现为以下几点：

首先，科学实验可以简化研究对象。科学实验能将对象置于严格控制的条件下，将自然过程加以简化和纯化，排除各种偶然、次要因素和外界干扰，使对象的某种属性或联系以纯粹的形式呈现出来。

其次，科学实验可以强化研究对象。为了揭示事物的变化规律，有时要在特殊条件下对其进行强化和激化，如在超高温、超低温、超高压、超真空、超导电性、超强磁场等条件下，可以发现在常温常压下材料所没有的性质。

最后，科学实验可以重复研究过程和结果。在自然条件下发生的现象，由于受时间或其他因素的限制，往往无法进行反复观察。而在科学实验中，人们可以使用实验手段，使实验的过程和结果有规律地重复出现。

根据不同的标准，可以将科学实验分成不同的类型。一般的实验分类依照实验的对象和手段来分，可分为直接实验和模拟实验。直接实验是在实验仪器直接干预对象的条件下观测对象所输出的信息；而模拟实验是一种间接实验，先设计出反映对象属性的模型，然后让实验手段作用于模型，通过模型实验了解原型（对象）的性质及其运动规律。

模拟实验可分为物理模拟、数学模拟和功能模拟。物理模拟是根据相似理论，构造出与客体对象相似的物理模型，通过模型实验了解原型变化的物理过程；数学模拟是在原型与模型之间存在数学方程或与数学模型相似的基础上，通过计算机求解来研究对象性质的一种模拟方法；功能模拟则是以控制论为理论基础、以功能相似为目标的模拟方法，它在当代科学和技术活动中发挥着十分重要的作用。

尽管各类科学实验方法的作用和对象有所不同，但它们的设计程序或实验过程却是大致相同的。科学实验的基本过程一般包括准备、实施、结果处理几个阶段，其中准备阶段的实验设计是整个研究中极其重要的环节，它不但影响实验能否得到科学的结果，而且关系到实验的人力、物力和时间的经济合理性。另外，在进行实验规划和设计时，特别重要的是要考虑实验应具有可重复性。可重复性是进行一切科学实验所必须满足的。为了实现实验的可重复性，必须确定实验参数合理的误差范围，使实验结果具有可比性。

随着科学的发展，科学实验已逐步发展为一个相对独立的社会实践领域，在现代科学研究中发挥着十分广泛的作用。科学实验不仅是检验人类对客观事物认识正确与否的主要标准和手段，而且已经成为许多科学新理论的基础和源泉，成为科学抽象的必要前提。

3. 观察和实验中的机遇

在获取科学事实的观察和实验过程中，由于意外事件导致科学上的新发现，称为机遇。机遇是相对于原来预定的研究计划和目的而言的，它的最大特点就是意外性。观察和实验中的机遇在科学史上并不是个别现象，它是科学发现过程中一个具有普遍意义的环节，对科学进步具有重要价值。例如，1895年伦琴（W. C. Rontgen）发现X射线，贝可勒尔（H. A. Becquerel）发现铀的放射性，都带有机遇性质，他们的意外发现动摇了经典物理学的理论体系，成为20世纪物理学革命的起点。

科学发现中的机遇，一般有两种类型。一种是意外的、偶然的发现使遇到的难题迎刃而解。1839年，美国人固特异（C. Doodyear）在寻找克服天然橡胶缺点的实验中，不小心把橡胶和硫黄的混合物跌落到热炉子上，结果意外地得到了柔软而富有弹性的硫化橡胶，这就是由意外而导致难题得到解决，从而加快实现科学研究预期目标的典型例子。另一种是本来为了研究某一事物，但在实践过程中却意外地发现了另一种事物，而后者又比前者具有更大的价值。1861年，英国科学家克鲁克斯（W. Crookes）从硫化物残渣中分离出硒以后，想用分光镜检查一下残渣中是否含有碲，结果看到一条以往从来未见过的绚丽绿线，从而发现了新元素铊，这完全属于意外。这两类机遇的区别在于，一种加快了研究的进程达到了预期目的；另一种离开了原来的方向和目的。

机遇产生的根源在于科学研究的目的性、探索性与自然现象的错综复杂性的矛盾。科学研究首先表现为已知和未知的对立统一。科学发现要探索未知，而未知中蕴涵着许多偶然性；同时，科学发现中对未知的探索又不是盲目的，它总是在"已知"的指导下或基础上进行的。科学发现还表现为确定性与非确定性的对立统一。在科学研究中有许多活动是事先确定的，如计划制订、理论指导、仪器选择等；但研究过程中出现的情况又往往是非确定的，意料之外的事情会不断出现。所以，观察和实验中机遇的出现不足为奇。

巴斯德（L. Pasteur）曾经说过，在观察的领域，机遇偏爱有准备的头脑。机遇是科学发现的一种因素，它虽然提供了科学发现的线索，但却没有提出全面解决问题的现成答案。能否利用机遇、从中得到新的发现，除了客观条件的配合外，科学家个人的认识态度和知识、能力上的准备也是非常重要的。在机遇面前，一个科学家采取何种态度，在很大程度上取决于他对偶然性和必然性的理解。恩格斯说："在历史的发展中，偶然性起着自己的作用，而它在辩证的思维中，就像在胚胎的发展中一样概括在必然性中。"[①] 如果科学家只是将意外的出现看做一种纯粹的偶然现象，就会错过机遇；相反，如果他能够意识到偶然性背后可能隐藏着某种必然性，这种必然性或是已有科学认识尚未揭示的，或是可能与原有科学认识相悖的，那么他就不会将机遇轻易放过了。要充分利用机遇，科研工作者除了要有对机遇的认识态度外，还需要有及时发现问题的能力上的准备，包括开放的思路、活跃的思想和广博的知识背景等。

4. 获取科学事实的认识论问题

观察和实验作为两种获取感性材料的基本方法，一直是科学哲学的主要研究对象之一，也是科学方法研究的基础，其中蕴涵着相当丰富和深刻的科学认识论问题，值得深入探讨。

（1）观察与理论的关系

观察与理论的关系问题是科学认识论的核心问题之一。在这个问题上，科学哲学中存在着两种不同观点：一种认为观察是独立于理论之外的纯粹中性观

---

① 恩格斯. 自然辩证法. 北京：人民出版社，1984：113

察，只有经过这种观察才能进入形成理论的阶段；另一种认为不存在纯粹中性的观察，任何观察都渗透着理论。从科学发展历史和实际的科学研究过程来看，“观察渗透理论”的观点有其合理性。

首先，观察不仅是接收信息的过程，同时也是加工信息的过程。观察作为认识活动，由感觉材料和对感觉材料的组织方式两种因素构成，其中，对感觉材料的组织方式与主体的知识背景密切相关。不同的知识背景、不同的理论指导，甚至不同的生活经验，都会对观察过程中外界提供的感觉材料进行不同的挑选、加工和翻译，对确定观察目的、设计观察程序、选择观察仪器、处理观察数据的各个环节都会产生不同影响，从而对同一感觉材料得出不同的观察陈述。

其次，任何观察陈述都是用科学语言表达出来的，而科学语言并不是中立的，它总是与特定的科学理论联系着。比如，当用波长为 7000 埃这个术语表示红光时，就暗含了光谱、波长、光学测量仪、实数集等一系列概念所构成的理论框架。也正是在此意义上，爱因斯坦认为，“是理论决定我们能够观察到的东西”，“只有理论，即只有关于自然规律的知识，才能使我们从感觉印象推论出基本现象”①。

我们承认“观察渗透理论”的合理性，并非否认观察的客观性要求；恰恰相反，在能够正确反映客观事物本质的理论指导下，观察才可能比较深刻和客观。正确的理论是观察客观性的保证，反过来观察客观性也为新理论的产生和检验提供了保证。

（2）实验对象与测量仪器的相互作用

科学实验通常由三部分组成：实验者、实验对象和测量系统。测量系统是根据实验设计而选择的仪器、测量手段等组成的系统。在经典物理学中，测量系统或测量仪器与实验对象之间的相互作用一般是不予考虑的。这是因为人们认为这种情况下，或者仪器对客体的影响不重要，可以忽略不计；或者可以采取适当的技术措施加以补偿，抵消测量仪器对客体造成的影响。但是，进入微观领域，测量仪器同它所测量的微观客体有无法忽略的相互作用，使被测量客体的运动状态受到严重干扰，以致无法说明客体在受干扰前究竟是一种什么情形。因此，如何认识客体与测量仪器的相互作用就成为科学认识论所关心的重要问题。

首先，我们必须坚持微观客体的客观实在性，明确它并不是依赖认识主体

---

① 许良英，等编译．爱因斯坦文集（第 1 卷）．北京：商务印书馆，1976：211

才存在的，不能将主体、客体与测量仪器混淆起来。

其次，必须认识到主体不可能离开测量仪器去研究客体性质。要充分重视测量仪器对主体认识的积极作用，它是人们认识自然的桥梁，而不是主体认识客体的屏障。当然，也应看到它会对主体认识客体带来干扰。

最后，在判定从客体所获得的信息时，必须充分考虑测量仪器与客体相互作用的因素，特别是对微观现象和一切不能忽略其与仪器相互作用的客体，在描述它们的性质时原则上应该包括对实验设备、测量仪器系统的描述，说明观测的条件性。

三、逻辑思维与非逻辑思维

（一）科学研究的逻辑思维方法

1. 科学抽象

科学抽象是理性思维的一种形式。它是人们在获得感性材料以后，运用理性思维进行一番去粗取精、去伪存真、由此及彼、由表及里的加工制作，从纷繁复杂的现象中抽取事物本质规律的过程。

科学抽象在科学研究过程中的主要作用，首先表现为可以帮助人们撇开许多次要的或无关的因素，使研究对象和研究过程得到比在实验条件下更进一步的纯化和简化。在实际科学研究中，再高明的实验设计和再精细的实验措施，也难以完全避免非本质的东西，总有想纯化而纯化不了的地方。伽利略的斜面和小球做得再光滑，也不能完全消除摩擦；波义耳的气体压力实验温度控制得再严格，也难以完全做到温度绝对不变。而科学抽象过程中，无摩擦、无温度变化的理想状态就可以想象，次要的、非本质的东西可以撇开，从而使事物的内部过程和规律以纯粹的形式显露出来，便于抓住本质。其次，科学抽象还能帮助我们撇开不同事物的不同形态和内容，抽象出事物的共同特性。比如，微生物、动物、植物的细胞结构虽然在不同生物体中的表现形态和内容有不同之处，但具有很大的相似性，从而通过科学抽象可以把握生物体的统一性。抽象对于我们勾画事物从起点出发、由低级形态向高级形态发展的过程也很重要。达尔文根据对自然界生物的大量考察，通过科学抽象提出了进化理论；孟德尔从生物性状的遗传现象，抽象出遗传因子的存在和遗传规律，都是这方面的例子。

科学抽象离不开感性经验的基础和前提，必须依赖于观察和实验；同时，科学抽象又超越观察和实验所获得的事实，以理论的形态出现，具有极大的创造性。科学抽象的逻辑思维一般包括形成科学概念、作出科学判断、进行科学推理这三个基本步骤。

科学概念是科学抽象的起点，是逻辑思维的基本单位，是建立科学理论体系的细胞。科学概念的形成以丰富的感性材料为基础，但又不是对感性材料的简单罗列和堆砌，而是从纷繁复杂的感性材料中抽象出共同的本质属性。科学判断是通过科学概念之间的联系，作出关于对象及其属性的肯定或者否定的判断。科学判断把单独和分散的概念联系起来，赋予人的思想以完整的形式，并直接表达命题的真假，从而成为科学抽象的重要组成部分。科学推理是从一个或几个已知的科学判断中，通过归纳、演绎或类比等方法，得出一个新的判断的思维过程。经过推理，使揭示出客观事物在个别与一般、现象与本质、偶然性与必然性等方面的联系，建立起科学的理论体系。

2. 比较与分类

比较方法是对彼此有某种联系的事物进行对照，从而揭示其共同点和差异点的一种科学方法。通过比较，揭示客观对象之间的异同，是人类认识客观事物最原始、最基本的方法。在科学研究中，人们要认识事物，首先是从认识事物的属性开始的，而一个事物的属性，从广义上说，就是它与其他事物之间的共同点与差异点。只有把一个事物与其他事物放在一起比较，才能鉴别出该事物与其他事物的相同和不同之处，才能认识该事物的一般属性和特殊属性。

分类方法是根据事物的共同点和差异点将事物区分为不同种类的一种科学方法。分类以比较作为基础，人们通过比较，揭示事物之间的共同点与差异点，然后在思维中根据共同点将事物集合为较大的类（逻辑学上称为母类、属），又根据差异点将较大的类划分为较小的类（逻辑学上称为子类、种）。当然，较大的母类和较小的子类都是相对而言的，而且子类之间也有差别。通过分类，我们就可以将事物区别为具有一定从属关系的不同层次的大小类别，形成各种概念系统，反映客观世界中事物间的区别和联系。

比较与分类方法在科学研究中有着广泛的应用。借助于比较与分类，人们一方面可以初步整理事实材料，并通过对大量事物的分类，形成种或类的概念，为研究同种类各事物之间的联系提供基础。比如，通过对大量化学元素的属性进行比较后，按原子序进行分类，就可以找到各类元素相互间的规律性联系，从而揭示出化学元素的性质随原子序数递增呈周期变化的规律。另一方面，运用比较与分类，人们还可以发现新的科学事实，建立新的科学概念和学科。例如，盖尔曼（M. Gell Mann）1962 年将当时已发现的 9 种重子进行比较和分类排列后，发现在该分类系统中存在空缺，于是预言了还应当有一种粒子，并指出它的电荷、奇异数、质量、自旋、宇称等性质。两年后，科学家果

真发现了 Ω^- 粒子。

3. 类比与移植

类比方法也称类推方法，是根据两类对象之间在某些方面的相似或相同而推出在别的方面也可能相似或相同的一种科学方法。类比以比较为基础，借助比较找出不同事物的相似或相同点，但不顾及差异点，先“以比求类”，然后由事物的已知类似点推出其他类似点，即“依此类推”。

类比方法在科学研究中作用显著，在科学方法中占有重要地位。爱因斯坦说过：“在物理学上往往因为看出了表面上互不相关的现象之间有相互一致之点而加以类推，结果竟得到很重要的进展。”① 例如，卢瑟福（E. Rutherford）把原子内部结构与太阳系结构类比获得原子结构模型，库仑（C. A. Coulomb）把电荷相互作用与物体间引力相互作用类比创立库仑定律，富兰克林（B. Franklin）把雷电与莱顿瓶放电类比提出雷电是自然放电现象等，都是类比方法运用的典型例子。

移植方法是汲取、借用一个研究领域、一个研究对象的理论成果和科学方法，运用于其他研究领域和对象的一种方法。移植法是理论研究和应用研究中常用的方法之一，有助于认识从简单走向复杂、从低级走向高级，如对生命现象的研究，就是将力学、物理学、化学等的最新成果不断向生物学领域移植才得以深化的。移植法还有助于提出科学假说。因为在探索新的研究对象时，开始总是事实甚少、知之不多，这时移入某个方面类似而又相对成熟的另一领域的思想、方法，往往能激发出意想不到的新颖假说，从而取得奇迹般的结果。移植法也有助于开辟新的科学研究领域，把一门学科的理论与方法引入另一门学科，不但可以揭示不同学科之间的内在联系，也可以带来学科的交叉与渗透，加速学科的分化与综合，从而形成一系列交叉学科。

移植方法按研究对象的移植范围分，有研究低级运动形式的领域与研究高级运动形式的领域之间互相渗透借鉴的纵向移植法，有研究同一物质层次或同一基本运动形式领域内不同学科之间的互相参照借用的横向移植法，还有运用多种学科的理论和方法，对包含多种物质形态或多种运动形式的研究对象进行综合考察的综合移植法。按照研究方法的移植形式分，则有理论移植法和经验移植法，前者重在原理概念的渗透，后者则以实验技术借鉴为主。

4. 分析与综合

整体和部分是自然界普遍存在的一对基本矛盾。作为思维方法的分析与综

① 爱因斯坦，英费尔德，著. 周肇威，译. 物理学的进化. 上海：上海科学技术出版社，1962：198

合，是思维主体对认识对象按照一定目标进行这样或那样的分解与组合。分析是把客观对象的整体分解为一定部分、单元、环节、要素并加以认识的思维方法。综合是在分析基础上把对客观对象一定部分、单元、环节、要素的认识联结起来，形成对客观对象统一整体认识的思维方法。分析和综合是辩证地联系在一起的。恩格斯说得好："以分析为主要研究形式的化学，如果没有与分析对立的极，即综合，就什么也不是了。"[①] 分析与综合相互依存、相互渗透和相互转化，是形成科学概念、构建和发展科学理论体系的重要逻辑方法。

以分析为主的还原主义方法在近代自然科学的发展中起到了重要作用。近代在西方发展起来的自然科学的一个基本特点就是把事物一段段、一层层地分解研究，如由宏观物体到分子、原子、基本粒子，现在又到了层子或夸克。这样越分越细，一方面，研究越来越深入；另一方面，也容易只见树木，不见森林。当科学家们通过亲身的科学实践越来越认识到这种机械的还原主义方法的局限性时，就在科学思维方式上产生出新的系统分析方法。还原主义方法的着眼点是要把事物逐层分解；系统分析方法的着眼点则正好相反，主要是找出这些部分如何相互作用产生整体效应。这个整体是系统的、有组织的有机整体，是局部和整体、低层次和高层次的辩证统一。传统分析与综合方法的逻辑起点是分析，逻辑程序是先分析后综合的单向思维过程。系统分析的逻辑起点则是综合，其逻辑程序是综合⇆分析⇆综合，双向并存和反馈。它要求从系统整体出发，以总体优化为目标，把综合贯彻始终，坚持在综合指导和控制下进行分析，通过逐步的综合达到总体的综合。

5. 归纳与演绎

归纳方法是从个别或特殊事物中概括出共同本质或一般原理的逻辑思维方法，逻辑学上叫归纳推理。归纳方法虽然是科学研究从大量经验事实中找出普遍特征的重要方法，但归纳结果往往只概括一类事物表象上的共同点，未必能确切反映事物的本质，其结论具有或然性。迄今，人们还没有发现从特殊前提到一般结论的普遍适用的逻辑桥梁。

与归纳方法从个别到一般的过程相反，演绎方法是从一般到个别的认识方法。它从一般性的原理出发，对个别的或特殊的事物进行分析、推理，从而得出相应的结论。三段论是演绎方法的最一般的形式，它由大前提、小前提和结论三部分组成。大前提是已知的一般原理或假设，小前提是所研究的个别事实的判断，结论就是从一般已知原理或假设推出的对个别事实的新判断。最简单

① 恩格斯. 自然辩证法. 北京：人民出版社，1984：112

的三段式如：所有的金属导电，铝是金属，因此铝导电。演绎方法在逻辑学中称为演绎推理。只要前提为真，又遵从形式逻辑关于推理形式的规则要求，其真值是必然下传的，结论是恒真的。演绎推理反映了科学思维最基本的要求，它在科学研究中是不能违反的，但作为科学方法也有其局限性。由于演绎推理限于比较固定的推理形式，这对于自然科学研究需要处理众多参量和复杂关系来说，无疑又是很不适应的。

演绎方法派生出的一个重要方法是公理化方法。公理化方法是从尽可能少的基本概念、公理、公设出发，运用演绎推理规则，推导出一系列的命题和定理，从而建立整个理论体系的方法。由公理化方法所得到的逻辑演绎体系称为公理化体系。公理化方法最早的倡导人是亚里士多德，第一个古典的公理化体系是欧几里得（Euclid）的《几何原本》。

自从培根倡导归纳法、笛卡儿倡导演绎法以来，历史上就长期存在着“归纳万能”同“演绎万能”的争论。但是，从科学研究的实际过程来看，归纳和演绎总是相互联系和补充的。归纳是演绎的基础，归纳获得的结论可以成为演绎的前提；演绎是归纳的指导，演绎得出的结论可以成为归纳的指导思想。

（二）科学研究的非逻辑思维方法

1. 非逻辑思维的基本形式

非逻辑思维方法主要指运用潜意识、直觉、灵感、想象、形象思维于科学研究所产生的方法。由于非逻辑思维方法看起来创造性思维的特征表现得更为明显一些，因此人们通常喜欢把非逻辑思维带来的方法称为创造性思维方法。一般来说，具有很强创造性特征的非逻辑思维，主要表现为不受或较少受思想束缚，常常超越常规、摆脱成见、构筑新意，以达到科学研究上产生突破。

（1）直觉与灵感

直觉思维是指不受某种固定的逻辑规则约束而直接领悟事物本质的一种思维形式，这种领悟以主体长期的经验积累为基础。直觉思维有时还伴随着被称为“灵感”的特殊心理体验和心理过程，它是认识主体的创造力突然达到超水平发挥的一种特定心理状态。在直觉和灵感中还包含着使问题一下子澄清的顿悟。科技史上的许多重大的难题，往往就是在这种直觉和灵感的顿悟中，奇迹般地得到解决。

直觉和灵感有如下基本特征：①认识发生的突发性。直觉和灵感都是认识主体偶然受到某种外来信息的刺激而突然产生的随机过程。②认识过程的突变性。直觉和灵感是思维过程实现质变的、表现为逻辑上跳跃的突变形式。它可以一下子使感性认识升华为理性认识，使不知转化为知。③认识成果的突破性。直觉和灵感能打破常规思路，突破思维定式和逻辑规律的束缚，从而成为突破性创造的“催生婆”。当然，直觉和灵感所直接产生的新线索、新结果往往还具有一定的模糊性，有待于用逻辑方法等手段进一步改造和加工。

直觉和灵感都是创造主体长期从事科学研究活动的实践经验和知识储备得以集中利用的结果，是创造者日积月累地针对要解决的问题所思考的各种线索凝聚于一点时的集中突破，是创造者意识与潜意识的豁然贯通。灵感还包含着丰富的情感因素。我国古代所谓“李白醉酒诗百篇”的说法，其实就是关于主体整个身心特别是情感参与创造活动的一种描述。爱因斯坦认为，物理学家的最高使命是要得到那些普遍的基本定律，然而通向这些定律并没有逻辑的道路，“只有通过那种以对经验的共鸣的理解为依据的直觉，才能得到这些定律”，因此他明确提出“我相信直觉和灵感”。①

（2）形象思维与科学想象

形象思维是指人脑借助于形象进行创造性想象的思维活动，简单地说，就是人们凭借形象进行的思维活动。形象思维总是与想象力密切联系在一起。想象是对过去储存在大脑中的知识、经验、方法及其在人脑中已经形成的暂时联系，进行重新组合的思维活动，包括对已经形成的暂时联系的重新建构。要想形成对未来可能出现事物的形象，就需要把过去在大脑中产生的兴奋点和形成的暂时联系，依靠自己的想象力重新组合建立新的联系。爱因斯坦认为，“想象力比知识更重要，因为知识是有限的，而想象力概括着世界上的一切，推动着进步，并且是知识进化的源泉。严格地说，想象力是科学研究中的实在因素。”② 杰出的物理学家玻尔（N. Bohr）甚至认为，科学家要有“疯狂的想象力”。

形象思维与科学想象在科学发展中具有重要的方法论意义。加拿大学者邦格（M. Bunge）指出：“创造性想象富于形象，它能够创造概念和概念体系，这些概念在感觉上没有和它相应的东西，但是在现实中是有某种东西和它对应的，因此它孕育着新奇的思想。”③ 正是形象思维与科学想象的巧妙结合，常能触发灵感，做出科学发现。

2. 非逻辑思维与逻辑思维

科学研究过程从本质上说是逻辑思维与非逻辑思维交互作用的过程。通常

---

① 许良英，等编译. 爱因斯坦文集（第1卷）. 北京：商务印书馆，1976：102
② 许良英，等编译. 爱因斯坦文集（第1卷）. 北京：商务印书馆，1976：284
③ 周昌忠，编译. 创造心理学. 北京：中国青年出版社，1983：211

情况是：非逻辑思维开拓思路，逻辑思维最终完成思维活动，逻辑思维与非逻辑思维交织在一起应用。

逻辑思维与非逻辑思维是两种不同的思维形式，它们既有相通的一面，又有相区别的一面。非逻辑思维与逻辑思维的区别主要表现如下：

第一，二者的特点不同。非逻辑思维是一种较少思想束缚、超越思想常规、构筑新意以达到科学认识上产生突破的思维，带有较大的启发性、灵活性、弹性；逻辑思维重在抽象过程，以理论形态，通过概念、判断、推理等思维形式来揭示对象本质，具有严密性、自洽性和明确性的特点。

第二，二者的作用不同。非逻辑思维是实现创造发明的灵魂，能赋予逻辑思维巨大的生命力；逻辑思维是实现创造发明的基础，特别是科学理论体系的建构中更不可缺少逻辑思维的作用。

第三，二者所属的层次不同。逻辑思维属于一般的智能结构，非逻辑思维则集中反映创造力。虽然逻辑思维能力与创造性思维能力不无关系，但是有很强逻辑思维能力的人不一定具有很强的创造性思维能力，反之亦然。

另外，我们也应看到，逻辑思维具有创造性的内容，如归纳法、演绎法的运用，分类法、类比法的运用，能促使人们发现新问题，觉悟到原来未知的东西；而非逻辑思维方法的运用，同样渗透着逻辑方法，潜意识、直觉、灵感、形象思维和想象等活动都不同程度地借助于逻辑思维的能力。一个完整的创造过程，特别是重大科学理论的发现，基本上都经历了逻辑思维（作为基础）到非逻辑思维（实现跳跃），再到逻辑思维（加以完成）这样的螺旋式上升的过程。总之，在科学研究中不应当把逻辑思维与非逻辑思维看成互不相干的东西，在对二者做出区分的同时也应肯定它们的互补关系。

思考题：

1. 为什么说科学问题是科学研究的逻辑起点？
2. 试分析科学事实与客观事实、经验事实之间的区别与联系。
3. 如何看待观察和实验中的机遇？
4. 为什么说“观察渗透理论”？
5. 举例分析逻辑思维与非逻辑思维的关系。

资料链接

波普尔的实验

观察要首先回答观察什么、为什么观察和如何观察的问题。漫无目标的观察实际上是不存在的。

波普尔在一次演讲时，一开始就宣布："女士们，先生们：请观察！"听众莫名其妙，不知道要观察什么。波普尔认为，这就是没有问题引起的。

思考题：

观察与问题之间难道没有紧密联系吗？

如果我们过于爽快地承认失败，就可能使自己发觉不了我们非常接近于正确。

——卡尔·波普尔

第七章　科学理论的发展和评价

科学理论的发展有没有内在的规律、遵循什么样的运动规律，这是科学哲学研究的重要问题，必然会涉及科学发展演变的规律、条件、机制、环境及其科学合理性等问题。由于在时空上有许多复杂的变量因子，因而不同的科学哲学家对科学理论发展规律和模式的认识存在着一定的差异。但是，作为一种理论认识的抽象，对科学理论在基本的、核心的层面作出理论性的说明和概括还是可能的。

一、科学发展的动力

任何事物的运动变化都有其自身内在的规律性，科学理论也充满着复杂的矛盾关系。社会与科学之间、科学理论与科学实验之间、科学理论内部、不同的学科之间都存在着矛盾。正是这些矛盾的运动推动着科学技术的发展。

（一）科学理论和科学实验之间的矛盾

科学事实是建立科学理论的客观基础。在科学实验活动中，科学家对科学事实进行抽象和概括，从大量的科学事实中总结出具有规律性的结论。通过科学实验获得科学事实，是科学研究的第一步，是科学认识积累材料的阶段，属于感性认识阶段。以往，人们通过社会生产劳动提出需要解决的科学问题；到了近代，科学实验成了科学研究的直接渊源。科学实验有计划地、有目的地对自然界中物质活动现象进行纯化，为科学理论的建立获得大量的事实依据。科学实验是科学理论发展的直接动力。科学实验能够为科学研究提供研究对象和课题。现代科学中很多科学发现都是因为科学实验中出现新问题、新现象而导致的。鉴别科学理论的一个重要标准就是实践、科学实验，只有经得起科学实验检验的理论才能最后上升为科学。科学实验不仅是科学理论产生的直接来源，而且是检验科学理论真理性的标准。科学发展的历史就是科学理论不断地提出又被不断地检验和修改的历史。

不仅科学实验决定和影响着科学理论，而且科学理论反过来也会对科学实验产生重要的影响。科学实验是渗透着目的和计划性的工作，这种目的和计划就是科学理论对科学实验的指导作用。没有科学理论的指导，科学实验就是盲目的、无目的的。在开展科学实验的过程中，实验的每一个环节和过程以及每一个步骤都要在理论的指导下进行，科学理论可以对科学实验过程进行构思和设计。实验结束后，也需要依据科学理论对实验的结果进行分析、判断、概括和总结。只有在科学理论的指导下，经过概念、判断和推理的分析，科学实验中所获得的材料才能上升为理性认识，达到规律性的认识，形成科学理论体系。科学实验中经常会遇到一些现有的科学理论无法解释的新现象，无法用已有理论说明，往往用科学假说来解释，最后假说被新的科学实验所验证，经过逻辑整理之后，就进入科学理论的知识体系中。科学理论不仅要对科学实验中出现的大量事实和现象作出合理的解释，同时还必须指导人们正确地认识和发现自然界中还没有被人们认识与掌握的领域，因而科学理论必须具有预见性。

科学实验和科学理论这一矛盾的不断出现和不断解决，推动着科学理论不断地向前发展。物质世界的结构和层次是无限的，因而在不同的结构和层次上，事物的新的特性和现象又会出现，进而引起科学家的研究，科学理论和科学实验就是这样不间断的循环推动着科学不断发展。在现代社会，科学理论和科学实验紧密地联系在一起，没有科学实验提供的事实材料，科学理论就成了无源之水、无本之木；没有科学理论，科学实验就失去了活动的方向。科学理论和科学实验是互相依存的矛盾统一体，它们的矛盾性影响着科学的发展，是科学理论发展的重要动力。

（二）不同学术观点和学科领域的争论

科学研究中，科学家对同一现象的认识和解读有时候会出现差异和分歧。事物存在形式具有多样性，人们认识方法的不同，世界观和科学研究经验的不同，知识结构的不同，对同一现象往往产生不同的认识，因而产生了不同的学术观点。科学研究中的学术派别，也意味着科学家对客观对象认识的差异性。其中，有的认识可能是正确的，有的认识可能是错误的，有的可能不完善，总是存在着合理与不合理之分，形成了科学理论的对立，互相之间可能会进行长期的斗争。不同观点的长期斗争会不断完善正确的理论，也会逐步排除错误的观点。不同的学术观点和理论之间的相互争论、斗争是科学发展史上的正常现象，也是推动科学理论进步的动力之一。在各种不同观点和理论的争论中，大家可以相互批判、相互启发，互相吸取有益的成分，从而推动科学理论的发展。科学真理往往是在同错误的斗争中发展起来的，科学研究中理论和观点的多样化是科学活动的正常现象。学术的争鸣有利于科学理论的发展，也有利于人才的发现和培养。

科学理论是非常庞大的知识体系，门类繁多，相互渗透，互相关联，科学理论内部的各个学科和门类之间形成纵横交错的复杂关系。这种关系的相互作用也会推动科学理论的发展，尤其是科学与技术之间的关系，对科学理论的推动作用是十分直接的。科学理论的主要任务在于认识和解释世界，技术的主要任务是改造和创造世界。科学理论反映了自然界的客观规律，是知识的积累；技术则具有鲜明的实用性，是对科学理论的具体运用，提高了认识控制和利用自然的能力，协调了人与自然的关系。科学与技术相互作用，相互影响。科学理论是技术发展的基础，为技术上的应用做好了知识的准备。科学理论的突破往往带来技术和生产的突飞猛进。在科学技术发展史上，每当科学理论和技术实践结合得比较紧密的时期，往往也是科学大发展和技术上获得重大突破的时期。在现代社会，科学和技术的发展越来越同步，新的技术离不开科学理论的指导，先进的技术为科学研究提供强大的物质手段。由此可见，科学和技术之间的相互渗透、相互影响推动着科学理论的发展。

（三）带头学科极大地促进着科学与技术的进步

带头学科的更替也是推动科学理论发展的动力之一。在一定的历史时期，科学理论的发展表现出参差不齐的状况，有的学科发展速度比较快，有的学科发展比较迟缓，往往会有一种或几种学科成了科学研究的重点和中心，处于科学研究的尖端，或者宏观上支配、制约着其他科学理论和技术的发展。随着科学技术的发展和生产力的提高，在另一时期，别的学科又会成为新的带头学科，起着先导的作用。带头学科的出现和更替经常会带来科学和技术领域中的突变、飞跃，对其他的学科具有普遍的指导和带动作用，也具有普遍的方法论意义。

社会需要和科学理论的吻合很容易成为带头学科产生的契机，社会生产对一定的问题有了解决的要求，而且科学理论的认识达到了这一水平，才有可能产生符合社会需求的带头学科。带头学科的产生会引起一系列相关学科的发展，在许多科学研究领域中产生深远的影响，诱发不同学科之间的交叉和贯通，引起许多学科群的产生，会在社会生产实践中带来历史性的变化。

（四）社会需求是科学技术发展的根本动力

作为社会意识之一的科学理论是一个相对独立的知识体系，在它产生之后便和社会生产的发展不再保持绝对的平衡性，在不同的社会历史时期，它或者走在社会发展的前面，或者落后于社会生产，自身构成相对独立的认识物质世界的系统性学说，有时候还发挥对社会的反作用功能。但是，这一切并不能否定科学理论对社会的依存性。

社会需要是科学技术发展的根本动力已经被科学技术的发展和社会进步不断证明。在社会需要的推动下，科学技术不断地调整方向、选定内容、确定课题，在理论上、技术上解决社会生产实践中出现的问题。虽然作为特殊意识形态的科学理论具有相对的独立性，但是人类对自然界的真理性认识离不开社会提供的条件和基础，尤其是应用科学，对社会生产活动的依赖就更加明显。人和自然的矛盾是人类和自然界永远无法避免的矛盾，人的本质要求使得人的最高目的永远是不断从必然王国通向自由王国，摆脱对自然的盲目依赖。由于人类认识自然的客观原因和主观原因，人们实现自由王国只能逐步实现、相对实现。因此，人类对自然的认识和改造是一个无穷无尽的过程，人类要求不断地在更大的范围、更广的深度上认识和掌握自然规律。科学技术在一定程度对人类的满足又会成为人类向新的目标迈进的起点。社会需要推动了科学技术的发展，一定程度上满足了人类的要求，科学技术的发展反过来又会成为产生新的社会需要的因素，社会需要和科学技术之间的关系就是这种互为基础和相互推进的关系。古代天文学的出现和发展，就是古代社会的人们为了解决游牧活动和农业生产劳动的需要而从事的对天文现象的认识活动；早期力学就是为了解决农业生产和城市建设的问题而产生的。

社会需求是推动和影响科学技术发展的基本因素。社会需求是非常广泛的，包括经济的、政治的、社会的、文化的、教育的等等。它们都在不同的程度上影响和制约着科学技术的发展。在各种社会需求中，社会生产活动的需求是首要的需求。社会生产是人类社会存在的基础和条件，决定着人类社会的其他一切实践活动，社会生产是科学技术产生和发展的前提、基础，是推动科学技术发展和进步的根本动力。正是因为社会活动和社会生产的需求不断推动着人们认识自然、改造自然，人们才逐步地认识了各种自然现象，懂得了自然的各种规律。马克思主义认为，人的需要是一切科学产生的原因，科学的产生和发展一开始就是由生产决定的，经济上的需要越来越成为对自然界认识发展的主要动力。

社会生产活动不断向科学提出新的研究课题，要求科学给予理论的说明，社会生产还会提出人们尚未研究的问题，要求科学做定向研究，总结其规律性，深化人们对自然界的认识。社会生产活动为科学发展提供丰富的认识材料，为科学研究提供了必要的物质条件，提供了科学发展的基础和条件。没有现代化的大生产，也就没有现代尖端科学和现代高技术。在科学成为一种社会建制的现代社会中，科学和技术的发展都要依赖于社会提供的人力、物力和财力的保障。没有这些条件，现代社会的大科学就不可能发展。总而言之，社会需要对科学技术发展的作用主要表现在导向作用、选择作用和调控作用上，它是科学技术发展的最根本的动力。

二、科学理论的创新和评价检验

（一）科学理论的创新

对于科学技术对社会经济的巨大作用，马克思曾经说过："自然力的征服、机器的采用，化学在工业和农业中的应用，轮船的行驶、铁路的通行、电报的使用，整个大陆的开垦，河流的通航，仿佛用法术从地下呼唤出来的大量人口，——过去哪一个世纪能够料想到有过这样的生产力潜伏在社会劳动中呢?"① 这里，马克思说明了科学技术对社会和生产力的推动作用。他认为，劳动生产力是随着科学技术的不断发展而提高的，"生产力的这种发展，归根到底总是来源于——自然科学的发展。"② 科学的发展绝对不是单纯的理论工作，科学的发展历来总是和技术与创新联系在一起。一项重大的科学发现总会被应用于社会生产领域，从而转化为现实的生产力。

今天，创新是一个使用频率极高的术语，但是对它的定义却是莫衷一是，因此有必要在这里先对科学创新的含义做一些厘定。在熊彼特看来，创新就是新产品、新方法、新工艺、新市场、新组合等要素的第一次商业化运用。因此，创新是一个经济学概念。而马克思主义的创新概念，具有更开阔的理论空间，具有更深刻的理论思维，已经不再仅仅局限在经济活动的层面，它已经扩展到认识论和知识论的领域，成为科学哲学的基本范畴。

论及科学创新，自然包括自然科学知识的探索、技术的发明、知识的创新和运用，使科学创新成为复杂的系统工程。要理解科学创新，必须把握好几个相关的概念，善于区别它们之间的差异，才能准确地理解其含义。我们经常使用科学发现、科学发明、科学创造这样的类似概念，它们之间有着一定的关

---

① 马克思恩格斯选集（第1卷）. 北京：人民出版社，1972：256

② 马克思. 资本论（第1卷）. 北京：人民出版社，1972：97

联，但是也有着本质的不同。

发现是人们对已经存在但尚未被认识了解的事情的认识、确认过程。发现侧重在对已存在事物的首次认知，它的存在不是认识主体活动的结果，而是独立于认识主体客观存在的，包括客观事物的实体、关系、理论，它不是创新的东西，不管是实体还是理论，都是对客观事物及其规律性的揭示。发明是首次制造或者创造出以前没有的东西。有一种观点把发明和创新等同起来，认为二者没有本质的区别。另有一种观点认为，创造比发明具有更加广泛、深刻的含义，因为创造不仅仅是制造前所未有的东西的过程；同时，它还在心理学、思维科学、社会学中表征着主体的思维状态和能力，比发明具有更丰富的含义。

创新更注重于对现有事物的更新改造，使事物之间建立起一种新的关系或关联，在现有事物的基础上对其要素或结构重新进行排列组合，打散旧的结构，建立新的组合关系，进而达到对现有事物进行修正、完善、补充、更新的目的。创新强调新的结构机制和活动过程的建立，它的活动对象不仅指向客观事物，也指向精神客体。就基本的含义来说，创造和创新是同义，某些情况下二者可以互换替用。

在现实活动中，人们往往把新事实、新理论的提出称为科学发现，把新器具、新流程、新工艺的提出称为技术发明，这就是我们通常所说的“科学发现”和“技术发明”。科学发现的成果总是以知识形态存在，表现为一系列的概念体系，如假说的提出，原理、理论的形成。在科学技术转化为现实生产力的过程中，人们往往更加重视物质形态的技术发明，而忽视了知识形态的科学发现。在科学研究活动中，提出科学概念、揭示科学定律、形成科学理论、建立科学方法，都包含着创新活动。就科学事实的发现而言，科学事实的发现倚重于观察记录，是一个事实、概念、术语、解释等不同因素相互作用的过程，因而存在着它们之间互相解读和配置的问题。这需要借助于主体的思维活动才能实现，因而存在着主体发挥创新的可能性。这里我们有必要说明，科学创新和技术创新既紧密联系，又有所区别。注意到它们之间的区别，有利于更好地认识和发挥科学创新、技术创新的作用。二者最主要的差别在于对经济活动的影响力不同，技术是和生产直接相关的，科学则是影响技术的内在因素。技术创新和经济、工业具有天然的密切关系。科学技术是第一生产力，科学技术最后要通过技术活动才能表现出来，科学创新比技术创新更原始、更基本。人类以科学知识的形式把握世界，科学的本性就在于创新。就人类不断主动认识世界来说，科学活动具有较高的主体性特征。有了上述的分析，我们对科学创新的理解可以集中在以下几个问题上：科学活动是人类积极主动地探索自然、认识自然规律的过程；科学活动的主体能够在科学创新中发挥主观能动性和主体性；科学活动虽然是一种追求真理的认识活动，但它是主体和客体相互作用的过程，主体如何介入、如何解释、赋予认识的成果何种意义，都会因主体认知因素的不同而受到不同的制约、影响、科学创新要以成果的形式表现出来，因而它又是一种复杂的社会性活动，和人类的其他活动息息相关。因此，我们必须从社会要素、科学观念、科学思维、科学认识、科学方法、科学成果等诸多方面理解科学创新。从这里也可以看到，科学创新是人类发挥无穷创造力的领域。科学创新既包括精神产品的创新，也包括物质产品的创新。科学创新的成果表现为科学概念、方法、观念的革新，也包含新概念、新方法、新观念的运用。

科学创新是一个综合的建构过程，具有鲜明的主体性特征，只有主体能动性的综合运用，才会使科学知识的建构和创新成为可能。没有主体的能动作用，科学创新是不可能的。在科学创新活动中，创新的对象是主体自己设立的，虽然创新的对象具有客观性，但是在将客观对象转化为主观的认识对象时，创新主体需要运用已有的概念、范畴、认知形式对对象物进行加工处理，要以主观的形式反映出客体的本质属性。这一切都离不开科学主体的创造性思维活动。科学认识具有选择性，需要根据自己的认知形式和知识结构处理、整合认识对象。科学创新的过程就是科学活动主体的能动性、创新性展开、释放、发挥的过程。科学创新中主体的能动性作用不仅表现在认知和整理认识成果的过程中，还表现在运用已经掌握的认识成果改造现实世界，使客体主体化，使自然界人化，使认识的成果最终为人类服务。

科学创新中，主体应当具备的基本要素有：第一，科学创新的主体要具有一定的知识结构。科学创新的先决条件是主体应当具备一定的合理的知识结构，在自己的专业领域内要具有广博的知识面，具备扎实的基本功，同时要了解本专业的前沿动态，知晓本专业前沿的科学问题和研究状况，这样可以避免重复。第二，科学创新是一项要求很高的创新性劳动，其应当符合一定的程式和规范，需要主体具备一定的实验、操作能力。操作能力既包括在科学实验中使用的实验工具，也包括善于运用创造性的思维方法，“工欲善其事，必先利其器。”今天，试验方法已成为科学研究的重要环节，对试验的操作要求也越来越高，没有试验工具的介入就不可能从事科学研究。第三，科学创新是主体和客体相互转化的过程，主体的思维能力和方式对其活动的影响是至关重要的。人的思维活动和方式是复杂的、多样的，哪些是创新性思维、哪些应该排除在创新性思维之外，这种观点是非常片面的，不同的思维方法具有特定的作用，极端推崇或忽视某一种思维方式都是错误的。以逻辑分析为主的理性思维方法和以直觉灵感为其主要特征的非理性思维方法，各自都有其不同的作用和功能。有时候我们需要严密的逻辑思维，进行缜密的分析、判断，有时候又需要丰富的联想、想象，只有这样才能使思维活动游刃有余地驰骋在科学创新的广阔空间。第四，在科学创新活动中，主体应当具备科学精神和素养。科学创新是一种探索活动，是人类积极介入自然客体的过程，主体要具有探索和发现自然界秘密、自然界物质运动规律的强烈的好奇心、进取心。自然界不会直接把自己的秘密、规律展示在人们的面前。这就需要认识主体积极主动地发现问题、提出问题，解答问题。好奇心、进取心是科学工作者必须具备的基本素养。科学创新需要批判精神、怀疑精神。怀疑精神就是不迷信，不盲从。批判精神要求不受传统观念的束缚，敢于、勇于对旧理论旧观点进行合理的质疑和批判，勇于挑战。因此，科学创新的主体仅有渊博的知识是不够的，具有怀疑和批判的精神，才有可能登上科学成就的巅峰。

（二）科学的评价与检验

一种科学理论的建立需要经过一系列的环节，从科学事实的获得，经过科学假说，最后形成具有逻辑体系的理论。这是一个不断完备的过程。理论形成后，还需要经过科学共同体的评价、实践和实验的检验，然后才能成为被科学界所接受的理论。科学理论的形成非常复杂、多样，科学认识的过程不是一蹴而就，需要在相互竞争选择，对不同的观点进行甄别，以此促进认识的进步和科学的发展。简而言之，科学理论的评价也就是判断不同科学学说、理论体系优劣的过程。只有通过合理的评价、检验和选择，最后才能确立真正符合科学认识规律的理论体系。科学理论的评价建立在科学共同体的基础上，科学家们不同的评价目的、价值观、审美观和知识结构以及心理状况都会不同程度地影响评价的结果。因此，不同的科学家对同一理论往往会提出截然不同的看法，也就形成了不同的评价观点和派别。

科学的合理性检查也就是对科学的理性检验，以理论形态存在的科学必须经得起理性的检验，理性的检验会发现科学理论的合理与否、完善与否，能够为理论设定正确的发展方向。第一，相关性和相容性评价。检验理论时，要看该理论揭示的自然现象之间的联系是否具有相关性。科学理论揭示的是我们所经验的事物之间的关系，能够反映科学事实的清晰的、逻辑的联系。科学理论的相关性要求理论自身的原理和定律能够合理地解释相关的自然现象。因此，符合相关性的理论必然具有可检验性。一种理论如果缺乏清晰、严密的逻辑关系，这样的理论就经不起相关性评价。在理论与理论之间还存在着相容性。理论的相容性是指通过理论与理论的比较，评价理论与相关理论是否相一致、是否相背离。如果被评价的理论与相关理论具有一致性，说明理论之间是相容的，如果理论之间不能互相说明和印证，则说明理论之间不相容。在理论相容性的评价中关涉的理论都是被人们已经接受、确认的科学理论。不同的理论之间，如果彼此能相互包容，一种理论被另一种理论所涵盖或者包含，那么它们之间就具有逻辑关系。只有了解了不同理论之间的这种逻辑关系，才能明确它们之间是否具有相容性。一种新理论的提出，需要考察它与先前人们已经接受的理论是否具有相容性，如果是相容的，则容易获得较为有利的评价；如果是相背离的，则必须进一步检验。理论的相容与否不是简单的过程，可能会需要很长的时间才能被人们真正认识。在科学活动中，有时候理论的不相容还会引发重大的科学革命。第二，自洽性评价。自洽性评价就是分析理论的内部是否自相矛盾。一种理论内部如果没有发现自相矛盾就是自洽的，反之就是不自洽的。科学理论内部各个命题和原理之间应该具有严密的逻辑关系而不能互相矛盾。一种理论面临的反例越来越多时，只能暂时修改或弥补对理论的非自洽说明，结果愈发导致理论内部矛盾显现，使理论自身不能自圆其说，最后被新理论所取代。科学理论在不断发展的过程中，逐步消解理论本身的不自洽之处，进而达到理论本身命题之间的互相融会贯通，实现理论内部命题之间的相互一致。第三，简单性评价。简单性评价就是对理论的形式结构是否简单所进行的评价。同样一种理论可以用多种方式加以说明和表达，最好的方式就是形式上最简单。符合简单性的理论更容易被科学共同体所接受，更容易被传播。科学理论的简单性不完全指表达的简洁。科学理论的简单性首先指理论所具有的普遍性。具有普遍性的理论具有更高的概括性、更广的适用性。形式结构的简单不意味着内容的简单、贫乏。我们知道，公理化的理论往往被看做是其他原理的推导基础，被人们广泛引用，原因之一就是因为它具有简单性特征。哥白尼的日心说理论优越于托勒密的地心说，除了理论本身的正确性之外，还在于日心说以简单性的方式说明了星球的运动和状态。

科学理论的评价和检验是复杂的过程。首先，观察过程具有复杂性。由于客观事物规律的可谬以及人们认识事物能力的有限性，人们不可能一下子把握事物的本质。这种情况使得我们对科学理论的评价和检验具有可错性。其次，科学理论评价和检验的复杂性还在于科学理论的结构是复杂的，科学理论内部各命题和原理之间都是相互印证和关联的，论证是多方面的，任何一个环节出现问题，都可能引发对理论本身的怀疑。一种合理的理论的形成和建立需要长期的理论批判和实践检验。

三、科学发展的模式

（一）否证式的科学发展模式

这一发展模式的基本思想源自于波谱的否证主义，认为科学的发展是不断否证、不断猜测的过程；科学理论中没有能够证实为真的东西，科学理论仅仅是一种猜测，只能被否证和推翻；科学理论的提出不是对科学事实的发现和归纳，而是依赖于灵感和顿悟产生的结果。

该发展模式认为，科学不是开始于观察，而是开始于问题。

1. 科学问题使理论得以产生

什么是科学问题？科学问题是指一定时代的科学家在特定的知识背景下提出的关于科学认识和科学实践中需要解决而又尚未解决的问题。它包括一定的求解目标和应答域，但尚无确定的答案。科学研究是一项探索性活动，在科学研究的长期历史中，科学研究的逻辑起点应该从观察所获得的个别事实开始，也就是说，科学研究开始于观察。这一观点被大多数科学家和哲学家所接受。然而，随着科学认识活动的深入，现在科学家和哲学家对此不断提出质疑。因为，在进行科学观察之前，首先要解决为什么观察、观察什么、如何进行观察这样的问题。爱因斯坦曾经说过："提出一个问题往往比解决一个问题更重要。因为解决问题也许仅仅是一个数学上的或实验上的技能而已，而提出新的问题、新的可能性，从新的角度去看待旧的问题，却需要有创造性的想象力，而且标志着科学的真正进步。"① 波谱认为，观察和实验离不开理论，如果没有问题，就不会有对问题的解释，也就不会有理论。观察总要受到一定的预设的理论的支配，观察不是随意的，而是有选择的。因此，科学应该从问题开始。他说："科学和知识的增长永远始于问题，终于问题——愈来愈深化的问题，愈来愈能启发新的问题。"②

2. 针对问题提出大胆的猜测、假设

针对问题提出大胆的猜测、假设，这些猜想、假设就是科学理论形成的雏形。这是通向科学理论的不可缺少的一个中间环节。根据猜测的和假设，科学家把经验性的认识组织起来，进行逻辑的分析，提出一定的核心观点，使之具有理论性和逻辑抽象性。显然，这种理论还没有得到实践检验和证实，因此它还不是完备的科学理论，但是已经具有科学理论的形式，提出了一定的观点。

---

① 爱因斯坦．物理学的进化．上海：上海科学技术出版社，1962：59

② 波谱．猜想与反驳．上海：上海译文出版社，1986：318

有些观点可能还是错误的，但重要的是它已经有了对问题的解释和说明。

3. 对假设或理论进行检验

一种假设或理论在提出之后，就开始了被检验过程。有的理论因为科学性不断增强，相关、相容的事实材料越来越多，理论性越来越强，越来越趋近于真理性；有的假设或理论越来越被新发现的事实证明其错误，其观点越来越被经验所否证，科学性越来越小，越来越失去了理论的意义。理论的检验是一个长期的过程，有的可能很快被新的事实证明其正确性，有的理论可能因为缺少必要的经验或事实而不能被检验。任何一种理论的产生在它刚刚形成的初期都不可能是完全正确的，总是会存在这样那样的问题或者不完善。但是，在这个阶段只要该理论本身暂时还没有别的理论代替，它就有存在的理由，它会随着人们认识的不断深化、丰富而逐步得到检验。需要注意的是，在这个阶段，科学家需要坚持理论的基本观点和核心理论，不断通过实践、实验检验，不断深化认识；同时，还必须不断修改理论，不断剔除错误的部分。被经验证明为相矛盾的有：首先，假设或理论对研究对象的说明解释同其他学科领域中的规律发生矛盾，或者自身存在矛盾。其次，假设或理论无法对新的科学事实作出合理的说明，暴露了基本观点的错误。再次，其他的假设或理论能够更加合理地对事实加以说明。

在科学发展史上，科学理论的验证有时候是非常艰难的过程。人们往往受到已有理论的影响而怀疑新观点的正确性，会受到怀疑和排斥。

4. 新理论被科学发展所否证

在深化科学认识的过程中，会面临新的问题。针对新的问题、科学家又开始对新问题作出种种猜测、假设，提出新的观点和理论。科学家不断去解决矛盾，使科学理论愈来愈趋近于真理。新的理论在更高的水平上又接受新的检验，从而出现更新的理论。

科学研究和科学认识的发展就是这样一个不断发现问题，不断解决问题的过程，不断进行猜测、假设，不断清理理论中错误的成分，使理论越来越接近真理，以此实现科学理论的不断发展。每一循环使得科学理论能够向前推进一步，科学的发展就是这样无限循环推进的过程。

波谱把这一循环往复、无限发展的过程用公示表示为：

$$P1 \rightarrow TT \rightarrow EE \rightarrow P2$$

公式中，P1 表示问题 1，TT 表示各种不同的理论和观点，EE 表示通过批评和检验反驳或者消除错误，P2 表示新的问题。

从这个公式中可以看出，科学发展的模式就是通过不断地提出假设性的猜测和理论，不断验证而清除错误，使理论愈来愈接近真理。

（二）范式转换的科学发展模式

科学哲学家库恩注重考察科学发展的历史和现状，注重考察影响科学发展的多方面因素，如社会因素、科学家的心理活动、科学共同体的要求等。他认为，科学的发展是中断、渐变和突变交替进行的，并提出了“范式革命”的概念。

范式是库恩科学哲学思想的核心概念。对于范式，库恩自己并没有一个清晰的说明。他认为，范式包括规律、理论、应用和工具；有时候又认为范式是坚强的信念网络——概念的、理论的、工具的和方法论的，也类似“形而上学的”。他解释说，范式的意义是总体性的，包括一个科学家集团的一切共同的信念。根据对库恩范式理论的综合，我们可以把范式理解为：范式是科学发展的一定时期的科学共同体的共同信念，是科学共同体共同遵循的理论准则和方法论原则或范例。库恩把范式作为划分科学和非科学的标准。他认为科学发展史上的一些科学理论曾经拥有范式，因而是科学的；而大部分科学因为不拥有范式，因而不属于科学的范畴。科学革命就是以新旧范式的代替为标志的。

库恩认为，科学发展一般都要经过以下几个阶段。

1. 前科学时期

科学发展的模式就是由一个常规科学传统转变到另一个常规科学传统，两个传统之间是非常科学，是科学进步的中断。前科学时期，是科学范式的产生和形成阶段，然后进入科学的常规时期。任何一门学科在没有形成共同的范式之前，都属于前科学时期。这个时期，各种假说和理论并存，甚至互相对立和排斥，还没有一种理论成为占支配地位的理论，人们对一些领域同样的现象会作出全然不同的描述。经过长期的争论和对立之后，会逐步形成同一的基本理论、基本观点和基本方法，也即形成一定的范式。这样就从前科学时期进入到科学时期。

2. 常规科学时期

一门科学的发展出现了具有代表性的科学成就，并且被科学共同体一致承认，因此也就形成了基本的范式，这时候，科学发展便进入到常规科学时期。“常规科学是指严格根据一种或多种已有科学成就所进行的科学研究，某一科学共同体承认这些成就就是一定时期内进一步开展活动的基础。”[①] 在常规科

① 库恩. 科学革命的结构. 上海：上海科教出版社，1980：8

学时期，科学家不是否定旧范式、建立新范式，而是解决难题，进一步丰富和发展范式。所以，常规科学时期是科学渐进发展的时期，使科学知识稳定扩大和精确化。常规科学时期的任务是提高科学的精确性和可靠性，进一步证实范式和稳定范式。库恩认为，常规科学时期常常压制了重大的革新，限制了科学家们的视野。在常规时期，科学的发展还处于缓慢的进化阶段。

3. 科学的危机时期

库恩认为，在常规科学时期有时会出现与范式不相符合的或者用已有范式无法解释的现象，反常现象的特征就是顽固地拒绝被现有的范式所接受。常规科学渐进式的发展不断揭示出意料之外的新现象，并且愈来愈多，愈来愈频繁。这时，反常现象就会引起人们的重视，人们对已有的范式产生怀疑，动摇了对已有范式的信念，就会出现范式危机。这个时候，反常的情况会越来越多，反常的现象会十分顽固。库恩认为，危机的出现具有两面性作用，它一方面打击了现有的范式原则，另一方面带来了新的创造机会。这个时候往往是科学家发挥创造精神的最好时机，科学家们可以抛弃旧范式，建立新范式。危机导致常规科学时期的结束，预示着非常规科学革命的到来。科学发展史上具有划时代的科学进步都说明了这种情况。

4. 科学革命时期

科学范式的危机必然带来科学革命。库恩认为，科学革命不仅是对旧范式的破坏，同时也意味着新范式的建立。科学革命是破坏与建设的统一，破坏旧范式，创立新范式。

科学革命就是新、旧范式的竞争和选择。当新范式战胜旧范式并且取代旧范式的时候，科学革命便结束，接着进入新的常规科学时期。在新的常规科学时期，新的范式又构成了科学共同体的新的信念。随着科学研究的深入，又会出现大量的新的反常现象，导致科学危机再次出现，引发新的科学革命产生，从而实现了科学认识的进步，完成了新、旧范式的转变，科学认识进入到下一个常规科学时期。科学的发展过程就是：前科学时期→常规科学时期→反常和危机时期→科学革命时期。这样几个阶段不断地循环往复。科学的发展既不是归纳主义者所说是单纯的量的积累，也不是证伪主义所说是单纯的质的否定，而是常规时期量的不断积累和科学革命时期质的飞跃而不断交替进行。

（三）科学发展的动态模式

拉卡托斯在对波谱的证伪主义和库恩的范式理论的批判的基础上，同时又汲取了他们两人思想中的合理的部分，提出了科学研究纲领方法论，这是以历史主义为其特征的科学发展模式。

1．科学研究纲领的结构

科学研究纲领是一组具有严密内在结构的科学理论体系，由“硬核”、“保护带”、“启发法”三部分组成。拉卡托斯的科学研究纲领是一个可以从正反两方面来指导未来科学研究，从而使科学理论具有连续性的结构。它由几个相关的核心概念组成。

（1）硬核

硬核是科学研究纲领的基础部分，是科学研究纲领的核心。每一科学研究纲领都有一个硬核，科学研究纲领的不同就在于硬核的不同。硬核的改变会改变整个科学研究纲领。硬核由最基本的理论和观点构成，也包括形而上学的内容，承认形而上学和科学研究之间的不可分割性。硬核的形成是一个长期的、缓慢的过程，硬核在长期的探索和试错过程中最终被确定下来，规定了不同研究纲领的本质特征，是研究纲领的基础，具有相对的稳定性，不可改变、不容反驳。当硬核遇到反驳或者硬核被改变时，就等于说放弃了研究纲领。科学发展史上新的理论代替旧的理论就是原有的旧的硬核理论遇到了反驳或者否定，新的硬核理论代替了旧的硬核理论，从而实现了从一种科学理论到另一种科学理论的转换或者过渡。

（2）保护带

硬核的周围是保护带，由各种辅助性假设、初始条件或背景知识构成，是研究纲领的可反驳的弹性地带。科学研究纲领的辅助性假设构成了完整的科学理论系统，后续的具体理论能够更充分地表达硬核、保护硬核。硬核之所以不可反驳、具有相对的稳定性就是因为保护带为它服务。保护带具有柔性和多变性，保护带的存在避免了一旦科学研究中出现意外或者反常时会动摇理论本身的可能性。保护带的存在使硬核的相对稳定的存在成为可能，也保证了科学研究的持续发展。保护带是科学研究纲领的外围部分，它由许多辅助性假说所构成，保护带的作用在于保护硬核，尽可能不使硬核受到经验事实的反驳或者冲击。这一地带是可以进行反驳的弹性地带。

在科学研究过程中，科学研究纲领与观察、经验事实等之间可能会发生冲突，保护带就应当把冲突限制在自己的范围，通过构成保护带的辅助性假设来说明，并且通过修改、调整保护带使研究纲领得以存在和发展。

（3）反面启示法

反面启示法是指禁止把反驳的矛头指向硬核的方法论原则，当科学家开始对硬核进行反驳的时候，也就是科学家放弃特定的研究纲领的开始。反面启示法在于告诉科学家应当避免哪些研究方法和途径，从来达到保护硬核的目的。

反面启示法的作用在于把本应指向硬核的反驳矛头转向保护带，可以通过修改和调整保护带从而保护硬核。调整保护带的作用有两个方向：或者导致进步的问题的转换，进一步使研究纲领获得成功；或者导致退化的问题的转换，最终导致研究纲领的失败。

（4）正面启示法

正面启示法是关于如何改变、发展研究纲领以及如何修改完善保护带的指导方针。正面启示法的任务在于积极主动地发展研究纲领，它告诉科学家应该遵循哪些研究方法和途径。它可以忽略经验事实出现的反例，按照能够预见的可能的经验反例的研究方针和研究顺序有计划地推进科学研究工作，让科学家通过增加、修改、完善辅助性假设发展科学研究纲领。

2. 科学研究纲领的进化和退化

拉卡托斯的科学发展动态模式建立在科学研究纲领的进化和退化的基础上。

（1）科学研究纲领的进化

一个科学研究纲领经过调整辅助性假设后，经验内容增加了，或者能对经验事实作出更多的预言和解释，那就是进步的或进化的科学研究纲领。科学研究纲领是一个动态的、不断发展变化的过程，不断地发生着进化和退化。这种进化包括理论上的进化和经验事实上的进化。理论上的进化是指它比调整前的理论能够预料更多的尚未预料到的新的事实。经验上的进化是指这种理论的预言经受了观察和实验的检验。只有既包括理论上的进化和经验上的进化的研究纲领才是成功的研究纲领。

（2）科学研究纲领的退化

科学研究纲领总是会从原来的进化过程转变到退化过程。当科学研究纲领出现退化时，就应该抛弃，以新的科学研究纲领取而代之。如果一个科学研究纲领产生的一系列理论并非其中的每一个都比它前面的理论得到更多的事实的真正支持，这个纲领就是退化的。历史上任何成功的科学研究纲领都是暂时的。判断科学研究纲领退化的标志是：科学研究只能为自己辩解，而不再积极地预言和指导新的经验事实的发现。当反常出现的时候，科学家陷入困境，处于被动地应付之中。但是，仅此这种境况还不足以抛弃退化的研究纲领。只有一个比原有的科学研究纲领更进步的纲领出现时，才可以由旧的科学研究纲领过渡到新的科学研究纲领，仅仅是观察和实验中出现的反例、否证是不能推翻一个科学研究纲领的。

（3）进化的科学研究纲领取代退化的科学研究纲领

任何科学研究纲领都具有暂时性，都会有一个由进化的研究纲领取代退化的研究纲领的过程。要实现从退化的研究纲领到进化的研究纲领的转化，新的科学理论必须具备：①新的科学理论比旧的科学理论具有更多的经验内容；②新的科学理论能够解释旧的科学理论的先前成功，或者新理论中包含了旧理论的不可反驳的内容；③新的科学理论多于旧的科学理论的经验内容，并且得到了观察和实验的确定。这是新的科学理论代替旧的科学理论的基本要求。任何一个科学研究纲领都不可能是永远进步的，当它进化到一定程度的时候就必然转变为退化阶段。

拉卡托斯以科学研究纲领为核心的科学发展模式是：

科学研究纲领的进化阶段→科学研究纲领的退化阶段→新的研究纲领证伪并取代退化的研究纲领→新的研究纲领的进化阶段

科学研究纲领的科学发展模式表明，科学家应当通过不断修正保护带来实现研究纲领的进步。一个研究纲领要经过从进化到退化的很长的量变阶段才能被淘汰。当一个研究纲领处于退化阶段时，一个更好的研究纲领出现，旧研究纲领便被新研究纲领所取代。科学理论的发展既不是对旧理论的简单否定，也不仅仅是范式的转换，科学理论的发展是质变和量变过程的统一。

思考题：

1. 为什么说科学研究开始于问题？
2. 结合具体的科学发现过程，说明科学理论对科学实验的作用。
3. 否证法对科学发展的方法论意义是什么？
4. 你如何理解科学范式？
5. 简述社会需要对科学技术发展的推动作用。
6. 在科学技术的发展中，科学和技术具有怎样的关系？

资料链接

哥白尼日心说

到了哥白尼时代，由于航海事业的发展，对于精确的天文历表的需要变得日益迫切，但用以编辑天文历表的托勒密理论越来越繁琐。这种客观情势使人们关注天文学的变革。哥白尼也正是在这个紧要关头提出了自己的革命性理论。

1543年，哥白尼的《天体运行论》发表。哥白尼构造的宇宙图景是：最外层是恒星天，它是静止不动的，构成了行星运动的参考背景。最远的行星是土星，其运行周期是30年；其次是木星，周期12年；火星，周期2年；地球，周期1年；金星，9个月；最后是水星，88天绕太阳1周。月亮是地球的卫星，它既随地球绕太阳转动，每月又绕地球旋转1周。

日心说比地心说最明显的优点是它的简洁性，这一点连哥白尼的反对者们也是承认的。此外，哥白尼成功地恢复了毕达哥拉斯主义的理想，正圆运动得以更好地保持，几乎所有的本轮和均轮都沿同一个方向运行，等距偏心点被取消。

哥白尼日心说带动了一系列观念上的变革。首先，它使地球成为不断运动的行星之一，打破了亚里士多德物理学中天地截然有别的界限；其次，它破除了亚里士多德的绝对运动概念，引入了运动相对性观念；再次，宇宙中心的转变，暗示了宇宙可能根本就没有中心，而无中心的宇宙与希腊古典的等级宇宙完全对立；最后，由于地球运动起来了，恒星层反而可以静止不动，这样一来，诸恒星也就不必处在同一个球层之中，恒星层既然没有运动，从前借以论证宇宙有限的理由也就不成立。

思考题：

从托勒密的日心说到哥白尼的地心说，表明了什么样的科学发展模式？

第四篇　技术进步与创新型国家篇

在探索的认识中，方法也同样被列为工具，是站在主观方面的手段，主观方面的通过它而与客体相关。手段是一个比外在合目的性的有限目的更高的东西；——犁是比由犁所造成的、作为目的的、直接的享受更尊贵些。工具保存下来，而直接的享受则会消逝并忘却。人以他的工具而具有支配外在自然界的威力，尽管就他的目的说来，他倒是要服从自然界的。①

——黑格尔

第八章　技术方法

人类认识世界的目的在于改造世界。科学理论作为人们对自然规律的认识成果，只有通过技术研究活动转化为技术才能成为直接的生产力，成为改造世界的有力工具。换言之，科学理论必须物化为技术才能实现其价值。科学认识中诸种方法对于人类的技术活动来说，都是非常重要的，但技术研究在方法论上还具有自身的特殊性。掌握技术研究的一般方法，是科学技术人员进行技术研究和开发活动的必要条件。

一、技术方法概述

从一般方法论的高度，去总结、概括普遍应用于各类技术研究和技术开发的共同方法，对于技术创新是十分重要的，这也为各类技术学科和技术活动提供了方法论的启示。所谓技术方法，就是人们在技术实践过程中所利用的各种方法、程序、规则、技巧的总称，包含在这些方法、程序、规则、技巧中的可操作的规则或模式。它帮助人们解决“做什么”、“怎样做”以及“怎样做得更好”的问题。技术方法是一种实践方法，人们在技术活动中利用已有的经验和知识，选择适宜的技术方法或创造出全新的方法，去完成设定的技术目标。技

① 黑格尔. 逻辑学. 北京：人民出版社，2003：152

术方法作为运用自然科学解决现实问题的一个重要方法，早已形成了比较成熟、完整又相对独立的知识体系，具有自己的系统理论与原则。

（一）历史

技术方法具有历史时代的特点，其发展大体上经历了4个阶段。

1. 第一阶段，经验技术方法阶段

在古代，技术完全依靠工匠的经验、技艺来形成，其形成的主导方法是经验方法。比如，人们在很早的时候就把车轮做成碟形，便是在很多次失败中，在盲目的试验中摸索出来的。[①] 这种技术设计只与单个工匠本身的经验、能力有关，只存在于工匠的头脑中，产品也比较简单。

2. 第二阶段，“经验—科学”阶段

近代技术发展阶段，从15世纪开始，一直到18世纪后期。在这一历史时期内，经验科学方法占主导地位。它以生产经验为基础，在不同程度上同科学及其方法相结合。如瓦特发明蒸汽机时是18世纪60年代，而其理论基础——热力学则直到19世纪中叶才形成。瓦特的发明显然是以工匠的经验为基础。但是，瓦特在其发明过程中，生活、工作在格拉斯哥大学内，同著名教授布莱克等交往密切。布莱克的潜热理论知识影响着瓦特蒸汽机技术的改进与完善，这些科学知识对瓦特完成对纽可门机的改进起了极大的帮助作用。也正是在这个时期，人们开始按照图纸来设计、制造复杂的产品。1670年，出现了制造大海船的图纸。有了图纸，工匠可以同时参加生产；产品的产量和质量均可大大提高；同时，有丰富经验的手工工匠也可以通过图纸将其宝贵的经验和知识流传下来，供后人学习和使用。

3. 第三阶段，“科学—技术”阶段

从19世纪后期开始，技术发明中绝大部分都要依赖于科学理论。发明家们大部分已不再是工匠，而是受过大学教育的人。技术上的重大发现都是以科学新发现为前提的，即以科学上的新突破为先导，然后再物化为新技术。德国化学家李比希，早期从事经典化学研究，后转为生物化学和生化学的研究，他不仅提出了发酵腐化的化学原理，而且把该原理应用于农业，提出了植物的矿物营养说；还从分析植物的灰分中发现了含钾、磷的盐类，认为这些成分都来自于土壤，从而确定了恢复土壤肥力的施肥原理，第一个合成了化学肥料。

4. 第四阶段，以系统工程为主导地位的阶段

从20世纪40年代开始，在解决科学技术的整体化趋势和综合性问题，以

---

① 布鲁诺·雅科米．技术史．北京：北京大学出版社，2000：33－34

及工程建设中多项技术相互配合的问题的基础上，系统工程方法得以发展起来。它通观全局、分清主次、掌握要点，以建立数学模型，用数学方法和计算机对各具体环节和因素进行分析与计算，提供科学决策。系统工程方法是在较大的范围内，综合考察各种因素，将科学—技术—社会作为一个整体，来研究和建造技术系统的方法。现代工程设计要求考虑科学、技术及社会因素，综合衡量各方面的后果，运用系统工程方法，以获取满足人类需要的优质产品的设计方案以及实现这种方案的进程。

（二）层次

由于技术活动的广泛性和多样性，技术方法是分层次的，大致可以分为具体技术方法与一般技术方法。具体技术方法，是指在一个或几个技术领域中指导具体技术实践的方法，如金属冶炼中的氧化还原法、电解法，选矿的浮选法、重选法、磁选法等。这些方法通常是各个工程专业和各门工艺学要研究的内容。它们既是各种专业技术所采用的具体方法，从属于各专业技术学科的范畴，又是一般技术方法的基础。

自然辩证法研究的技术方法是指适应于各个技术学科领域的一般技术方法，它是在研究各个特殊技术方法中的共性的基础上形成发展起来的。一般技术方法是中间层次的方法，是人们在技术研究开发活动领域中的一种行为方式。它是在哲学方法论的指导下，经过总结、概括各种特殊技术方法的共性和规律性的基础上形成的，贯穿于技术开发中的规划、研究、设计、试验、试制等过程中。一般技术方法可以分为收集信息方法、技术规划方法（含技术选题方法、技术目标辨识方法、技术方案评估方法、技术预测方法和技术决策方法等）、技术创造发明方法（包括创造性思维方法、逻辑思维方法等）、技术设计方法、技术试验方法、技术评价方法等。一般技术方法还可以分为不同的其他类型，如按照历史与逻辑相一致的方法可分为基础技术方法（如仿制、改造、移植、模拟、比较等方法）、科学理论物化方法（如实验室试验、模型、中间试验、设计、生产试验等方法）和系统工程方法（如三维矩阵法、系统模型与实物系统试验、人—机系统设计等方法）。掌握了一般技术方法可以更有效地指导人们在具体的技术研究领域的实践活动，从而更有效地创造人工自然，更有效地利用和改造自然。

（三）特点

自然科学方法与技术方法同属于哲学方法以下的一个层次，它们都是一种创造性活动，都需要学习、利用前人积累的知识和成果。自然科学方法是从科学认识的实践活动中概括和总结出来的，而技术方法是从运用自然规律从事改造自然的实践活动中概括和总结出来的，这就决定了总结技术方法的特点必须结合自然科学方法的特点。

1. 从主观与客观的关系看

科学方法是认识方法，是从以认识自然为目的的科学实践中总结概括出来，并为科学认识服务的，它强调发现、反映、陈述自然过程和客观规律，使客观见之于主观。技术方法是改造自然、创造人工自然的实践方法，是以科学认识为背景和基础，从以利用、控制、改造自然为目的的实践活动中总结概括出来，并为技术实践服务的。它强调发明、巧思、创造人工物和人工过程，使主观见之于客观。

2. 从特殊与普遍的关系看

科学方法强调从特殊到普遍、从整体到分析，科学实验是指为了实现从经验到理论的过渡，要通过归纳上升为科学假说，再对假说进行证实或证伪。技术方法强调从普遍到特殊，从要素到综合。技术试验是指为了实现从理论到应用的过程，要通过试验或试错提出技术方案，并对方案进行选择和优化。因此，从研究进程看，技术研究的进程大体是从一般（规则）到个别、从普遍（原理）到特殊、从理论到经验，在技术原理指导下，“主要采用想象、综合的方法来建构客体，把经验的东西（技能、经验公式等）作为必要构成因素”①；从研究程序来看，技术研究一般是从社会需要和科研成果相结合所导出的对某种技术的需求出发。在开始时，不能完全确定需求，需要在工作程序中不断修订。在经过多次的“概念—确证—改进”之后，才能得到比较完善的工程设计方案。最后，通过研制或施工才可以创造出人工自然物来。

3. 从理论与实践的关系看

科学方法注重定理、原理和学说的提出，崇尚理性，扬弃经验，力求全面正确地把握客观对象，解释因果性，揭示规律性。科学研究是实现人类认识过程从物质到精神、从实践到认识的第一次飞跃，其成果是知识形态，如概念、原理、定律、公式等。技术方法重规则、程序和手段的确立，崇尚实践智能，重视经验，力求合理有效地解决问题，从而实行控制、变革，体现现实性。技术研究主要是实现人类认识过程的第二次飞跃，即从精神到物质、从认识到实践的飞跃，它的最终成果主要是物质形态的东西，如工具、机器、设备、装置等。因此，人们常将技术研究看作是一种把科学这一潜在的生产力转化为直接

---

① 陈昌曙．技术哲学引论．北京：科学出版社，1999：163

的生产力的实践活动。

4. 从自然与社会的关系看

科学研究主要是为了揭示自然界的规律性，要把握的是科学的自然属性。而技术研究主要是为了将自然规律服务于人类社会，它需要全面把握技术本身的双重属性，即自然属性和社会属性。技术的物质形态作为自然界的存在物，它受到自然规律的支配；作为社会的存在物，它又会受到社会规律、各种社会因素的支配。技术方法特别要考虑经济效果，从确定技术开发，到最后产品上市，都必须作全面的经济分析，以判断投资的合理性和产品在市场上的竞争能力，若失误（工程设计中称其为“思维灾害”）必将带来巨大的经济损失。同时，技术方法的运用还与一个国家的自然条件（如资源、生态环境等）和社会条件（如生产力发展水平、文化传统、科学教育发展程度、管理能力等）息息相关。因此，技术研究不仅包含着自然规律的应用，也包含着社会规律的应用。在技术研究中，除了要严格遵循科学揭示的自然规律之外，还必须充分考虑各种社会因素。

5. 从分析与综合的关系看

科学研究是在纯化、理想化的条件下去研究自然事物，它需要忽略许多次要、偶然的因素或关系，这样才有利于揭示自然现象的本质。而技术研究是应用科学规律去创造人工自然物，它必须采用与之相反的研究方法，即把原先在科学研究中通过纯化或理想化而被忽略、被舍弃的因素和关系一一恢复起来，加以综合考虑。如在电磁学上研究电机模型时，可以忽略铁磁饱和的影响和磁滞、涡流与集肤效应等，但在电机工程技术中却必须考虑这些因素，作为一个系统来加以处理与设计。这种反纯化是技术研究综合性的一个方面。技术研究的综合性还有另一层含义，它常常不仅是多种自然科学原理的综合运用，而且还要综合运用社会科学、经济科学、环境科学、人体科学、美学和心理学学科所阐明的原理和方法。技术方法的施用就是在这些要求下进行构建和完成技术目标，充分考虑这些因素的综合效果与可行性。

6. 从抽象与经验的关系看

科学研究主要靠抽象思维，即使是通过观察、实验等经验方法获得的感性材料，也要通过思维的加工才能上升为理性认识。而技术研究则更倚重经验。在19世纪以前，技术设计凭借设计者自己的经验，经验不仅是发明的基础，而且往往是它的组成部分。在现代，尽管有很多成熟的理论和方法，甚至可借助电子计算机辅助设计；但由于事物的复杂性，仍有许多问题用理论方法暂时无法解决，还需依靠经验来把握，许多设计研究方法所遵循的公式还只是经验公式。因此，技术研究和技术的发明创造非常需要有丰富经验的技术人员，这是完成技术研究任务的最重要条件之一。

（四）基本原则

1. 技术方法必须把自然因素与社会因素恰当地结合起来

某种技术方法能否实施，不仅与它的技术性能有关，而且与当时的社会、经济、政治、文化和社会心理状态等关系密切。

2. 技术方法要善于把技术的可能性变为现实性

科学理论和实验研究中的新的理论突破或新的科学发明可为某种新技术的产生奠定基础；要把这种新技术、新诞生的可能性变为现实性，就要完成技术工作的全过程。

3. 技术方法要充分考虑人的生理心理因素

设计制造产品要考虑人操作的方便性、可靠性，即要把操作机器的人与机器作为一个整体来考虑。

4. 技术方法要兼顾现实需要和未来发展趋势

工程技术人员固然要根据当前生产与社会需要的不同、材料与工艺条件的不同，设计、制造出各种适合不同现实需要的产品；但为了满足不断变化着的需求，不断研制出新的产品，实现新的技术。

（五）作用

技术方法是技术实践活动的灵魂，它的作用表现在以下几个方面。

1. 方法意识是从事技术研究的基础

技术工作者需要掌握技术方法，这不仅仅是指掌握技术活动的方式和程序，更主要是指理解和掌握蕴涵在技术方法深层的方法意识。方法意识是指对方法有深入的理解，并时刻将运用方法和创造方法当做自己的内在习惯和自觉行为。方法意识强的人，遇到问题后会自觉地调用各种方法，同时不断修改和创新更多的方法。由于技术活动的复杂性，技术方法的运用从来就不是僵化的。因此，只有具备方法意识的人才能真正掌握和驾驭技术方法，从事技术研究。

2. 技术方法是技术活动的手段和工具

技术活动的手段是指人们为实现一定的技术目的而置于自己与对象之间的中介。工具、器械、机器等物质手段是“硬手段”，而技术程序、方法是“软手段”。技术方法作为“软手段”又是技术主体与“硬手段”之间的中介，它不仅要与“硬手段”相互配合，共同作为实现技术目标的桥梁，而且还具有制约和管理各种“硬手段”的功能。

3. 具体技术方法与一般技术方法相辅相成，组成一个完整的体系

一方面，一般技术方法作为背景，指导人们去认识和运用具体技术方法，具体技术方法的发展又不断丰富和发展一般技术方法；另一方面，当用具体技术方法解决不了问题，求助于一般技术方法的指导，可能会产生良好效果。一般技术方法在具体指导实践中总会不断地创造和繁衍出大量具体技术方法，一些具体技术方法会随应用范围的变化上升为一般技术方法。

4. 技术方法在应用中有其副作用、缺陷

首先，一种技术方法获得成功后，易使人产生依赖感，而不去思考改进。当它已明显落后、老化或出现更先进的方法时，一是旧方法体系与新方法体系可能不相容，二是使用旧方法的人不愿改变习惯，结果造成方法的更替会有滞后现象，如由平炉炼钢法改进为转炉炼钢法时，人们仍会固守前者而不及时采用后者。其次，不同行业都有自己的一套技术方法甚至术语，其中一些虽与其他行业的方法道理几乎相同，但却存在“各自为政”、无法统一的局面，因而一方面有效的方法缺少，另一方面又存在方法重复、不规范的现象。再次，技术方法既要求按严格程序进行，又要求因地制宜、随具体问题灵活变动。缺乏经验和技能的人往往不易把握技术方法规范性与灵活性的度。

（六）程序

技术方法是指在构建技术实体过程中主体所采用的方法，它的实质是一种主体的创造性活动。这种创造性活动一方面要遵循技术的内在要求与规律，另一方面要充分发挥人的创造性因素。

20 世纪 60 年代，美国系统工程专家、贝尔电话公司工程师 A·D·霍尔概括和总结了曼哈顿工程、阿波罗工程等工程技术认识活动的实践经验，写成《系统工程方法论》一书，提出并论述了工程技术认识的逻辑程序：①确定问题，即查明社会的政治、经济、文化、科技等方面的需要，研究达到这种需要的可能条件；②目标选择，包括物理的、经济的和社会的等方面的目标；③系统综合，即根据工程的目标和标准提出一组可供选择的方案；④系统分析，即对各种备选方案的优劣进行分析与比较；⑤最优系统选择，即从各种备选方案中挑选出最优的方案；⑥组织实施，即根据最后选定的方案组织系统的具体实施。A·D·霍尔指出，工程技术方法的逻辑程序的六个步骤之间并不是单纯的单线式的关系，而是相互关联的、有反馈的。① 根据霍尔的探讨，我们尝试提出如图 8-1 所示的工程技术方法的一般逻辑程序。这个程序包括课题规划、

① 陈其荣. 当代科学技术哲学导论. 上海：复旦大学出版社，2006：396

技术原理构思、技术方案设计、技术方案评价、技术研制与试验、技术成果鉴定、技术方案实施和技术应用后果的反思等阶段。这些阶段一般都不是一次就能完成的，而是经过反复地修订，经过多次反馈才可能完成。从上面的程序可以看出，所有的技术创造活动都是为了解决社会与技术发展中的需要而引发的，通过明确所要解决的问题，进行技术目标指向活动（一般通过技术目的的设定而实现）。但技术创造活动能否完成要依赖于当时的科学技术发展基础状况，要充分考虑科学技术本身的发展能否实现社会需求的现实可能性。

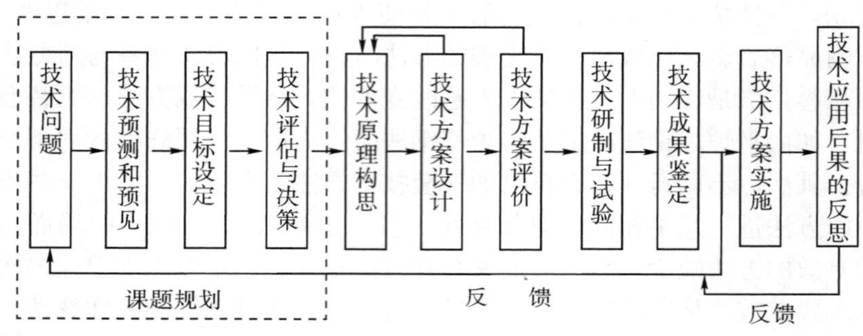

图 8—1　工程技术方法的一般逻辑程序

依据科学技术的发展现状和基础，去推测技术未来发展的趋势显得非常必要。这便构成技术发展预测的环节。在技术预测过程中确定那些在技术上可能实现的突破点，以此来构成技术的研究与开发课题。

技术课题形成于当时的社会需求与当时的科学技术发展状况的交叉点上，但是还需要把这种形成于交叉点的技术课题变为技术创造的目标，从而形成以技术语言表述的技术目的。这就形成技术目的的设定。这一设定关系到后面环节的全部技术创造活动的指向，是非常关键的环节。

技术目的的设定需要进行后果评估。因为技术有其双面性即正面性与负面性，为将其负面性降低到最小，就需要对技术目的的设定进行后果评估，全面地评价、估计该技术应用后，可能出现的对经济、社会以及自然界带来的积极和消极、长期与近期的影响，注重分析技术的多级影响及对治理措施的评估。如果设定的技术目的被肯定，便可以对该技术的原理进行构思；如果被否定，则需要重新进行技术目的的设定。

技术原理的构思一般是指技术创造活动主体在掌握和利用现有的科学知识与现有的技术成果条件下，创造出技术系统能正常运行的基本原理和过程。这也就是在观念上建构对象性客体的过程。构思出技术原理后还要把技术原理转变为技术方案，也就是为所要创造的人工系统寻找和确定一种结构形式，以便使之具有预期功能的再创造过程。进行技术创造活动，是把技术原理转化为技术施行的方案过程，也是对众多技术方案进行选择的过程。

方案选择与设计出来以后，还要进行技术方案的评价，评估设计方案在技术上、经济上的先进性与在技术、工艺上的可行性。这个环节是关系观念建构向物化建构的关键环节，选择与设计不慎可能带来极大的经济浪费。

技术方案确定后，便可进行技术研制、技术实验、技术鉴定等环节。通过技术鉴定的技术成果就可以转为实施。从总体上看，技术创造活动也就是转化为技术应用的过程。在这个过程或程序中，如果最后不能通过技术鉴定，那么，就应回到相应的过程中的某一环节上，进行调整，以能修正后续的程序、环节。所以，技术创造活动是一个动态的过程，灵活的处理、随机的调整、系统的安排是我们进行技术创造活动时对技术一般流程的应有态度。

二、技术方法种类

技术方法的一般逻辑程序分为四个大的程序阶段：第一阶段是课题规划，包括明确技术问题、技术预测、技术目标设定、技术评估与决策等；第二阶段是技术原理构思、技术方案设计与评价；第三阶段是技术研制、试验、鉴定与实施；第四阶段是对技术应用后果的反思。每一阶段都离不开特定的技术方法。针对不同阶段所运用的相应的技术方法，下面着重论述技术预测、技术评估、技术原理构思、技术方案设计、技术试验与实施等一般技术方法。

（一）技术预测方法

预测是以事物间的同一性与普遍联系性为基础，根据事物的历史、现实及其所处的环境，寻求事物发展的规律性，并借此预先推测事物未来发展过程或状态的一种科学认识活动，“在表面上是偶然性在起作用的地方，这种偶然性始终是受内部的隐蔽着的规律支配的，而问题只是在于发现这些规律。”① 从本质上说，预测是在把握事物历史与现实的基础上，以事物发展规律为依据，对事物未来发展的一种超前性思维模拟。所谓技术预测，就是依据科学技术发展的一般规律，对技术未来发展的状态、趋势、动向、成果及其影响的预见和推测。著名的“摩尔定律”指出，每隔 18 个月，集成电路的价格就会降低一半，而集成电路的性能将会提高一倍。这一定律对 IT 行业乃至整个经济的发展起到了非常关键的作用。

---

① 马克思恩格斯全集（第 21 卷）．北京：人民出版社，1972：341

1．技术预测的对象及其类型

技术预测涉及的领域和对象十分广泛，有对社会各个领域技术需求发展和变化趋势的预测，也有对各个专业领域技术开发活动的发展趋向、可能成果及其效益和影响的预测，还有对某一技术领域的发展趋势及其可能出现的突破的预测，以及对总体技术发展趋势及其带头技术的预测等。可以依据不同的标准，对技术预测进行分类。

人们根据技术预测对象的不同层次或不同性质，将其划分为技术系统总体发展预测、各类专门技术发展预测以及技术与社会、经济、自然的相互作用和相互影响的预测。技术系统总体发展预测，主要研究技术总体的发展趋势，是一种宏观的、综合性的预测，涉及国家科学技术发展水平、技术力量（包括技术队伍的规模、结构、水平、自然资源和国家的经济发展水平等）以及国家的技术政策等因素，并且与社会的生产、文化、教育等部门发生密切的关系。这种预测在于为国家或地区的技术发展的战略决策和规划的制定提供科学的依据和基础。各类专门技术发展趋势预测，主要包括技术开发、技术应用方面的内容。技术开发预测，着重于新技术的发明与研制的预测。技术应用预测则着重于新技术可能应用的领域、前景及其所带来的各种效益的预测，技术发展影响的预测，新技术对现有技术的影响及它们之间转移和替代的程度，新技术的应用条件、新技术的应用对经济所产生的影响，以及由此而产生的后果等。

2．技术预测的原则

作为对技术发展前景的预测，技术预测要解决的重要问题是如何根据现实去认识未来。根据当代预测的实践经验，人们总结出以下进行预测的基本原则。

（1）惯性原则

所谓技术发展的“惯性”，指的是技术发展的承先启后的延续性。从理论上讲，过去某种事物随时间而变化的样式，即为现在以及今后该事物随时间而变化的样式。惯性原则即是指可以利用事物发展具有的“惯性”特征来对今后的样式进行预测。在利用技术发展的“惯性”来推测技术未来的一些状况的活动中，关键在于准确地把握技术系统结构的稳定性。只有在系统结构具有稳定性的基础上，该技术系统的发展才表现为时序的随机稳定性。惯性原则为技术预测提供了理论依据，在实际工作中采用的趋势外推法、回归分析法就是以惯性原则为前提形成的预测方法。

（2）相关性原则

在技术的发展过程中，任一技术系统的发展变化都不是孤立的，技术系统内各要素和技术系统与环境之间总存在相互联系、相互作用。这种相关性最突出的表现就是因果关系，即任何一项技术的发生、发展、转化都是有原因的，原因与结果之间常常具有类似函数关系的密切联系。依据这种相关性，人们在技术研究中，只要了解过去和现在的原因，就可以预测某项技术将要产生的未来结果。

（3）类推原则

若两类不同性质的技术系统在其发展过程中会表现出相似性，则在实际预测中以此为基础，把已发生的技术系统的发展过程类推到尚未发生的技术系统上，就可以对被预测技术系统的发展前景和可能做出预测。但在实际运用过程中，要充分考虑这两种技术系统的其他因素对技术发展的影响，因为类推法毕竟是建立在它们相似而不是相同的基础上，还要考虑变化了的各种条件对被预测技术对象发展的影响。类推法、仿生学就是以此为基础而发展起来的。

（4）统计性原则

在技术活动中存在着大量的偶然现象。单个的偶然现象在技术发展过程中的变化及其结果，不能预先确定，看不出有什么规律性；然而，大量的偶然现象背后却隐藏着必然的规律，这就是统计规律。根据这种规律，人们通过分析技术预测对象的过去和现在的情报信息资料，找出其内在的必然联系，便可预测技术发展的未来状况。

3. 技术预测的一般程序

技术预测的程序即为人们运用技术预测的基本原理和方法进行技术预测的全过程。这一过程一般分成以下步骤。

（1）确定预测课题

根据技术目标确定技术预测的课题，包括明确预测对象、预测目标、预测的规模与性质、预测的精度要求等，并据以确定属于哪类预测。

（2）落实组织工作

根据技术预测的对象和目标，选择有丰富经验的预测专家（包括预测对象所在领域的专家）和情报资料研究人员组成预测小组，从组织上保证预测工作的效率和质量。

（3）搜集、处理情报信息

根据预测目标的具体要求，通过各种途径，搜集、整理有关预测对象的历史和现状的情报资料，并对这些情报资料进行归纳、分析、加工和处理，以便从中找出规律性的东西。

（4）选择预测方法

根据预测的目标、资料的占有情况，预测的精度要求，预测的费用，预测的时间等因素，在众多的预测方法中，择优选用一种或几种方法，以取得预期的预测效果。

（5）建立预测模型

在充分搜集、整理预测对象的资料的基础上，利用所选定的预测方法确定或建立可用于预测的模型（一般为数学模型或物理模型）。

（6）评价模型

对所建立的预测模型进行分析研究，评价其是否能应用于对技术未来发展的预测。如果认为技术的未来发展将不再遵循预测模型所反映出的规律性，则应重新建立可用于进行未来预测的模型。

（7）利用模型进行预测

根据搜集到的预测所需的有关资料，利用经过评价所确立的预测模型，进行计算或推测出预测对象发展的未来结果。

（8）分析预测结果

对每一个预测结果加以分析和评价，以检查、判断预测结果是否合理、是否能满足预测精度要求，以及未来条件的变化会对实际结果产生多大的影响等，以确定预测结果是否可信。此外，还应设法对预测结果加以修正，使之更接近实际。

4. 常用的技术预测方法

随着技术预测方法的不断完善，目前已形成了近百种具体预测方法。这些方法大致可归结为类比性预测、归纳性预测和演绎性预测三种基本类型。

（1）类比性预测方法

如果在两个技术形态之间存在着许多相似性，那么就可以根据一个技术形态的发展历程，类比推演出另一个技术形态的发展趋势。这种从类比中推演出预测结论的方法，称为类比预测。此类方法主要包括用数学方法表示相似关系的“定量类推法”，对预测对象和类比对象之间的联系性质进行定性分析的“定性类推法”，以及用已知技术的过去发展模型去预测另一技术未来发展趋势模型的“步进法”等。其中，作为类比参照系的技术形态为已知，叫先导事件。在技术预测中，人们常以发达国家或地区的先进技术，或者历史上的相似技术形态为先导事件。如以美国和苏联的登月技术作为先导事件，类比预测我国登月技术的发展。类比推理是类比预测方法的逻辑基础，类比推理的或然性是影响类比预测准确性的逻辑根源。事实上，由于影响技术发展的因素众多，同一技术在不同社会条件下的发展轨迹不可能完全相同，至于不同技术在不同地域或不同历史时期的发展差异就更大了。

（2）归纳性预测方法

归纳性预测方法是指从关于同一技术发展的若干个别性预测中，概括出比较全面的技术未来的发展趋势。归纳推理是归纳性预测方法的逻辑原型，共性寓于个性之中的哲学原理是该方法的哲学基础。由于技术预测的不完全归纳性，以及作为归纳基础的个别预测判断的主观性等原因，归纳性预测结果也是或然的。专家集体预测法或德尔菲预测法（Delphi Method）就是一种典型的归纳性预测方法。德尔斐（Delphi）是古希腊传说中的神谕之地，因城中有一座阿波罗神殿可以预卜未来，故被借用于预测。20 世纪 50 年代，美国兰德公司与道格拉斯公司合作，研究一种如何通过有控制的反馈更为可靠地收集专家意见的方法时，以“德尔斐”为代号，德尔斐法就此诞生。20 世纪 50 年代末，美国为了预测遭受原子弹轰炸后可能出现的结果而首先使用这种方法。该方法的实际做法是：通过书信方式向有关专家发送征询意见表或事先设计的调查表，征询他们对某一技术课题的预测意见；专家匿名寄回意见后，由组织者将意见统计汇总，再次发送给专家分析判断，如此多次反复，使意见趋于一致，从而得出预测结果。德尔菲法是利用专家的专长和经验进行直观预测的方法。其特点是要求尽量提出多种预测的根据和技术发展的可能性，经过分析综合，再归纳出统一的结论。

（3）演绎性预测方法

演绎性预测方法是指根据技术预测对象的历史和现状资料，建构一个恰当的数学模型，或绘制出它的发展趋势曲线，从中推演出该技术的未来发展特征。趋势外推法、计算机模拟方法等都是常用的演绎性预测方法。趋势外推法主要是通过对大量技术过程的总结，发现任何技术的发展相对时间都有一定的规律，如根据这种规律推导，就可以预测一定时期内技术发展的状况。这种方法又分为指数曲线法、生长曲线法、包络线法和回归分析法等，其共同特点是根据预测对象的历史和现状的信息资料，选取恰当的数学模型（指数曲线型或生长曲线型或回归曲线型），运用数学方法求解所选预测模型的待定系数，从而得到一条表示预测对象的技术特性的发展趋势的曲线，据此适当外推就可以得到预测对象未来发展的技术特性状况。计算机模拟法是指把技术预测对象中的因素函数化，制成逻辑程序，由计算机模拟对象的发展过程，从而得出预测结果。这种方法用得较多的有系统动力学法、交互矩阵影响法等。计算机模拟法由于其精度高、方式多样、能预先模拟技术的未来发展过程及其影响，从而得到了广泛的应用。这类方法是依据一定的规则或原理而进行的演绎推理。事物之间的普遍联系以及发展惯性是它的理论依据。但是，由于事物联系和发展的复杂性，预测对象的历史和现状中所包含的信息总是有限的，据此所建构的数学模型及其所绘制的曲线，与事物的真实发展轨迹常常难以拟合。因此，这类方法往往也存在着较大误差。

技术预测的对象不同，其具体特点和要求也各不相同。各类技术预测方法又各有其优点和缺陷，也各有其一定的适用范围和预测效果。因此，在进行技术预测时，为了提高技术预测的准确性和可靠性，应当根据不同的预测对象和具体要求，选用适宜的技术预测方法；同时，要根据预测对象的复杂性程度和预测要求的多面性程度，综合地运用各种不同的技术预测方法，使之相互补充，以便得到更准确、更可靠的预测结果。

（二）技术评估方法

在初步选择技术课题以后，对其未来的发展状况进行了预测和预见，这对于进一步分析、判断课题的正确性，避免选题的盲目性无疑是十分必要的。现代技术跨越时空限制向自然、社会领域广泛渗透，但新技术的应用，不仅会带来好的效应，而且会造成自然的、人身的、社会的不良后果。因为“把技术视为达到某一目的的手段或工具体系，并进而认为技术与伦理、政治无涉的技术中性论虽然符合直观，并反映了一定事实，但却并不全面”。[①] 因此，为使工程技术活动朝着正确的方向发展，必须对所选工程技术项目可能产生的负面效应进行技术评估。

技术评估也称技术评价，英文是 technology assessment，缩写为 TA。1966 年，美国国会众议院议员 E·达达里奥首先提出技术评估的概念。他将技术评估定义为：“给决策者提供全面评价的一种政策研究。它能够系统评价技术规划的性质、意义、状况和优缺点……技术评估旨在提示三类后果：合意的、不合意的和不确定的技术影响”。他认为，技术评估是一种政策研究的新方式。它可以为政策制定者和决策机构处理那些与技术及其社会影响有关的问题，提供全面的和科学的依据。这就意味着技术评估的产生。当时强调的是要评价技术对环境的影响，以便控制环境污染。现在，一般认为，技术评估系统识别、分析和评价技术对社会、文化、政治和环境系统潜在的有益或有害的后果，从而为决策过程提供中性的、客观性的信息输入。因此，技术评估的本质是一种价值判断活动，是评估者根据时代和自己的价值观，对人与具体技术活动的价值关系及其所产生的效果认识、评价的过程。

---

① 高亮华. 人文视野中的技术. 北京：中国社会科学出版社，1996：12

1. 技术评估的内容

对一项技术进行评估应当包括什么内容，这是在评估前必须明确的问题，这关系到评估的基本目标与工作范围的确定。

一般说来，技术评估主要包括以下内容：第一，确定和定义评估的问题。这是指明确评估对象的性质和纵深范围。第二，阐述评估对象（技术描述）。这是指对所涉及的科学技术进行描述，如技术的物理描述、功能描述，可选择的途径、替代技术、支持技术、竞争技术等。第三，评估对象的发展预测（技术预测）。这主要是预测技术特性、敏感性和发展趋势，识别主要的不确定因素、潜在的障碍、可能降低成本的措施，以及技术的其他措施和技术的新应用。第四，阐述社会环境（社会描述）。这主要说明与技术相互作用的有影响的社会各个方面的关联特征，确定技术发展与各社会因素之间的相互关系。第五，社会环境发展预测（社会预测）。这预测社会系统各方面特别是政治、经济、文化等发展的变化趋势。其原则是：连续性——认为社会系统的每一个方面都是连续变化的；自身相容性——认为社会是一个统一整体，各个方面的预测结果必须互相协调；因果性——认为社会中的许多事件之间都存在着因果关系。第六，影响识别。在技术描述与技术预测、社会描述与社会预测的基础上，分析技术与社会各方面的相互作用可能产生的直接和间接的影响。第七，影响分析。这是指通过各种定性和定量的方法进一步确定各种影响发生的可能性及其程度，包括经济效益分析、社会效益分析和环境影响分析。第八，影响评估。评估这些影响对社会目标的相互关系和意义，为制定对策作准备。第九，对策分析。在提出对策的基础上，分析对策的优缺点及其可能给社会带来的各种利弊，鉴别、分析与对策有关的选择。第十，综合评价。根据对各种影响及其利弊的分析，作出综合性的结论。

2. 技术评价的基本步骤

技术评估是一项复杂的工作，不同性质的技术项目有不同的评估方式。对一般技术研究活动中的技术项目来说，其基本步骤大致可分为四个阶段。

(1) 准备工作阶段

这一阶段的任务是细致掌握关于评估对象的翔实、可靠的资料，为整个评估工作的顺利进行打下良好的基础。在这个阶段要把握的内容有：把握技术概要；把握评估对象的资料；选择对比技术；确定技术评估项目，及其评估的重点、范围和要求。

(2) 分析影响阶段

首先，寻找技术在施行中可能带来的影响。在这个阶段不仅要寻找积极的、正面的影响，而且重要的是寻找该技术可能出现的负面影响；不仅要寻找直接影响，而且要寻找二级影响以及多级影响，并要力求把这些可能出现的影响作为一个整体系统来思考。其次，分析这些影响的性质、内容、程度和规模，更重要的是着重分析这些影响与被评估技术的关系及其相关程度，分析这些影响间的关联情况等。最后，对上面整理与分析的结果，采用系统的方法进行综合考察，在整体上得出被评估技术的利弊情况；还要与其他技术进行对比分析，在此基础上得出该技术的整体评价，以为下一步的决策提供依据。

（3）制定对策阶段

这一阶段的任务在于制定对策，以克服、避免或减轻负面影响，对已得出的影响进行整体评估。如果负面影响与该项技术的联系不是必然的、直接的，或相关程度较弱，可通过技术要素的调整或改良，发挥主观能动性进行方案的修改，调整技术目标，并在技术原理的构思、技术方案的设计等过程中设法消除导致这种影响出现的条件，使之尽可能地减少不利影响，充分发挥积极的、正面的功效。如果负面影响相当严重，与原来设定的技术目标的相关程度又很强，即使对原定目标加以调整也难以消除，那就需要重新设定技术目标。

（4）综合评估阶段

在以上分析的基础上充分考虑技术的、经济的、社会的等各方面的因素，进行综合评估。该阶段不仅要进行对技术上的评估，而且要跳出技术本身的思考范围，从各方面进行对技术的影响的思考，从而对该技术得出较全面的评估。

3. 技术评估的常用方法

（1）矩阵技术法

这是一种分析评估对象与各种影响因素之间相互关联的方法。这种方法站在事物普遍联系的高度，从系统的整体观念出发，对评估对象进行全面的认识和合理评价。由于事物之间的相关性分为随时间变化和不随时间变化两种情况，因而也就有相对应的两种方法，一种是相关矩阵法，就是在不考虑时间变量的情况下，把评估对象与各评估因子之间的相互联系和相关程度以矩阵形式表示出来，进而获得各评估值以做出评判；第二种是交叉矩阵法，就是在考虑时间变量的情况下，从技术之间的相关性出发，考察新技术开发对其他技术促进或抑制的情况，通过多轮的模拟统计，获得各技术发生的最终概率估计，做出新技术开发的评估。这种技术评估兼具有定性与定量结合的优点，相对比较全面。

（2）效果分析法

这是以评估对象的未来效果为核心问题的评估方法。其评估的目的是选取效果最佳者，识别不希望出现的效果，或寻求最佳效果的途径和措施。其具体方法主要有效果费用分析法和模糊综合评价方法。效果费用分析法是指根据评价对象的效果和费用方面的分析结果而对它进行评估的方法，主要是考虑总体目标和环境影响的定量比，以及确定对象特性和环境特性的定量评价标准，另外还要考虑难以定量化的不确定问题。模糊综合评价方法是一种用于模糊的综合体的评估方法，主要通过确定评价标准、确定评价评语等级、确定评价的权重系数等环节，最后作出评估结论。

（3）环境评估法

环境评估法是探讨技术开发后对自然环境可能带来影响问题的一种方法。其评估对象往往是影响较大的工程技术，涉及生态、审美以及人类利益等，如在大城市近郊建立大型钢铁联合企业项目，就需要对它上马后可能对环境的影响进行评估。环境评估法的突出作用是运用它可以得出适应自然和社会的折中方案。其具体做法是：按照项目对环境影响的权重和评价分数分级排序，逐一排除。

（4）多目标评估法

这是指对多目标系统的一种评估方法，也就是对技术中多环节、多因素的目标系统进行暂时分离的一种评估方法。技术通常是一个多目标的复杂系统，与社会系统相互影响和制约，因而评价中必然存在着价值观的对立，如质量好、成本低、产量高、污染少都可以成为技术目标，这些目标又往往相互矛盾，如何评估是相当困难的问题。多目标评估法的出现，为此提供了一些手段。近年来出现的一些较为合理的多目标评估方法主要有：折衷评价法——用折衷调和的评价方法在对立价值观的不同评价意见中选取最佳方案的方法；化多目标问题为单目标问题法——使多目标向单目标转化，从而使评估方便易行的方法，常见的有突出重点、兼顾其他的“使主要目标优化兼顾其他目标方法”，以及通过加权系数而构成新目标函数，进而求出平均估值的“线性加权和法”；功效系数法——通过总功效系数作出评价函数的方法，由这种方法得到的评价函数带有很大的综合性，给人们总体性认识，并且使用也方便。

应当指出，技术评估中既包含着对技术是否可能、可行的真理性评价，也包含着对技术是否合意、正当的价值性评价。在真理性评价中，只要事实翔实且受到尊重，得出趋同结论并不困难。但在价值性评价中，由于存在着不同的价值准则和权重，要得出趋同的结论是比较困难的。因此，技术评估应通过信息沟通和充分协商，找到各类价值主体均能接受的技术目标，力争在充分协商中达成谅解，最终确定以大多数人利益为基础的技术方案。

（三）技术原理构思方法

所谓技术原理，是指在实现技术目标的技术实践中，根据已有的科学原理和技术经验，通过创造性思维和技术试验所获得的关于实现技术目标的途径、手段，方式和方法的特定的理论规范。

1. 技术原理的构成及其关系形式

技术原理作为关于实现一定技术目的的途径、手段、方式和方法的理论规范，它表现为概念、关系、原则以及图像和数学公式等理论形式，即技术原理表现为知识的或理论的形态。技术原理与同样作为知识形态的科学原理虽有紧密的联系和许多相同之处，却存在实质性的差别。技术原理中的概念、关系、原则与纯粹的科学概念、关系、原则不同，不是作为一种普适性的描述提出来的，而是与实际的技术对象、技术过程、技术工艺等直接对应，具有很强的指向性或具体性。如果把科学原理看作普遍性原理的话，那么，技术原理是一种具体的原理，它总与具体对象相联系，是一种特定的理论规范。

在技术原理的理论模式的形成过程中，先要确定实现总体功能目标的总体功能，再确定次级的以及更低级的功能规范，就可以根据确定实现这些功能的结构规范建立工艺规范。但作为理论规范，必须使用适当的概念才能建立。技术原理中的概念是技术概念，大部分的原则、规定、规律都可用数学公式表达。数学工具把概念模型变成数学形式，使得技术原理在一定限度下，具有演绎推理性，由此得到新的知识和结论，促使技术原理不断自我完善。

2. 几种技术原理构思方法

技术原理构思的科学方法是以科学知识为基础的方法。近现代以来，科学发现的潜在利用价值开始被认识，发明家们都自觉地在科学知识的基础上进行工作。技术的发明与开发开始主要不再来自直接的经验感受，而是建立在科学发展的基础上，并用科学理论来指导技术开发的全过程。技术原理构思的科学方法主要有如下三种形式。

（1）依靠科学理论构思技术原理

技术原理归根到底源于科学原理。依靠科学原理构思技术原理是技术原理构思的主要方法，特别是在当代，导致许多技术突破的技术原理往往产生于这种方法。在具体的构思过程中，这种方法又表现为三种类型。

第一，原理推演法。它是指从科学原理转化为技术原理，即从基础科学所揭示的普遍规律出发，以技术科学研究的特殊规律为中介，去解决工程技术中的实际问题。在此方法中，特别强调技术科学的中介作用，“技术是由设计方案、规程、准则、程序、标准等操作单元构成，旨在造成合目的的现实性。设计方案首要的是说明应当去做什么，规程和准则等主要是处置应当怎样做。”①这说明了技术在科学原理指导下的功能。原理推演法有一个重要的特征，即它是以科学突破为先导，形成新的技术原理，然后物化为新的技术，从而引起技术上的飞跃。可以设想，如果没有 20 世纪初原子物理和原子核物理的发展，以及相对论、量子力学的创立，原子能技术就不可能建立；如果没有对受激辐射原理的近半个世纪的研究，激光技术就不可能诞生。原理推演法的关键是将科学原理转化为技术原理。通常，新的科学理论并不一定能直接导致技术发明，它还要经过一系列中间过渡环节，逐步把科学原理的普遍规律转换成技术科学的特殊规律，即把科学原理转化为技术原理，从而为技术发明提供最直接的理论来源。如从激光原理到激光器的技术原理，再到激光器的制成，就是一个原理推演的过程，其间经历了 40 多年的时间。一直到 1960 年，梅曼才按照汤斯的设计思想，成功地制成了世界上第一台激光器。

第二，原理改进型。所谓原理改进，是指在遵循现有科学原理的基础上，从模仿已有的技术原理入手，通过变换和改进而形成新的技术原理。如内燃机的技术原理是从蒸汽机的技术原理逐步改进和变换而来的，粉末冶金的技术原理是从铸造的技术原理变换而来的。广义地说，这种模仿、变换和改进，还应包括从过去的发明设想中直接吸取设计思想或“回采”已被弃置的某些技术原理。现代数字式电子计算机的发明和现代对飞艇技术的重新重视等，基本上都属于这种情况。

第三，实验提升法。科学实验是科学前沿最活跃的领域之一。在实验中发现新的自然现象往往隐含着新的科学原理和技术原理，从中进行追加试验予以提炼，弄清机理，就可以形成新的技术原理构思。所谓实验提升法，就是把观察实验中所发现的隐含的某种机制提炼出来形成技术原理的方法。例如，电磁感应的实验，导致发电机技术原理的构思；电磁波发送和接收的实验，是无线电通讯技术的起点；光电效应的发现，引出了光电技术在自动控制和传真、电视等方面的应用；超导现象的发现，引发了超导技术原理的提出；液晶态的发现，成为液晶显示技术的先导，等等。但是，大多数情况下，实验中发现的技术原理都是以经验形态存在的。所以，要想将技术原理从经验形态中提炼出来，还必须经过创造性的科学研究工作。

（2）依靠已有技术构思技术原理

在人类改造自然的实践活动中，所采用的各种技术手段之间总是相互联

① 陈昌曙．技术哲学引论．北京：科学出版社，1999：163

结、相互渗透和相互转移的。根据这种联系，人们可以构思出新的技术原理。其具体方法可分为两种类型。

第一，移植综合型。它包括两种情况，一是将某一领域已成功应用的技术原理移植到另一领域，通过综合构思出新的技术原理。这种构思法称为技术移植构思法，其内在根据在于两种技术原理之间的相通性。如瑞士大气平流专家阿·皮卡尔对深潜器的改进，就是通过移植平流层气球的原理来实现的。气球和深潜器表面上看是两个完全不同的东西，但它们都利用了浮力原理，所以，气球的飞行原理可以移植到深潜器中。二是把不同领域中的几种技术原理综合起来，以形成新的技术原理。这种构思法称为技术综合构思法。例如，英国发明的雷达，在第二次世界大战对付德国飞机的轰炸发挥了重要作用，这是一项前所未有的新技术。这种新技术就是通过综合创造的途径而实现的。在综合了电视技术与电波测量技术的基础上，发明了雷达技术。

第二，要素置换法。任何技术产品都是由多种要素组合成的复合系统，设想置换其要素，往往会导致某种富有新颖性、结构和功能更完善的技术产品问世。例如，手表有各种各样的要素，其中必不可少的要素有三：准确走时的周期部分；驱动表的各种机能的能源部分，向人们报时的装置。如果在头脑中想象一下置换要素后的各种情形，就可以抓到各种各样的新发明的苗头。仅从能源部分着眼，就可以用电池、重力差、太阳能、温度差等来取代发条的弹力，制造出新的手表。周期部分也是这样，最近已用水晶振荡取代表摆，使表更加准确；我们还可以设想用别的周期运动比如气体氨分子（NHs）的特殊吸收能力来取代水晶振荡，使表进一步精确化。因此，置换现有的，或者目前正在进行中的技术产品的一部分要素，是一种简单的推出新技术构思的办法。

（3）依靠自然原型构思技术原理

自然界的一切事物都有自己的结构和功能。在技术研究中，如果把自然界中的某些客观事物作为原型，利用模拟方法建构相似的人工系统，就可以使该系统具有人们所需要的类似于原型的结构或功能。它的根本特点在于，它不是直接研究现实世界的某一现象或过程本身，而是设计一个与该现象或过程相类似的模型，通过模型间接地研究该现象和过程。它不但是基础科学研究中的一种重要方法，而且是技术原理构思的有效工具。类比推理是模拟方法的逻辑基础。如果把自然界的客观事物作为原型，把人们要研究的技术对象作为模型，把模型和原型相类比，两者具有一定的相似关系，那么人们就能把自然事物（原型）的某些形式、结构、功能赋予技术对象（模型）。这种通过模拟自然物或自然过程构思技术原理的方法，可分为两种类型。

第一，生物模拟。它是指通过和生物（包括微生物、植物、动物）的类比，来提取技术原理。如响尾蛇导弹的制导系统，是从研究响尾蛇视觉出发，响尾蛇的视力不佳，靠一种特殊的热定位器感受红外辐射来辨别事物，热定位器位于响尾蛇的眼睛和鼻孔之间的颊窝区，通过研究响尾蛇感受红外辐射的原理，便制造出导弹的红外线自动导引系统。生物系统经过大自然千百万年选择，各种生物体都具有最合理、最巧妙的原理与结构，这是现代工程技术人员寻求新的技术进行发明创造的重要源泉。

第二，非生物模拟。这是指通过模拟自然界中的无机物来提取技术原理。一般认为，无机物是没有智能的，但人们在研究中发现，有不少金属材料具有“记忆”其高温中的形状的能力，这种能力可以执行温度传感器和操作器两种功能。人们根据这一特性构思技术原理，可赋予某些金属制品简单的“智能”。如一种开闭窗户用的弹簧，在低于18℃时关闭窗户，高于18℃时开始依靠形状“记忆”弹簧位移打开窗户，气温到了约25 C时则窗户彻底打开，其技术原理就来自非生物模拟构思法。

（四）技术方案设计方法

技术原理构思只是关于实现技术目标的途径、方式和程序的总体构想，很难直接付诸实施，要使构思付诸实施还必须进行技术方案设计。技术方案设计就是应用设计理论和方法，把人们头脑中的技术方案构思规范化、定量化，并把它们以标准的技术图纸及其说明书的形式表示出来的技术活动。按照现代技术哲学家卡尔·米切姆的说法，技术方案设计作为一种工程技术活动，构成“一种崭新的哲学生活世界的模式”。①

1. 技术方案设计的特点与程序

一般而言，设计是在思维中塑造创造物，模拟与完善制造工艺流程，为人工物及其制造过程预先建构方案、图样、模型的创造性活动。随着技术的发展，尤其是技术系统的复杂化、标准化，事先的技术设计已成为必不可少的环节。“今天，众多领域中最为明显的事实之一就是设计变得极为重要。我们从一种基本上是围绕如何掌握制造技艺来进行思考的技术，过渡到了一种对程序设计及使程序尽可能合理化进行思考的技术。”② 设计总是运用文字或图像符号、实物模型或观念形象等抽象形态，替代现实技术单元“出场”；并在技术工作原理的基础上进行观念运作，创造性地建构虚拟技术系统，并对其运行进

---

① Carl Mitechan. “The Importance of philosophy to Engineering”, Tecnos, 1998, p17

② 舍普. 技术帝国. 北京：北京三联书店，1999：12

行模拟、预测、修正和评估。作为一个创造性思维过程，技术形态的构思与设计，是一个技术性与艺术性统一、逻辑思维与非逻辑思维并行的过程。设计者总是围绕目的的实现，调动以往所积累起来的经验、知识、技巧等多种资源，出主意、想办法，探求实现目的的技术原理；进而在思维中把多种技术单元综合、组织到一个目的性活动序列之中，最终形成一个可以实际建构和运行的实施方案。

方案设计是一项细致而又复杂的工作，包括总体设计、初步设计、详细设计和工作图设计等程序。总体设计要给出总体方案，拟出总体草图，进行技术构思方案的论证及对比选择，编写设计任务书。初步设计是：根据总体设计进行理论计算，按照计算的结果，对产品整体的各个部分合理地分配参数，进行必要的试验，解决诸如结构和工艺技术上的关键问题，编制初步设计文件，绘制草图，对所需要的人力、物力、资金进行概算。详细设计是产品或工程技术系统设计的定型阶段，也是设计、工艺和供应工作的结合部。其主要任务是：根据初步设计阶段对技术指标的修正意见和有关可靠性的要求，进一步调整分配有关部分的参数，绘制设计总图、部件装配图、主要零部件图等必需的图纸及设计说明书，提出外购件、外协件、特殊用料的明细表和附件备件的清单等等。工作图是指在技术设计被确认的基础上制定的用于指导加工、装配和调试的技术文件，是生产或施工用的图纸。

2. 方案设计的原则

产品是否安全、可靠、实用、经济、美观和易于制造，主要取决于设计，方案设计要遵循一定的原则，主要包括以下几条。

（1）满足需要原则与经济合理性原则

方案设计的动力来自社会生产和社会生活对新技术的需求。设计者只有牢固树立“用户第一”的思想，把满足用户对产品的功能要求作为设计的中心任务，才会目标明确，设计出受大众欢迎的产品。设计者要合理地协调技术与经济、功能与成本之间的关系，力求以有限的人力、物力和资金消耗，获得满意的技术效果。因此，在设计中要进行技术经济分析和价值分析，以使设计的产品既能使生产厂家有利可图，又能受到用户的欢迎。经济性原则又可派生出继承性原则、标准化原则和简单性原则。继承性原则是指在不影响产品质量的前提下，尽量吸收采用已有产品或其他产品的长处，以提高设计效率，缩短设计周期，并减轻试制、生产或施工技术准备的工作量，节省投资和时间。标准化原则是指尽可能按国家标准设计产品的零部件、通用电路、标准结构单元等，以提高零部件的通用性和互换性，便于专业化和自动化生产。简单性原则要求设计有巧妙的构思以简化的方式和结构，实现所要求的技术功能。

（2）最优化原则与可靠性原则

抽象地说，人们应当设计出最先进、最方便、最可靠、最节约的最好产品，实际上却经常难以兼顾。高灵敏性未必有高可靠性，可靠性高往往会使经济指标差，技术设计必然会有折衷或者其是折衷的产物。它主要不是追求各个部分的最佳，而要力求系统的整体功能相对优化或最优化，尽量使产品有合理的功能、经济性和可靠性。产品的可靠性，是指在规定条件和规定时间内无故障地完成其功能的能力，产品可靠性差，不仅会妨碍其功能的正常发挥，还可能导致人身事故。所以，从事方案设计时，必须要进行可靠性预计、可靠性分配、可靠性试验以及依具体情况灵活采用储备设计、维修性设计、耐用性设计等措施和方法，努力提高产品的可靠性水平。

（3）与人及社会相适宜原则

在设计中要遵循人类工程学原理，充分注意人和机器的不同特点，使二者的作用各尽其能，建立最佳的人—机系统，使设计出的产品使用起来轻松、舒适，减少工作疲劳，避免伤亡事故，提高生产效益。此外，从事方案设计，要遵守国家的有关法律和政策，如专利法、环境保护法等。

3. 技术方案设计的常用方法

一般说来，技术方案是以系统设计法为基础，结合常规设计法、可靠性设计法、最优化设计法等而有序地进行设计的。

（1）系统设计法

这是从系统的观点出发，把系统工程的基本原理应用于技术设计，通过系统分析和系统综合，寻求合理设计的一种方法。该方法是把设计对象视为一个系统，用系统方法处理整体与要素、要素与要素之间的相互作用关系，着眼于系统的功能，以求整体功能最优的设计方法。

系统设计的基本步骤是：首先，明确系统的整体功能目标和约束条件。系统设计把设计对象作为一个系统来考察，因而首先必须明确系统的整体功能目标，并对系统与环境的相互关系进行分析，以确认约束条件。其次，把系统的整体功能分解为部件功能，又把部件功能分解为零件功能。再次，把确定的部件或零件功能综合为整体功能，并使整体最优。由于在设计的初始，对系统的基本组成部件的划分并不一定十分确切，一般要随着设计的进行而逐渐明朗。因此，最初分解的部件功能在设计过程中往往要加以修正和完善，这样就有再综合直至使系统整体最优反复考虑的必要。

（2）常规设计法

它亦称形式设计法，是指从现有的技术规划、技术手段、技术信息中寻找解决问题方案的设计方法。其最大特点是立足于现有技术思想。大量的设计手册、零部件目录、专利说明书，都是常规设计的重要工具。它的一般步骤是：首先，确定初始设计方案。在接受一个设计课题（或自行构思出一个技术原理）后，先参照已有的同类型结构，确定总体布局及轮廓尺寸，选定合适材料，然后根据载荷和工作条件，估计各构件的截面形状和尺寸，这样就拟出了一个初始设计方案。其次，进行结构分析。对初始设计方案进行理论计算，求出各种设计参数。再次，检验约束条件。将求得的各种参数与设计规范中规定的许用值进行比较，检验该方案是否可行。如可行，则可作为备选方案，否则就要进行下一阶段工作。最后，调整设计。主要是修改初始设计方案。设计方案调整以后，还必须重新进行结构分析，再检验约束条件以及调整设计，如此循环往复直至形成令设计者满意的方案为止。

（3）可靠性设计法

它又称概率设计法，是运用数理统计知识，计算出系统、工程或产品完成规定功能的概率和使用寿命（概率指标和寿命指标），考虑系统、工程或产品在规定的条件下，在规定的时间内完成规定功能的能力，从而设计出尽可能少地发生故障的系统、工程或产品的一种方法。

可靠性设计的基本程序是：第一，明确系统可靠性要求的主要指标。它包括：全系统可靠性的级别与要求，系统的工作环境条件，运输、包装、库存等方面的要求，易操作性、易维修性、安全性的要求，高可靠性零件明细表及其试验的要求，薄弱环节的核算，制造与装配的要求，管理、使用、保养和维修的要求等。第二，进行可靠性预测。首先是零部件的可靠性预测，其次为零部件组合方式的可靠性预测，通过这些预测为系统的可靠性预测提供基本数据，最后进行系统的可靠度估计。第三，进行可靠性分配。将系统规定的容许失效概率合理地分配给系统的零配件。为了达到分配的可靠度，要通过设计、制造、试验等环节来加以保证。第四，制定设计书。主要分析现有设计方案的综合因素，分析设计方法自身的可靠性，拟定试验方案与计划，选择设计方案，提出保证可靠性的设计书（包括系统的可靠性设计与重要零部件的可靠性设计等）。

（4）最优化设计

最优化设计是近几十年来随着电子计算机的发展而得到越来越广泛应用的现代设计方法之一。它是以数学最优化理论为基础，在满足各种给定的约束条件前提下，合理地选择设计变量数值，以获得一定意义上的最佳设计方案的设计方法。

最优化设计的一般过程是：首先，建立有关设计对象的数学模型。最优化设计的目的是找到一组合适的设计变量数值，使得由这组设计变量数值确定的设计为最优方案。为此，首先要把技术设计问题转化为可通过计算求解的数学问题，即建立数学模型，通过数学模型来反映技术方案中设计变量与工作性能的关系。其次，求解数学模型，选出最优方案并进行试验验证。求解数学模型就是在满足全部设计约束条件的前提下，寻找使方案指标最佳的那组设计变量值，在数学上就是求极值。随着微分法和变分法的发展，特别是运筹学的发展，出现了线性规划、非线性规划、动态规划、几何规划等许多处理优化问题的数学分支，为寻找最优方案提供了大量新的计算方法。由于从实物客体的研究转化为数学模型，中间进行了许多抽象和简化，设计变量选择得是否恰当、约束条件是否合适、目标函数是否代表了主要性能要求等都对设计方案的结果有很大影响，因此，得到的设计还需经过验证才能付诸实施。

（五）技术试验与实施方法

试验是指在技术方案构思、设计和实施过程中，为了确认和提高技术成果的功能效用和技术经济水平，人们利用仪器、设备人为地控制条件、变革对象，进而在有利的条件下考察研究对象的实践方式和研究方法。技术方案经论证、试验确定后，才能进入实施阶段，即根据设计阶段所提供的生产或施工图纸制造（试制）新产品或建造新技术系统，以获取技术研究与开发成果。试验和实施过程是科学技术向生产转化的重要环节。

1. 技术试验的特点与过程

技术试验在技术发明过程中的地位，与科学实验在科学研究过程中的地位相当，存在着许多相似之处。首先，与科学观察相比，技术试验具有科学实验的某些特点，两者都不是在自然发展的条件下，而是在人为控制和干预的条件下进行的。其次，与科学实验相比，技术试验又具有自身的特点。科学实验的研究对象是自然客体，技术试验的研究对象只是人工创造物，包括人们拟定的规划、设计和研制出的机器设备等。科学实验主要表现为从客观到主观、从实践到理论的认识过程；技术试验则是从主观到客观，从理论向实践的转化过程。科学实验是为了揭示自然事物、现象和过程的本质与规律，创立相应的科学理论；技术试验是为了探索科学理论实际应用的条件、途径和形式，以取得新的技术发明。再次，尽管技术试验同实际应用的关系比科学实验更密切，但也只是实际应用的预备阶段，为实际应用奠定试验与试制的基础。技术试验是试探性与验证性的统一，往往能为技术的推广应用开辟出新的途径。

技术试验贯穿于技术研究和开发活动的全过程，无论在哪个阶段，采取何种类型，它都要经过试验设计、试验实施和试验综合评价等步骤，而每个步骤都要运用不同的方法。首先，试验设计。试验设计属于试验准备的主要内容。其主要任务是选择试验方法，建立物理模型、数学模型以及确定条件控制状态；提出试验的各项精度要求；确定试验程序与操作步骤。其次，试验实施。按照试验设计的要求，进行具体操作实施。实验室试验的过程实施是一个试探性的过程，有时需要对多种方案实施试验，以择其优；有时则要对同一个方案反复试验多次，以求其精。中间试验过程实施的基本形式是技术特性显示，它是在设计约定的条件下，采取必要的手段和措施，使设计中确定的试验事物的特性以及这些特性与某些表现状态和存在条件的关系得以显示和证明的过程。最后，试验综合评价。在大多数情况下，试验实施后的结果都是一系列未加工的数据和资料，它们说明不了什么问题。技术试验综合评价的任务就在于对这些数据和资料进行整理和分析，根据不同的要求和标准，对被试验的对象进行综合评价，从而为下一步的工作提供决策依据。

2. 技术试验的常用方法

在技术试验过程中，当确定了试验的题目、内容和要求以后，也就相应地限定了试验的方法和类型。不同的试验题目、内容和性质，要求不同的试验方法或类型。即使是同一个复杂的试验项目，试验步骤或阶段不同，也往往需要运用不同的试验方法。因此，应根据试验项目的具体特点、步骤和阶段，选取不同类型的试验方法。技术试验方法的种类很多，可以按照不同的依据对其进行分类。

(1) 性能试验与对比试验

性能试验是指为了定性和定量地认识某种部件、工艺或产品的功用而安排的试验，如对材料的强度、塑性、抗腐蚀性的试验，对机械设备的抗震性、汽车的速度或油耗的试验等。性能试验常常需要在某种极限条件下进行（如破坏性试验），或者需要经历一个较长的试验时间（如寿命试验），并要有相应的测试手段。性能试验往往需要通过对比试验的方式进行。对比试验是为了确定多种方案或产品的优劣而精心安排的，对照试验结果可作为选择技术的依据。对比试验有两种基本类型：一是在相同的条件下，通过试验，比较不同技术对象的性能异同和优劣程度；二是在不同的条件下，通过试验，比较同一技术对象的性能及优劣。

（2）中间试验

中间试验也叫试生产试验，处于从实验室技术到工业化技术的中间环节，是为了把实验室技术成果转化为实际应用而进行的。一般来说，实验室研究的规模小，条件控制严格，操作精细，结论的精确度高。而工业生产环境的规模大，要求不严格，可变因素多，过程复杂。实验室技术成果一旦投入生产或扩大规模，条件发生变化，就会出现种种问题和预料不到的情况。因此，不能把实验室技术成果简单照搬到工业生产环境中去。为了摸清在推广应用时可能出现的问题，就需要以更接近于生产规模的实际条件进行试验。中间试验是由研究性质的实验转向生产实践的过渡环节，具有研究和生产的双重属性。它一方面具有验证性，是对技术方案构思、工程技术设计和技术样品的再次检验和证明；另一方面又具有过渡性和一定的探索性，为从实验室技术向工业化技术的成长和过渡，探索有效的途径，扫清可能的障碍。

（3）模拟试验

模拟试验又称模型试验，以模型替代原型进行试验，然后再将模型试验结果适当地推演和应用到原型上。在这里，模型是发明创造原型的手段，原型则是进行模型试验的目的，是尚待形成的东西。模拟试验本质上属于间接性的试验，事物之间的相似性是它的客观基础。在选题时，为了明确研究方案的可行性；在设计和试制时，为了分析样机的性能和检验方案的正确性，都有必要进行模拟试验。模拟试验可以通过与原型有一定比例的实物模型进行，也可以采用数学模型的方式实施。现在有越来越多的复杂技术系统的分析和设计，都建立在定量的数学模型基础上，并在大型电子计算机上试验完成的。

此外，定性试验、定量试验、析因试验和结构—性能试验等，也是常用的技术试验类型或方法。

3. 技术方案的实施

技术实施是技术研究与开发的最后一个阶段，它是根据技术设计所提供的生产或施工图纸建造新的技术系统或制造（试制）新产品，实现技术原理、技术方案的物化的过程。

技术实施需要五大要素（简称5M），即人（Men）、方法（Methods）、材料（Materials）、机械（Machines）和资金（Money）的协调运用，其中最为重要的是实施方法的运用。技术实施方法可分为特殊方法和一般方法。特殊方法主要用于解决生产或施工过程中的各种具体的技术问题，仅适用于某个工程技术领域的某个实施阶段，其普适性小。一般方法可解决各个工程技术领域的实施阶段的共同性问题，如制订实施计划、组织生产或施工、进行质量管理等，其普适性大。

技术实施的一般程序如下：

第一，设计者与生产制造者和管理者进行交流与协作，修改设计，完成小批量试制工作。技术人员既负责设计又负责实施制造，这是最理想的情况；可是实际上，设计工程师与制造、管理工程师往往是分开的。为确保方案的顺利实施，三者必须进行思想成果（主要是图纸）和情报系统的交流，使设计符合生产条件。

第二，进行生产设计。设计师完成施工图设计后，制造工程师要结合本企业制造条件，对方案细节作必要的改进和变动，以便加工制造简易可行和节省生产费用。

第三，制定生产作业计划。其核心是选择加工工艺、设备和拟定制造程序，包括确定每个零部件的详细制造阶段和工序；规定合适的机器；估算每个制造阶段和工序所用的时间；完成每个制造阶段详细生产图纸的制备等。

第四，进行生产控制和质量管理。为了保证生产作业计划的顺利实施，还必须加强生产过程的控制和管理，掌握生产进度，协调好各项工作之间的关系，合理地调整人力、物资和设备。要做好这方面的工作，目前最有效的工具是以计划评审技术（简称 PERT）为代表的网络计划技术。其基本思想是：把一个实施项目（系统）抽象为一个网络系统（或叫网络图），通过对这个网络系统进行系统分析，从而制定出一项最优的实施计划。

思考题：

1. 技术方法和科学方法的区别与联系是什么？
2. 技术预测的原则与程序是什么？
3. 试举技术发明中的实例说明技术原理构思基本方法。
4. 结合自身研究工作，谈谈具体运用了哪些技术方法。

资料链接

苏通大桥的技术设计

苏通大桥位于江苏省东部的南通市和苏州（常熟）市之间，苏通大桥是我国建桥史上工程规模最大、综合建设条件最复杂的特大型桥梁工程。

大桥设计建设中四大挑战条件为：

1. 气象条件差

一年中江面风力达6级以上的有179天，年平均降雨天数超过120天，雾天31天，还面临着台风、季风、龙卷风的威胁。

2. 水文条件复杂

江面宽6公里，主桥墩位处水深为30多米，浪高1～3米。每天两潮，潮差2～4米。桥位处水流速度常年在2.0米/秒以上，最大流速为4.47米/秒。

3. 基岩埋藏深

基岩埋藏深达300米，覆盖层厚，土性软弱，河床易受水流冲刷。

4. 航运密度高

桥区通航密度高，船舶吨位大，平均日通过船只2300多艘；高峰时，日通过船只接近5000艘，航运与施工的安全矛盾突出。

针对上述条件，苏通大桥进行三阶段设计：

第一，在施工图设计之前专门进行关键技术初步设计。重点对主桥结构体系、斜拉桥抗风安全、索塔锚固方案、船撞影响分析及防撞设施研究等进行技术设计。

第二，在广泛调研国内外大跨径桥梁技术设计和数十项专题研究的基础上，苏通大桥设计群体经过连续11个月艰苦细致的工作，完成了大桥技术设计。

第三，苏通大桥建设指挥部和设计单位进一步优化设计方案，落实专家的意见建议，加强科研试验。

知识是有限的，而想象力概括着世界的一切，推动着进步，并且是知识的源泉。

——爱因斯坦

第九章　推进技术创新，建设创新型国家

一、创新的内涵与基本类型

在经济全球化的背景下，竞争已经超出国界的范围，不再局限于经济实力的竞争，其核心是综合实力的竞争，而创新力是这场竞争的制高点。谁具有创新力这一竞争的制高点，谁就会在竞争中立于不败之地。本章主要从技术创新的内涵和基本类型、创新活动的构成要素和建设创新型国家三个方面进行技术创新的探讨。

（一）技术创新的内涵

1. 关于创新的历史探讨

创新一词是由美籍奥地利经济学家约瑟夫·熊彼特（J. A. Schumpeter）在《经济发展理论》（英文版）中首先提出的，其英文为“innovation”。从词源学上讲，创新起源于拉丁语，具有更新、创造新的东西和改变三层含义。熊彼特提出的创新理论是用以解释资本主义经济发展和周期等相关问题。虽然熊彼特的理论一般被称为“创新理论”，但其本人并没有直接给出创新或技术创新的严格定义。

熊彼特把创新定义为：“建立一种新的生产函数，原有成本曲线因此不断更新。”[①] 创新实质上是经济系统中新生产函数的引入，包括引入一种新产品、采用一种新的生产方法、开辟新市场、获得原材料或半成品的新的供给来源、建立新的企业组织形式这五种形式。

① Schumpter：*Business Cycle，A Theoretical，Historical and Statistical Analysis of the Capitalistic Process*. New York：MoGraw－Hill，1939

除此而外，熊彼特认为创新具有如下特征：第一，创新是内生性的。熊彼特认为，经济生活的变化部分是由于投入的资本和劳动力数量的变化引起和推动的，除此而外，还有另一种不能用外部要素变化来说明的、从体系内部发生的经济变化，这种变化是众多经济现象的内部原因，这就是“创新”。他认为，经济生活中的创新和发展并非外部强加而来，而是内部自行发生的变化。这实际上强调了创新中应用的本源驱动和核心地位。第二，创新是革命性的。熊彼特曾用下列比喻来说明创新具有的革命性：你不管把多大数量的驿路马车或邮车连续相加，也决不能得到一条铁路。这说明创新具有突发性和间断性的特点。所以，我们在分析经济问题的时候要动态地分析。第三，创新是创造性毁灭。由于创新的“革命性”，使得创新同时意味着毁灭。一般来说，“新组合并不一定要由控制被新过程所代替的生产或商业过程的同一批人去执行”，并不是驿路马车的所有主去修筑铁路。第四，创新的主体是“企业家”。熊彼特认为，“企业家”的核心职能不是经营或管理，而是看是否执行新的组合，也就是说是否进行创新。每个人只有当它实际上实现新组合时才是一个企业家。一般来讲，一个企业家必须具备三个条件：首先，要有眼光，能看到潜在利润；其次，要有胆量，敢于冒风险；最后，要有组织能力，能够动员社会资源来实现创新。

2. 技术创新概念的探寻

在熊彼特提出了创新概念以后，人们就开始转向技术创新研究。20 世纪在 80 年代中期，缪塞尔（R. Mueseer）作了比较系统的整理分析。在其搜索的 300 余篇论文中，约有 3/4 的论文在技术创新的界定上接近于以下表述：当一种新思想和非连续性的技术活动，经过一段时间后，发展到实际成功应用的程序，就是技术创新。在此基础上，缪塞尔将技术创新重新定义为：“技术创新是以其构思新颖性和成功实现为特征的有意义的非连续性事件。”①除此而外，经济合作与发展组织（OECD）在著名的《奥斯陆手册》中也指出，技术创新包括新产品和新工艺，以及原有产品和工艺的显著的技术变化。总之，缪塞尔和经济合作与发展组织给出的定义比较简练地反映了技术创新的本质和特征，但至今国内外仍未形成严格统一的技术创新的定义。

我国长期将“技术创新”理解为“技术革新”。日本引进“innovation”时也将其译成“技术革新”。实际上，技术创新不仅是一个技术学名词，而且也是一个经济学名词。我国和日本在对其定义的过程中都忽略了后者。我国也有学者从认识论的角度对技术创新进行了定义：“技术创新是作为创新主体的企

① 傅家骥. 技术创新学. 北京：清华大学出版社，1998：7

业在创新环境条件下通过一定的中介而使创新客体转换形态，实现市场价值的一种实践活动。”[①] 也可以说，当一种新思想和非连续性的技术活动，经过一段时间后，发展到实际成功应用的程序，就是技术创新。

尽管学者们对技术创新的定义各不相同，但他们都从不同的侧面触及了技术创新的本质特点。这里可以简单地概括为：①创新是一项系统工程，无论是创新活动的本身还是创新活动各个环节的参与人员，相互紧密相连；②创新是一种经济活动，所以，创新行为与市场是息息相关的，经济效率和效益是衡量创新活动的重要筹码；③对创新的认识必须透过现象看本质，不能将创新与简单的、脱离实际的、没有商业价值的变革相混淆。

正是基于对技术创新的本质特征和功能的科学认识，中共中央、国务院在《关于加强技术创新、发展高科技、实现产业化的决定》中，将技术创新或科技创新定义为：“企业应用创新的知识和新技术、新工艺，采用新的生产方式和经营管理模式，提高产品质量，开发生产新的产品，提供新的服务，占据市场并实现市场价值。”

（二）技术创新的基本类型

依据不同的标准可以对技术创新进行不同的划分。

从类型上讲，技术创新基本上可以按照以下分类标准进行分类：一是按照创新层次与范围的不同；二是创新活动的技术变动强度与对象的不同；三是按创新活动诱因的不同；四是按照创新活动组织方式的不同。

1. 渐进性创新和根本性创新

根据技术创新过程中技术变化强度的不同，技术创新可分为渐进性创新和根本性创新。

（1）渐进性创新（Incremental Innovation，或称改进型创新）

它是指对现有技术的改进引起的渐进的、连续的创新。具体而言，这是在率先创新者所提供的技术平台上所进行的创新。

以联想公司的技术创新为例。联想的发展战略产生于长期的生产实践及市场经验总结。在联想的发展史上，联想汉卡为联想的早期发展作出了巨大贡献。但它也只是一种针对中国市场需求的符合特定时期社会需求的改良性产品，其自身并不是具有很高技术含量的重要创新。1986 至 1994 年，联想先后推出十几个版本的联想汉卡，为其后来的发展奠定了坚实的经济基础。20 世纪 90 年代中期，中文 PC 操作系统的出现成为联想汉卡的致命威胁。联想自

① 陈其荣. 技术创新的哲学视野. 科学技术哲学，2000（4）

1987 年开始代理国外计算机厂商的产品，并通过这项活动逐渐掌握了计算机组装、制造技术，以及相应的生产管理流程，为进军计算机制造业作了必要准备。从 1988 年 4 月联想香港公司成立到 1996 年，联想公司从开始生产 PC 和主板发展到 PC 年销售量达到 13.9 万台，以 9.4%的市场占有率排名大陆市场的首位。从原有技术被淘汰出市场，到吸收国外制造商的先进经验，再到自主生产的整个过程，正好说明了联想公司在技术方面的"渐进创新"的经历。

再以物流行业的集装箱的发明为例。简单来说，物流指物品的流动，包括装卸、搬运、仓储、流通加工等环节。为了降低物流过程中的难度，需要在整个物流过程中提高商品搬运的方便性。为此，集装箱运输之父——美国货车司机马尔科姆·麦克莱恩（1915—2001）于 1946 年研制发明集装箱运输货物获得成功，之后广泛应用于汽车、铁路、轮船和飞机运输等，使全球运输业发生了革命性的变革。所谓集装箱，是指具有一定强度、刚度和规格专供周转使用的大型装货容器。使用集装箱转运货物，可直接在发货人的仓库装货，运到收货人的仓库卸货，中途更换车、船时，无须将货物从箱内取出换装。从集装箱的发明角度看，这种工具的创新是在实践活动中逐渐完成的，因此也属于渐进性创新。不过，虽然是小的渐进性创新，但是给整个物流行业带来了非常大的效益。

（2）根本性创新（Radical Innovation，或称重大创新）

它是指在技术原理和观念上有重大突破的创新，常常伴随着一系列渐进性的产品创新和工艺创新，并在一段时间内引起产业结构的变化。这类创新是指自己创造出核心技术，并在此基础上所进行的创新。因此，这类创新需要在前期投入大量的研发资金，需要承担较大的风险。

以手机的发明为例。世界首款手机是于 20 世纪 70 年代由摩托罗拉公司研发出来的，堪称"砖头"。它重 2 磅，电池组只能支持半小时的通话时间，售价 3995 美元。摩托罗拉公司为这个世界第一款手机累计投资了 1 亿美元，并准备了 10 年时间。目前，手机的发展已经历了从模拟到 GSM、从 GSM 到 GPRS，以及 3G 业务和后续的技术研发等等，每样新技术的发明都对手机的发展起着很大的推动作用。可以看出，自从第一款手机问世以来，在手机技术创新方面已经完成了一系列渐进性的产品创新和工艺创新，从而也相应地引起了手机产业结构上的变革。

渐进性创新和根本性创新具有不同的功能。前者创新周期短、风险小，可以很快产生经济效益，它为独立地进行原始创新开辟了道路，但在技术上很难跨越。后者可以实现技术上的跨越，但其创新周期长，而且并不能马上获取经济效益，而从长远看能够实现经济上的跨越。

2. 产品创新和过程（工艺）创新

根据技术创新中创新对象的不同，技术创新可分为产品创新和过程（工艺）创新。

(1) 产品创新 (Product Innovation)

它是指技术上有变化的产品的商业化。按照技术变化量的大小，产品创新可分为重大（全新）的产品创新和渐进（改进）的产品创新。

重大产品创新是指在产品用途及其应用原理方面有显著变化。如杜邦公司和法本公司首创的人造橡胶、杜邦公司推出的尼龙和帝国化学公司生产出的聚乙烯这三项创新奠定了三大合成材料的基础，波音公司推出的喷气式发动机创造了奇迹……这些都是利用新的科学发现或原理，通过研究开发设计出全新产品的典型例子，这些产品创新就是重大产品创新。重大产品创新往往与技术上的重大突破相联系。

渐进（改进）的产品创新是指在技术原理没有重大变化的情况下，基于市场需要对现有产品所作的功能上的扩展和技术上的改进。像索尼公司每年上市近千种新产品，其中大部分是对原有产品的功能作了某些微小的变动或者不同产品功能的新组合。我们不能轻视渐进或改进型创新，正是这类创新，不断地吸引着大量顾客，为企业产品开辟了广阔的市场前景。

(2) 过程创新 (Process Innovation)

它也称工艺创新，是指产品的生产技术的变革，包括新工艺、新设备和新的组织管理方式。早期福特公司采用的流水作业的生产方式以及现代的计算机集成制造系统等，都是重大过程的创新。这里的过程创新往往伴随着重大的技术变化，并与采用的原始技术相联系，也有很多渐进式的过程创新。过程创新提高产品的质量，降低原材料和能源的消耗，与提高生产率有着密切联系，是技术创新的不可忽视的内容。

例如，“仲景牌”六味地黄丸的生产就体现了过程创新在企业发展中的重要作用。宛西制药厂位于河南宛西县，并无优势区位和地域品牌优势。2000年以前，该厂的产品还主要依靠低价大批发为主；2000年以后，该厂在很短的时间内一跃成为六味地黄丸的“第一品牌”。这种快速的变化来源于生产过程的改变，具体而言采用了新设备。中药在我国的医药界中占有重要地位，但是，中药一直以汤剂为主，很难携带。为了适应市场需求，改变中药产品的外部形态就显得非常重要。为此，宛西制药厂引进了中药浓缩丸生产线，不仅解决了中药难于携带的问题，而且也为企业带来了可观的经济效益和市场地位。

技术创新的经济意义往往取决于它的应用范围，而不完全取决于是产品创新还是过程创新。例如，美国明尼芬达矿业和制造业公司（3M 公司）开发生产了一种小型不干胶便签，既可贴于书页上，又可不留痕迹地把它拆下来。就这样一种小黄纸片，每年给 3M 公司带来 3 亿美元以上的销售收入。

3. 科技推动型、市场拉引型、推—拉综合作用型技术创新

按照诱因的不同，技术创新的实现形式可以分为科技推动型、市场拉引型、推—拉综合作用型技术创新。

（1）科技推动型技术创新

科技推动型技术创新模式是指利用科学发现和技术发明的研究结论，在实验室进行实用性实验研究，一旦成功便进行市场开发，使研究成果商品化的技术创新。这种创新模式可以用图 9-1 表示。

基础科学 → 应用科学 → 设计实验 → 生产 → 销售

图 9-1　科学推动型创新模式

X 射线仪、尼龙、核能、激光和半导体等技术创新，被认为是科技推动的创新，利用植物秸秆制造可燃性气体也是在科学技术推动下实现的创新。植物生物质（包括锯木、木柴、野草、松针树叶、作物秸秆、牛羊畜粪、食用菌渣等）中的碳元素质量分数约为 40%，其次为氢、氮、氧、镁、硅、磷、钾、钙等元素。植物秸秆的有机成分以纤维素、半纤维素为主，质量分数为 50%。这些植物生物质原料在缺氧条件下加热，使之发生复杂的热化学反应，进行能量转化。此过程实质是植物生物质中的碳、氢、氧等元素的原子，在反应条件下按照化学键的成键原理，变成一氧化碳、甲烷、氢气等可燃性气体的分子，这样植物生物质中的大部分能量就转移到这些气体中，完成了从秸秆到燃气的转变。这种技术创新形式正是在科学技术的推动下产生的，也符合目前我国能源战略的迫切需要，是用非粮食类生物质做原料生产液体类、气体类燃料的拥有自主知识产权、具有推广价值的实用技术。

（2）市场拉引型技术创新

市场拉引型技术创新主要是由于市场需求的变化推动的技术创新。其技术创新过程如图 9-2 所示。

市场需求 → 研究开发 → 设计实验 → 生产 → 销售

图 9-2　市场拉引型创新模式

随着全球环保意识的不断增强，手机行业纷纷着手研发更符合环保标准的相关技术和产品。早前，诺基亚公司就推出了多款环保手机；近日，三星公司

也推出了多款环保手机。

（3）推—拉综合型技术创新

推—拉综合型技术创新模式认为，科学技术和市场需求对技术创新来讲都是必要的。这两种因素在历史的不同时期对技术创新有着不同推动力。

从环境保护角度看，人类生产和生活的废弃物造成了环境污染和生态平衡的破坏，使得人与自然的关系变得越来越紧张，表现为人与自然的关系的失衡。目前来看，在所有的污染物之中，有一种将对未来环境造成极大污染的废弃物——电子垃圾。电子垃圾中含有大量有毒重金属与化学物质，对环境和人类健康有很大威胁，但目前国内仍只将电子垃圾做简单的填埋或焚烧处理。按照一节5号电池能将5平方米的土壤污染50年来看，电子垃圾中的废弃电池对环境的污染将是毁灭性的。

在手机的市场占有量不断提高的年代，手机电池也成为重要的电池污染源。在急迫的市场需求下，在相关科学技术的推动下，诺基亚公司就有设计师用无污染的生物电能作为驱动，制作了一款环保而又经济的绿色手机——“可乐”手机。设计的核心是一块生物电池，在酶的作用下，它能将可乐和其他饮料转化为水和氧气，并在此过程中产生电力。设计师声称，这样的一块生物电池，每补充一次燃料（饮料），能获得普通锂电池充电一次4～5倍的使用时间。这种技术创新是可以实现的，因为从技术支持的角度看，在2009年有日本公司便已推出了Nopopo液体电池，这种电池就是利用水、可乐、啤酒甚至尿液来发电的。

4. 自主创新、转移型创新、合作创新

按照组织方式的不同，我们可以将技术创新划分为自主创新、转移型创新和合作创新。自主创新是指技术创新的过程建立在创新主体自身的技术积累基础上，并且技术的商品化过程的实现也是依赖自己来完成的。自主创新有很大的优势，它能给创新主体带来一定时间内的竞争优势。但是，自主创新需要创新主体有较强的创新能力。

转移型技术创新包括技术模仿和技术引进两种形式。这种创新模式减少了创新的周期和创新的资金投入，但是创新主体必须有谨慎选择客体和承担各种潜在损失的能力。

合作创新是指在诸多主体的联合下进行的创新，以实现资源共享和优势互补。合作创新包括企业之间或企业与科研机构、企业与高等院校之间的联合创新。在合作型创新中，政府参与型强调国家在技术创新中的地位和作用，政府是科学技术政策的制定者，有时也以参与者的身份参加某一项目的研究开发。

这三种技术创新的模式可以用图 9－3 表示。

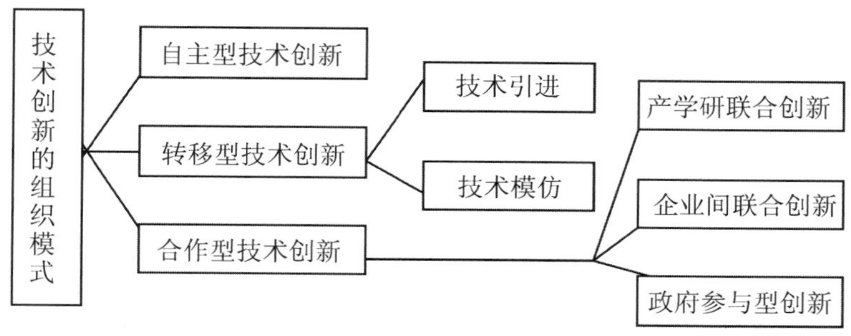

图 9－3　技术创新的组织模式

上述创新的各种模式只是按不同标准划分的，在创新实践中各种创新模式应用的灵活性很大。

二、技术创新活动的构成要素

前面我们已经给出了技术创新的认识论层面的定义，从定义中我们可以看出，技术创新是由技术创新活动的主体和客体以及中介因素构成。但由于技术创新活动与科学发现活动、技术发明活动和一般经济活动颇不相同，所以其构成要素也具有独特性。

（一）技术创新活动的主体

技术创新活动的主体是指从事技术创新活动的行为承担者。这种行为承担者有两个不同的层面，相应的也就构成了技术创新的两类行为主体，即机构性主体和个人性主体。

机构性主体一般由研究与开发机构、高等院校和企业构成。个人性主体包括：科学家和工程技术人员，经理、管理人员与业主和投资者，销售人员。

存在于企业之外的独立的研究与开发机构，主要从事技术发明以及新产品和新工艺的研究与开发工作。在大多数情况下，这些机构并不涉猎新产品的生产和销售环节。高等院校从其职能来看，主要是向有关研究与开发机构和企业提供或培训高素质的创新性研究与管理人才，同时也从事技术发明和新产品、新工艺的研究、设计与开发工作。企业则可以通过从研究与开发机构或高等院校引入技术发明成果和相关新产品、新工艺和新技术，并通过在商品化生产和销售环节中所实现的生产要素的新组合、组织和管理的新模式，以及从事新材料的供应、市场的拓展等方面的创新，具体完成技术创新的全过程。从这三类技术创新的机构性主体在创新过程中所实际从事的工作来看，创新仍是以企业为主导的，因而在学术界有许多学者直接将技术创新的主体归结为企业。但这里的企业是一个综合性代名词，它包括了参与技术创新活动的各种不同的角色，如作为科技成果供给方的研究开发机构、作为科技成果使用方的企业、在两者之间起桥梁作用的中介机构、资助扶持的金融机构、提供基础设施的公共部门等。从技术创新的个人性主体来看，科学家和工程技术人员主要分布在企业的研究与发展部门和生产部门。他们能提供用于创新的技术及将该技术应用于生产过程。技术创新不是研究与发展部门的科技人员与市场上的买卖人之间的简单直接对话。没有生产部门科技人员的努力，甚至不能对其商业上的生存能力做出真正的估价。

业主和投资者的作用是发动和组织创新，并提供“信誉”担保。其主要职责是在挑战和机会中进行选择，并形成企业的创新战略决策和具体的创新项目决策。在项目确定后，对创新的具体过程进行监督、调控和协调，并寻求资源来支持创新是经理和管理人员的主要工作。

销售人员在技术创新活动中的主要职能是将创新成果转化为商业利润。具体而言，他们要完成两方面的工作：为创新决策提供信息和为产品打开市场，实现创新在商业上的成功。“搞销售的职员们日常所关心的是生产厂商生产的产品及其竞争对手的产品价格和占有市场的份额。根据这些消息，他们设计出产品销售的战略和策略，这是其主要责任。”①

（二）技术创新的客体

技术创新活动的客体，指的是创新主体在创新活动中的对象。它主要以技术为中心构成，具体而言，是主体所认知、操作、控制、组建和变革的对象。这里所指的技术并非特指某一种具体技术，而是指技术系统。

从技术系统的观点来看，技术创新的客体主要由以下几方面构成：①技术系统本身，即系统本身的要素、结构和功能，如系统中根据新技术要求进行的各种组织管理方式的调整等。②技术系统的输入与输出。输入作为创新客体可以分为三种：原材料创新、能源创新和信息创新。输出作为创新客体主要指产品创新，产品在创新活动的客体中居于主要地位。③技术系统与环境的相互作用方式。这里所说的环境主要是指经济环境、自然环境和政治文化等社会环境。技术系统与经济环境的相互作用方式的创新，主要是指为新产品开拓市场、原产品的新市场开拓等。技术系统与自然环境的相互作用方式的创新，主

① R·库姆斯，等. 经济学与技术进步. 北京：商务印书馆，1989：9

要是指对负产品和负影响处理方式的创新。技术系统与政治、文化等社会环境相互作用方式的创新，主要以解决系统与社会环境之间的冲突为目标。

（三）技术创新活动主、客体间的中介环节

技术创新主体和技术创新客体在技术创新过程中固然不可或缺，但从现实操作层面上看，技术创新活动的展开还需要联系两者的中介环节。

由于具体环境不同，中介也有不同的类型。技术创新的中介大致可以分为三种类型：①内化为创新主体认知能力、实践能力的主观条件中介；②在创新过程中，主体所利用的各种材料、设备、工具等客观物化条件中介；③创新主体所实际从事的各种活动性中介，即技术的、经济的、管理的、组织的等各方面的活动性中介。在实际创新活动中，这三类中介需要相互匹配并有机统一，才有助于创新主体发挥现实的创新能力进而完成创新活动。

三、建设创新型国家面临的问题和要完成的任务

（一）国家创新体系建设的提出与创新型国家建设目标的设定

20 世纪 90 年代，西方经济学家在研究日本等发达国家企业技术创新成功的经验时发现，国家在促进技术创新中发挥着重要作用，从而提出了“国家创新体系”的概念。其中，OECD 组织对国家创新体系给出了较为明确的说明。OECD 组织在 1996 年《以知识为基础的经济》研究报告中提出：“国家创新体系的结构是一个重要的经济决定因素，这种结构由工业界、政府和学术界之间在发展科学和技术方面的交流和相互关系构成。”1999 年，冯之浚在其主编的《国家创新系统的理论与政策》中说：“国家创新系统是指一个国家内部各有关部门和机构间相互作用而形成的推动创新的网络，是由经济和科技的组织机构组成的创新推动网络。”①

国家创新体系是一个动态的演变系统，不同国家的创新体系要与本国的经济、政治、社会、生态环境、技术发展阶段和水平相适应，并促进本国经济竞争力的提高和国民生活水平的改善。例如，上世纪 60 年代，韩国还是一个的农业国，人均 GDP 不到 100 美元，甚至连自行车都不能生产。2004 年，韩国经济总量跃居世界第 11 位，人均 GDP 超过 14000 美元。短短三四十年的时间，韩国能够在经济发展上取得显著成绩，一个重要原因就是重视科学技术，强调自主创新，在汽车、造船、IT、半导体等许多产业都有自己的原创性技术。我国一直重视国家创新体系建设，并在此基础上提出了建设创新型国家的

① 冯之浚．国家创新系统的理论与政策．北京：经济科学出版社，1999：2—3

历史任务。国家创新体系建设是推进自主创新、建设创新型国家的重要制度保障。党中央、国务院做出的建设创新型国家的决策，是事关社会主义现代化建设全局的重大战略决策。国家主席胡锦涛于2006年1月9日在全国科技大会上宣布中国未来15年科技发展的目标：2020年建成创新型国家，使科技发展成为经济社会发展的有力支撑。中国科技创新的基本指标是：到2020年，经济增长的科技进步贡献率要从39%提高到60%以上，全社会的研发投入占GDP比重要从1.35%提高到2.5%。

胡锦涛总书记在十七大报告中强调，增强自主创新能力、建设创新型国家，是国家发展战略的核心，是提高综合国力的关键。这是党中央把握全局、放眼世界、面向未来做出的重大战略决策。建设创新型国家，核心就是把增强自主创新能力作为发展科学技术的战略基点，走出中国特色的自主创新道路，推动科学技术的跨越式发展；就是把增强自主创新能力作为调整产业结构、转变增长方式的中心环节，建设资源节约型、环境友好型社会，推动国民经济又好又快地发展；就是把增强自主创新能力作为国家战略，贯穿到现代化建设的各个方面，激发全民族的创新精神，培养高水平创新人才，形成有利于自主创新的体制机制，大力推进理论创新、制度创新、科技创新，不断巩固和发展中国特色社会主义伟大事业。

（二）建设创新型国家面临的问题

1. 自主创新能力有待提高

2006年1月，温家宝同志在在全国科学技术大会上的讲话《认真实施科技发展规划纲要 开创我国科技发展的新局面》中就明确提出："自主创新，就是从增强国家创新能力出发，加强原始创新、集成创新和在引进先进技术基础上的消化吸收再创新。加强自主创新是我国科学技术发展的战略基点。我们必须高度重视提高原始创新能力，要有更多的科学发现和技术发明，在关键领域掌握更多的自主知识产权，在科学前沿和战略高技术领域占有一席之地。集成创新能力是一个国家创新能力的重要标志。我们必须注重提高国家的集成创新能力，使各种相关技术有机融合，形成具有市场竞争力的产品和产业。在引进技术的基础上消化吸收再创新也是创新。要继续把对引进技术的消化吸收再创新，作为增强国家创新能力的重要方面。"①

我国的自主创新能力与发达国家相比还有较大的差距。中国在生物、航天

---

① 温家宝．实施科技发展规划纲要，开创新局面．[EB/OL]．http：//news.xinhuanet.com/st/2006－01/12

和信息等一些科技领域已跻身世界先进行列。但是，从总体上比较，还有较大的差距。我国已经作出了一系列政策上的调整。从研发经费角度看，统计公报显示，2007 年我国研发支出继续保持较快增长，增速为 22%，研发支出总额达到 3664 亿元；研发支出占 GDP 的比重为 1.49%，比上年的 1.42%有所提高。不过，为了提高自主创新能力，除加大研发尤其是基础理论研发的投入外，还需要进行良好的国际合作，因为技术创新正在国际化。

技术创新的国际化是由技术自身的特点决定的。现代社会中，人们需求的层次、质量和数量都在急剧变化。但是，社会需求的增加与社会可利用资源的有限性形成了鲜明对比，这也是人类所必须面对和解决的主要矛盾之一。用以技术进步为支持的新的生产方法、生产手段、生产工艺和生产设备来生产新产品，并科学合理地利用现有的一切资源是解决上述矛盾的主要方式。因此，社会需求变化对技术发展所产生的影响，在某种程度上甚至规定和限制着技术的发展方向和规模，社会需求也必然带来新的技术需求。这种需求的解决当然不可能完全靠自己国家或部门的原始创新或集成创新来实现，这就为技术创新的全球化提供了必要条件。

为了通过引进先进技术推动自主创新能力，我们需要充分认识引进先进技术的规律。从引进先进技术的过程来看，它不能脱离社会而存在。它的产生与发展受到社会诸因素的影响和制约。同时，技术引进又是一个相对独立的系统，尽管它受到各方面因素的影响和制约，但是它有自己特殊的运动规律与特点。从技术转移的历史我们不难发现，越是工业发展水平高的国家，引进和转让的技术越多。在世界技术贸易中，发展中国家的技术贸易额较少；但随着世界经济的发展，技术贸易也发展得很快。许多经济高速增长的发展中国家不仅充当技术输入国的角色，而且更重要的是也充当技术输出国的角色。这种双向性是当代技术引进的新特点，是同国际关系多边化相适应的。但是，这并不意味着在技术引进方面发达国家和发展中国家差距的消失，不过也足以说明国际上多种形式的技术引进已经成为国际社会的共同需求。

总之，为了提高自主创新能力，我们需要引进先进技术，然后在引进先进技术的基础上消化吸收再创新。到目前为止，我国已经引进了大量的先进技术，但是对此的消化吸收再创新还有大量的工作要做。

2. 创新型人才缺口较大

国际竞争的焦点是科技竞争，重点是高新技术的争夺，核心是人才的争夺。为此，各国都制定了不同的人才引进计划，试图以此去吸引人才。当然，这种现象也广泛存在于一国内部的企业、科学研究机构和开发机构以及高等院校中。我国的创新型人才大量外流和培养人数不足等现象，严重影响着我国创新型国家的建设。据工信部2009年相关研究报告显示，3到5年内，预计国内3G人才缺口将达100万人以上。在电子商务人才需求方面，仅2008年中国企业新增电子商务人才需要将超过230万。中国目前开设电子商务的本科高校已达275所，高职院校近700所，但这些学生普遍无法直接上岗。据专家预测，未来10年我国电子商务人才缺口达200多万。在汽车等自主创新行业中，复合型技术人才的缺口也比较大。

创新型人才的短缺已成为世界各国特别是发展中国家的普遍现象，如得不到根本解决，将严重阻碍本国经济发展，影响其国际竞争力。因此，世界各国都把争夺人才、尤其是争夺创新型人才置于重要的战略地位。

3. 资源和环境带来的限制

20世纪以来，随着现代科学技术革命所带来的人对自然的干涉能力的剧增，现代人类对自然平衡的干预已超过了自然界的再生能力和自我调节能力，使不同水平的自然平衡都已濒临自我修复的极限，而这种平衡的改变又明显地带来了不利于人类生存发展的后果。人与自然之间的不协调关系常被表述为“全球性问题”，这种问题在我们国家也存在。在我国，资源环境的制约性与经济的快速发展之间的矛盾已经成为我国建设创新型国家所必须面对的一个问题。

人类目前消耗的能源和其他物质资源大多数是不可再生的。有些资源（如石油）虽然是可以再生的，但因其再生周期太长而对人类失去了意义。土地、淡水、生物等可再生资源，也会由于开发利用不当而造成资源短缺。至于像太阳能、风能、水能、潮汐能等可再生资源，由于其分布的时空及使用技术方面的限制，可供人类利用的部分也十分有限。

从目前主要不可再生资源的消耗量与总储量的关系可知，人类已面临十分严重的资源短缺，许多资源只能够维系数十年。我国所需石油近1/3靠进口，2003年开始成为仅次于美国的世界第2大石油进口国。另外，森林资源等也存在短缺、依靠进口的局面。据统计，目前，我国万元工业产值用水量是国外先进水平的10倍。与国际先进水平相比，炼钢的综合能耗高21%、水泥高45%、乙烯高31%。目前我国能源利用率为33%，每创造1美元国民生产总值，消耗的煤、电等能源是世界平均值的3至4倍，美国的4.3倍，德国和法国的7.7倍，日本的11.5倍；工业排放物严重，单位工业产值产生的固体废弃物比发达国家高10倍。我国投资占GDP的比重是西方主要国家的2至4倍，近几年投资率一直保持在40%以上；而投资效益与发达国家相比有较大差距，粗放式的增长模式尚未根本转变。

（三）建设创新型国家要完成的任务

1. 确立企业在创新型国家建设中的主体地位，全面提高企业自主创新能力

建设创新型国家，要重视国家科研机构和大学创新能力的提高，但是也必须重视提高企业的自主创新能力。企业是技术和经济的结合点，企业不仅是技术开发研究的主体，而且也是进行技术创新的主体。创新型企业是建设创新型国家的决定力量。为了强化企业在创新型国家建设中的主体地位，我们需要从优化企业创新的外部环境和强化企业自主创新两个方面积极推进创新型企业建设，这对建设创新型国家具有重要的现实意义。

技术创新是企业长足发展的动力所在。据国家发改委透露，2008 年上半年，全国有 6.7 万家规模以上的中小企业倒闭，纺织行业中小企业倒闭超过 1 万多家，重要原因之一就是缺乏技术创新。因此，为了保持经济的持续发展和完成创新型国家的建设任务，我们必须推进企业的技术创新。从优化企业创新的外部环境上讲，首先要完善企业技术创新的市场环境。要建立能充分发挥企业技术创新能力的市场结构，一方面必须在深化改革的过程中，建立统一、开放的市场体系；另一方面，要逐步扩大企业规模，提高生产集中度，提高企业的竞争实力，从而减少以至消除分散的低水平竞争，形成企业参与市场竞争、有效激励技术创新所需要的市场结构。其次，支持企业加强创新能力建设和人才建设。增强企业的技术创新能力，需要依托企业自身的研发能力，同时也需要提高产学研相互结合的能力和水平，加强企业和高校、科研院所之间在技术、人才和资金方面的合作，从而加快研究成果的市场化进程。最后，优化促进企业技术创新的政府行为。政府应该协助企业拓宽融资渠道，加大科技投入，建立和完善企业、金融机构、政府三位一体的科技投入体系。政府要为企业技术创新提供必要的政策支持，继续提高科技投入比例；金融部门要全面支持企业进行技术改造和发展高新技术，不断扩大技术信贷规模。

从强化企业自主创新的角度看，企业可以进行自主研发。虽然自主研发的前期投入力度较大，但是一旦研发成功，那么整个企业的市场地位和经济效益就会明显提高。例如，大连路明集团是科技部认定的大型民营高科技企业集团，成立于 1992 年，走过 15 年自主创新之路，主营业务涉及稀土发光材料及制品、半导体发光芯片、工程亮化照明、大屏幕显示、纳米功能材料、光电子产业园开发建设这六大板块。路明以自身的不懈努力，以国际首创的稀土自发光材料专利为起点，成功地向世界推出了一个崭新的产业——自发光产业；随

后又通过国际性跨国合资合作，成功地介入半导体照明的产业核心，成为世界上仅有的几家能够同时拥有发光材料和发光芯片两大半导体照明产业核心技术的行业骄子，打破了国际照明巨头对该领域核心专利的垄断，实现了路明集团——半导体照明与发光材料双业并举、互为支撑的产业新格局。

在自主研发的同时，我们也不能忽视经济全球化给企业技术创新带来的机遇。目前，国与国、企业与企业之间的合作是推动技术创新的重要力量，主要表现在：①生产要素的国际组合。各国直接投资创办的合资企业、合作企业与独资企业，都完成了生产要素的组合并推动了技术创新。②国际产业研究协作。如日本与发达国家的人才交流的加强并向发展中国家提供加工零件的技术，意味着日本今后还将继续获取发达国家的技术并将非关键性的技术向发展中国家转移。③企业间的竞争性合作。为了维护自己的生存与发展，一些竞争对手也联合起来共同开发风险较大的项目。例如，在1992年，美国国际商用机器公司和德国西门子公司宣布共同研制256兆位存储芯片等。

2. 加强创新型人才的培养，维护自主创新的源泉和动力

所谓创新型人才，就是具有创新精神和创新能力并全面发展的人才。从主体结构来讲，创新主体必须在德、学、才、识等几个向度上全面发展。德为价值取向，包括生活目标和政治立场；学为知识水平，包括基础文化和专业技能；才是先天禀赋，包括精神类型和智力程度；识是认知方式，包括眼界见识和思想方法。

我国目前的创新型人才培养亟待加强。这与我国的人口、经济和教育都密切相关。为了解决这个问题，我国需要提高科技和教育投入的力度。

我国人口众多、受教育程度较低，而且公民科学素质还比较低。调查表明，2000年，我国15岁以上国民人均受教育年限为7.85年，25岁以上人口人均受教育年限为7.45年，仅相当于美国100年前15岁以上国民的人均受教育水平，与1999年美国人均12.7年的水平相比，整整少了近5年。从科学素质角度看，我国在2003年具备基本科学素质的人口只占总人口的1.98%，农村居民更低至0.7%，与美国200 1年已经达到的17%的水平相距甚远。提高全民科学素质是创新型人才辈出的重要基础，必须大幅度提高劳动者的科学素质，否则，自主创新也就失去了源泉和动力。

分析原因，我们会发现，由于历史上教育的总体供给能力不足，导致我国教育发展能力严重滞后，限制了人力资源开发的能力。这具体表现为：高等人才培养结构与人才市场需求存在着结构性偏差；高层次人才短缺，各行业人口素质较低；大批低素质的人口积淀在农村，特别是西部地区的农村。为了提高

我国的人力资源开发水平，应该形成一个适应社会经济发展和满足人民群众多样需求的、以终身学习为理念的教育体系，并通过具体的技术应用过程来提高劳动力素质，调整和合理安排国家的人力资源。

党的十六大以来，在党中央、国务院的领导和重视下，中央有关部门和地方各级党委、政府采取切实措施，进一步完善教育经费筹措机制，努力增加教育投入。2005 年，全国教育投入总量达 8419 亿元，比上年的 7243 亿元增加了 1176 亿元，增长 16.2%，是 2001 年 4638 亿元的 1.8 倍。2001 年至 2005 年，教育投入平均每年增幅达 16.1%。2006 年，全国教育经费总量继续快速增加，财政性教育经费占 GDP 的比例比上年有一定提高，已接近 3%。按国际同口径计算，2006 年中国财政性教育经费占 GDP 比例将超过 3%。2008 年，全国教育经费为 14500.74 亿元，比上年的 12148.07 亿元增长 19.37%。2008 年，全国国内生产总值为 300670 亿元，国家财政性教育经费占国内生产总值比例为 3.48%，比上年的 3.22%增加了 0.26 个百分点。要建设创新型国家，必须把教育和培养创新型人才放在首位，大力提高国家财政对教育的支持力度，并适时地改变原有的教育模式，加强创新型人才的培养。

3. 强化以高技术为主的原始创新，推动其产业化发展

自 20 世纪 70 年代以来，一场以高技术为中心的新技术革命，首先在美国、日本、西欧蓬勃兴起，之后又影响到世界其他一些国家和地区。高技术及高技术产业化的出现已经越来越深刻地影响着整个世界经济和社会发展的进程，也影响着创新型国家的建设。我国目前的高技术创新成果不多，高技术含量的关键装备基本上依赖进口。为了建设创新型国家，我们应该强化以高技术为主的原始创新，并推动其产业化发展。

高技术一词的英文为 High —Technology，缩写为 high－tech。一般公认的高技术领域的形成时间为 20 世纪中叶。因此，具有特定内涵的高技术概念的出现时间不会逾越这一时期。目前，对于高技术尚无严格定义。许多人认为应该从相对的意义上、从动态的意义上来理解它的含义，因而出现了从不同领域、不同时代、不同地域定义高技术的现象。这样看来，在 20 世纪、19 世纪乃至古代都有自己各自时代的高技术；各国、各地乃至各企业都有自己的高技术。所以，高技术的概念十分混乱，这也隐藏了高技术的真正含义。“高技术”作为专有名词并非是“高水平的技术”的简称，而实际上它是有其特定指称的。

目前，普遍认为，高技术是知识密集、技术密集、资金密集的新兴高层次实在技术群。所谓新兴技术，是指近几十年来才兴起并得到实际应用的技术，如电子计算机技术。所谓高层次技术，是指高技术本身的技术等级高，是现阶

段的先进技术和尖端技术，而不是一般的成熟和传统技术。所谓实在技术，是指可以直接利用并转化为商品，能获得巨大经济效益的技术。但是，在确定高技术时应该考虑不同时代高技术的相对性。

高技术产业化就是高技术通过研究、开发、应用、扩散而不断形成产业的过程。它以高技术科研成果为起点，以市场为终点，经过技术开发、产品开发、生产能力开发和市场开发四个阶段使知识形态的科研成果转化为物质财富，其最终目的是使高技术产品打入国内外市场，获得高的经济效益。为了实现高技术的产业化，首先需要明确高技术的特点和产业化模式的选择。

一般认为，高技术具有以下四方面特点：

第一，高技术优势的相关性。高技术产业的技术优势通常是集中出现的，具有相关性特点。技术优势的相关性有两层含义，一是指技术经验，即在特定技术领域获得竞争优势之前，必须对此领域的先前或较简单的技术有充分了解。在这层含义上，技术具有“进化性”和“突变性”的特点。如半导体技术的发展经历了真空管、分立电子管和集成电路乃至大规模集成电路的过程；但是，基于集成电路的计算机设计与基于真空管的设计是完全不同的。二是相关产业的技术优势是相互联系的。如强劲有效的喷气发动机的出现，推动了宽体喷气式飞机的发展；而集成电路的逐渐成熟，推动了现代计算机的不断发展。在这层含义上，技术优势体现为产业群。没有相关基础产生的强大牢固的基础，高技术产业就会建立在沙滩上。

第二，市场环境的竞争性。对高技术产业而言，通过竞争环境，才能建立起一套高技术产业的特殊的激励与约束机制。技术创新理论是促进经济增长的有效发动机。但是，具有经济效益的产品不是单纯依赖技术优势的产品，而应成为有广大消费市场的、能给企业带来丰厚回报的产品。只有竞争性的市场环境才能推动技术进步及相关产业的建立。

第三，产业政策的引导、支持性。支持高技术产业的政策，也明显区别于支持传统产业的政策，产业政策从单纯的保护转为积极地引导和支持。市场机制的约束，促使国家必须长期支持高技术产业的发展。但是，政府不能把产业政策强加给某一产业，任何一项产业政策的制定，需要有来自产业界的合作、参与。政府的涉及有时会产生一系列正面效应，如提高国家采购政策中民用技术的含量，使企业在国际竞争中具有竞争力等等。

第四，发展的不确定性。高技术发展的路线是不确定的，因此，使得这些技术的大量投资具有很大的风险性。技术发展的不确定性使技术的发展表现出复杂和多元性等特点。在某种意义上说，高技术的发展过程是一个相当耗费钱、物的过程。

在充分认识高技术的特点之后，我们要从建设创新型国家的角度对高技术产业化的模式进行选择，加速高技术产业化的步伐。除了国家在宏观上需要制定一系列切实可行的政策之外，在具体操作过程中，如何选择最为恰当的高技术产业化的模式，也是加速高技术产业化步伐的一个至关重要的环节。

一般来讲，高技术产业化的模式主要有发起组建股份制企业、联合兴办有限责任公司、合作生产、技术转让、自我转化等几种模式。发起组建股份制企业，是指以高技术的产业化为募股或集资的主体，向社会定向或公开募集高技术产业化所需的资金，按照股份制企业的要求进行组织和运作的高技术产业化模式。这种模式的优点是可以在短时间内获取大量资金、风险被大范围分担等；其缺点为发起和策划过程较复杂，需较多投资方的响应，因此成功的比率较低等。联合兴办有限责任公司，是指高技术提供方以技术为主要出资方式与其它出资业或单位联合兴办有限责任公司，公司自主经营、独立核算、自负盈亏，独立承担经济和民事责任的高技术产业化模式。合作生产，是指技术提供方以技术作价出资的形式把技术投入一个已存在的企业进行生产，该企业对进行合作生产的高技术产业实行独立核算，技术提供方按合同规定的比例获得相应收入的高新技术产业化模式。技术转让，是指提供方以一定的价格把高技术产品的全部技术资料一次性地出售给技术接受方，由技术接受方单独实施该项高技术的产业化工作。自我转化型，是指技术持有者自己创造条件使高技术产业化的转化方式。

在高技术产业化的过程中，出资合作者和技术提供者共同关心的问题是投资、利润、风险、对双方的影响及后继产品的开发等。为此，在高技术产业模式选择的过程中，我们要充分考虑下面几个因素：

首先，从投资角度看。从技术持有方角度看，若高技术产业化的投资需几千万甚至上亿元，一般选择股份有限公司，因为股份有限公司有利于募集到较多资金。若需投资在几十万到千余万之间，可选择有限责任公司模式和股份有限公司模式，技术持有方可以技术作价入股，也可以把技术作价和现金投入相结合，这样可以在新公司中占有更多股份。若技术持有方只愿以技术作价，则选择股份有限公司、有限责任公司和合作生产模式。从出资合作方的角度看，若有足够资金则可以选择有限责任公司模式；若资金不足，可选择股份有限公司模式；若想充分利用现有条件，则可以选择合作生产模式。

其次，从风险和利润角度看。对于投资较大的项目，若希望在较大范围分散风险，可选择股东较多的股份有限公司模式。对于投资较小的项目，若出资合作方和技术持有方都想减少风险，合作生产可能是一种较好的模式，因为合作生产模式能较多地利用出资合作方的现有生产条件。若技术持有方不愿意承担风险，可选择技术转让模式；技术持有方若想独享利润，可以选择自我转化模式，不过风险也要自我承担。出资合作方想独享或较多享有利润，应该选择技术转让模式或合作生产模式。若出资合作方和技术持有方都对高技术产业化的市场前景看好，想通过高技术产业化获得较多利润，那么组建有限责任公司，对大型项目还是以组建股份有限公司为好。

再次，从影响程度看。选择股份有限公司模式可以使高技术产业化工作受各股东的影响较小，因为股份有限公司的股东大会或董事会一般不直接介入公司的日常经营活动。若出资合作方想完全控制产业化工作，可选择技术转让模式；若出资合作方能在各方面提供支持和保障，则选择合作生产模式较好。若技术持有方想完全控制产业化工作，可选择自我转化模式。若出资合作方和技术提供方都想参与产业化工作，可选择有限责任公司模式。

最后，从后继产品开发来看。若需要后继产品的研制开发有充分保障，一般选择股份有限公司和有限责任公司模式较好，因为这两种模式与技术提供方的联系比较紧密。技术转让模式可能是对后继产品开发最不利的一种模式，因为技术转让一旦结束，技术提供方就不再有义务帮助技术接受方开发新产品和进行技术改进。采用合作生产模式，技术提供方一般也不负责后继产品的开发工作。出资合作方若需技术提供方继续开发后继产品，一般要支付一定数量的研制开发费。因此，相对于股份有限公司和有限责任公司模式而言，合作生产模式也是对后继新产品开发十分有利的模式；但相对于技术转让模式来说，合作生产模式在开发型产品方面显得更为有利。

思考题：

1. 如何提高我国的自主创新能力？
2. 技术创新的类型有哪些？
3. 建设创新型国家面临的主要问题是什么？

资料链接

袁政海——年轻的“领头雁”

在江铃汽车集团公司，有一个由17名普通技术工人组成的袁政海班组，他们通过200多项技术创新，改写了产品模具依靠外购的历史。

共产党员袁政海是凭着自己过硬的本领赢得“领头雁”这个称号的。他23岁取得技师资格证书，27岁就攀上了普通工人一辈子都难以企及的“珠穆朗玛峰”：获得了“中华技能大奖”，成为国内最年轻的“全国技术能手”。

都说“站死的车工，累死的钳工”，但袁政海还是选择了钳工这一行。1990年，刚满19岁的他从江西省机械技校毕业跨进江铃集团模具厂，当上了一名普通的钳工。钳工的工作十分枯燥，有时整天就锉一块铁，袁政海一刀一刀地锉，一丝一毫都不放过，短短时间内练就了“一锉准”的绝活。“皇天不负有心人”，勤奋和天资使得23岁的他成了模具组组长。

1994年，江铃决定自主开发汽车模具。在没有任何经验、没有任何图纸的情况下，领导们把这一烫手的“山芋”交给了袁政海。从此，袁政海从一名钳工“转身”成了模具工。在他的努力下，模具的气动翻转、自动卸料的装配水平竟然从一片空白达到了进口原装模具水平，为公司节约费用20多万元。2001年5月，袁政海用一年半的时间又开发了英国一公司用3年才开发出来的全顺车下摆臂模具，每年为江铃节约成本435万元。

袁政海带徒弟有自己的一套办法，如果工人工作经验不是很多，便会先传授自己的经验，然后再让他去进行实际工作；另外，要求每个人不仅要会自己的模具工作，还要了解其他模具工作的过程。这样不仅缩短时间、积累经验，也拓展了知识面。在袁政海的带领下，几年来，该班组共有48人次获得荣誉，2人成为高级技师，7人成为技师，16人持有4项以上技能的“上岗证”，大家亲切地喊他们“袁政海班组”。

——《人民日报》2005年5月4日

思考题：

请结合上述案例分析袁政海班组的创新属于哪种类型，并说明这种创新对企业发展的有力作用。

大连船舶重工坚持自主创新实现跨越发展纪实

2006年5月31日，大连船舶重工集团十里厂区洋溢着喜庆气氛。码头上，我国第一座作业水深可达122米的自升式钻井平台“海洋石油941”在这里建成并交付使用。望着凝聚着他们智慧和辛勤汗水即将奔赴深海作业的钻井平台，大连船舶重工的人们自豪感油然而生：这是由大船人自主完成详细设计和技术创新建造而成的，具有当代国际先进水平的深海钻井平台。它全部实现自动控制，一次定位能钻30多口井，钻井深度达到9125米。大连船舶重工不仅为我国海洋石油资源的开发作出了重要贡献，而且在中国造船史上写下了浓重的一笔。

创新创出60多个第一

大连船舶重工集团有限公司，由拥有百年历史的原大连造船重工和大连新船重工两个公司整合重组成立。几十年来，大连船舶重工创造了中国造船发展史上60多个第一。2005年，公司完工船舶26艘/232.77万吨，经济总量突破100亿元，造船总量突破200万吨。目前，公司手持订单87艘/779万吨/401亿元，生产任务最远安排到2009年，不仅继续保持了我国造船业排头兵的地位，而且成为世界造船企业第六位。历经百年风雨的“大船”经久不衰的奥秘是什么？中国船舶重工集团公司总经理助理、大连船舶重工董事长、总经理孙波深有感触地说：“创新是企业赖以生存和不断发展的重要因素。企业要做到可持续发展，必须坚持走不懈创新这条路，创新赢得未来。只有不断创新，企业才有可能站在中国造船业的最前列，才能进入世界领先行列。”

零的突破

上世纪90年代，能否建造30万吨级以上的超大型油轮，是一个国家船舶建造水平的重要标志。1997年，大连船舶重工凭借已具有自行设计和制造世界先进水平大型船舶的能力，参与中东一个国家油轮公司10条30万吨油轮的竞标。当时同台竞标的几个国外船厂都已有了建造70到80艘超大型油轮的经历，而大连船舶重工甚至还没有建造30万吨超大型油轮的经验。大船人迎难而上，坚持两年的谈判，最终靠实力和真诚打动了船东，在超大型油轮建造上实现了零的突破。

随后，要把一纸合同变成完整的超大型油轮，这对从零起步的大船人来说，面临的是一场更为严峻的考验，如何突破设计难关是关键。大连船舶重工选择了“以我为主，与国外公司联合设计”的道路，对引进的先进技术消化吸收，逐步掌握了关键的设计技术。最后，30万吨船舶的建造质量取得了DNV船级社和船东的高度评价。

打造自主品牌船舶

11万吨成品油轮就是大连船舶重工完全以自主品牌打入国内、国际市场的一个成功范例。孙波介绍，这是在国内船厂中自主开发最成功、最具市场前瞻性的产品之一。该油轮1996年首次进入欧洲市场以来，经过不断改进设计和升级换代，始终处于国际领先水平，历经十年市场不衰，被国际航运界誉为

“中国大连型”、“当代世界船舶的典范”。

靠着自主创新的精神，几年来大连船舶重工自主设计能力有了跨越式提升，并先后在4250TEU集装箱船、11万吨成品油船、30万吨大型油船、7万吨级成品油船、钻井平台等领域形成名牌产品，获得了市场认知度，国内外船东纷纷慕名而来。目前，4250箱集装箱船已承接了41艘建造合同，11万吨成品油轮承接了32艘同类型船，3.5万吨和7.6万吨成品油轮分别承接了14艘和11艘。建造第一艘30万吨超大型油轮后，技术人员迅速消化并掌握了关键技术，开始了自主设计和建造，现累计承接了30万吨超大型油轮达23艘。目前，大连船舶重工在多种船舶建造中，形成了品牌化、系列化、批量化生产。

抢占海洋工程建造的制高点

进入21世纪后，国际油价上涨，海洋工程市场需求旺盛。大连重工抓住时机，走出了一条适合中国海洋工程装备设计制造的创新之路，尤其是在深海钻井平台的设计建造方面在国内确立了优势。今年5月31日，建造成功的122米自升式钻井平台，是我国规模最大、自动化程度最高、作业水深最深的钻井平台。中国人第一次站在自己建造的钻井平台走向深海。在首座深海钻井平台的建造过程中，大连船舶重工突破了多项工艺和技术难关。从合同签订到开工建造，仅用了短短5个月时间，打破了国外生产同类产品需一年时间的纪录。深海钻井平台的成功建造，为大船重工赢得了更大的市场。今年1月，又与美国诺贝尔公司签订了国内第一座深海半潜式钻井平台，这是目前世界上最为先进的深海钻井平台，而世界上能够制造这种平台的企业也是极少数。在当今最尖端的海洋工程设计制造中，大连船舶重工一举跨入世界先进行列。

浩瀚的大洋，百舸争流。

新中国成立以来，大连船舶重工先后为国内外船东建造了各类船舶2700多艘，一艘艘“中国大连型”巨轮从这里起航，驶向世界。

——人民网，http://politics. people. com. cn

思考题：

请结合上述案例分析自主创新实现的条件以及在建设创新型国家中的作用。

第五篇　科学技术与社会篇

科学是没有国界的，因为她是属于全人类的财富，是照亮世界的火把，但学者是属于祖国的。

——巴斯德

第十章　科学技术的社会运行

科技活动是当代一项重要的社会活动。科技活动主体因具有独特的活动方式而被称为科学共同体。随着科学的发展，科学共同体逐渐形成了自己独特的组织结构、体制目标和社会规范。

一、科学共同体及其社会规范

（一）科学共同体

从社会学角度考察科学，科学是什么呢？著名的英国科学家、科学学奠基人贝尔纳指出，当代科学呈现多种形象，它可作为：①一种建制；②一种方法；③一种累积的知识传统；④一种维持或发展生产的主要因素；⑤构成我们的诸信仰和对宇宙和人类的诸态度的最强大势力之一。[①] 像其他社会活动一样，科学活动必然涉及主体、客体及工具三种要素。在此，我们首先关注科学活动的主体——由科学家组成的科学共同体。

科学共同体（Scientific Community）是英国科学家和科学哲学家 M·波兰尼（M. Polanyi）于 1942 年首先提出的概念，用以指科学家群体。在科学社会学中，科学共同体这个概念首先突破了地域的限制，更多的是指一种关系共同体。它强调科学家群体所具有的共同信念、共同价值、共同规范，以区别于一般社会群体和社会组织。通常，科学共同体含有两层意义，一是指整个科学界，用于考察其外部关系；二是指部分科学家组成的各种集团，用于考察科学界的内部结构。

① J. D. 贝尔纳. 历史上的科学. 伍况甫，等译. 北京：科学出版社，1959：6

科学共同体成为科学社会学的基本概念，是在美国科学史家、科学哲学家托马斯·库恩于1962年发表《科学革命的结构》一书之后。库恩的贡献在于他把科学发展的认知过程和社会过程，通过“科学共同体”这一概念有机地结合起来，并反过来成功地解释了科学发展的规律问题。

库恩在《科学革命的结构》一书中提出了“前科学→常规科学→反常和危机→科学革命→新的常规科学”的科学发展模式。其中，常规科学和特定范式是与科学共同体联系在一起的。简单地说，“范式”就是一个科学共同体的全体成员所共有的东西，如共同的信念、共同的价值标准、共同的理论框架和研究方法、公认的科学成就和范例等。在库恩看来，科学共同体实质上是指具有共同范式的科学家群体。一种范式也仅仅是一个科学共同体成员所共有的东西。所以，范式和科学共同体这两个概念是融为一体的。库恩的重要贡献在于把这两个概念联系起来，从而把范式在常规科学和科学革命阶段的运动转换成科学共同体在这些发展阶段上的运动，并通过科学共同体及其成员即科学活动的主体之间的互动，来揭示知识增长和科学发展的特点与规律。

现实中，科学共同体的形式多种多样。学者们对此进行了大量研究。英国科学社会学家R·怀特莱认为，科学本质上是一种职业组织；科学共同体首先是荣誉组织，又是雇佣组织。学派是科学共同体的一种重要形式，它是科学活动中合作研究的独特共同体。学派常由一代或几代具有高学术水平和技能的科学家们团结在一个或几个科学大师周围，在某一研究方向上进行创造性合作。科学家不一定在同一组织机构里，但结成了一种有力的学术纽带。现代科学形成了复杂的分支体系，也就形成了不同学科层次的科学共同体。1980年，美国技术史家康斯坦还提出了“技术共同体”和“技术范式”的概念，并被意大利技术经济学家多西发展，使科学共同体扩展成更广泛的“科技共同体”。除了科学共同体外，科学史家普赖斯（D. Price）及社会学家克兰（D. Crane）还提出了“无形学院”这种非正式的科学共同体，它们是科学家通过直接交谈、通信等个人联系方式进行非正式交流而形成的。类似地，技术共同体中也存在着非正式的“创新者网络”。

科学共同体担负着生产和评价科学成果的功能，这种功能是在一定社会规范的运行下实现的。

（二）科学共同体的社会规范

科学共同体活动的社会规范是其活动的社会行为准则，支配着所有从事科学活动的人。美国的科学社会学之父R. K·默顿（R. K. Merton）率先对科学的社会规范进行了深刻研究，并称之为“科学的精神气质”（ethos）。

1942 年，默顿在《科学的规范结构》一文中提出了 4 条科学的社会规范，即普遍主义、公有主义、无私利性和有条理的怀疑主义，并分别进行了说明。

1. 普遍主义（universalism）

这条规范强调科学的标准到处都是一样的。科学没有阶级性。对科学活动结果的接受或排斥，不依赖科学家的个人属性或社会属性，与科学家的种族、国籍、宗教、阶级和个人品质也毫不相干。科学结果必须要服从普适性标准，即与现实及已证实的知识相一致，同时排斥其他一切非科学的标准。普遍主义也意味着科学大门为一切人敞开着，人们可以自由进入科学事业的殿堂。但是，社会力量和其他规范常破坏、压迫科学普遍主义，民主、自由、国际主义精神等有利于科学普遍主义的实现。

2. 公有主义（communism）

这条规范要求研究者不占有和垄断科学成果，因为科学研究是建立在前人的知识积累之上。协作和交流是现代科学的基本要素，所有科学发现都是社会协作的产物，因而属于全体社会成员。任何一个以个人命名的规律和理论都不属于发现者和他的后嗣所有，也并不给这些人以使用和支配的特殊权利。这条科学伦理的理性原则把科学中的所有权要求减少到了最低限度：科学家的知识“产权”仅限于根据这些发现对知识的贡献来度量、承认和评价。反过来讲，他的发现要得到及时的承认和适当的评价，就必须尽快公开他的发现以取得优先权，这样才能得到同行承认和评价。正因为如此，在科学史上，科学家之间争夺科学发现优先权的冲突是很激烈的。但是，要注意的是，科学家所争夺的是优先权而不是占有权或垄断权。优先权之争始终没有否认科学知识是公共财富这一点。

3. 无私利性（disinterestedness）

这条规范要求从事科学活动、创造科学知识的人不应以科学牟取私利。科学的根本目的在于追求知识和真理，“为科学而科学”。也就是说，科学家从事科学活动的唯一目的是发展科学而不是其他。科学家不能因为自己的个人原因而接受或拒绝一种科学思想或观点，也不应该以任何方式从自己的研究中牟取个人私利。默顿指出，从事科学活动的人，绝不是为了赚钱或赢利，而是热衷于探索和发现。这个问题并不是单纯的道德问题，而是科学体制的要求。换句话说，虽然科学家从事科学活动的动机是多种多样的，但科学的社会规范就是要在一个宽广的范围内对科学家的行为进行制度上的约束。

4. 有条理的怀疑主义（organized skepticism）

这条规范强调科学的永恒批判精神。它要求所有的科学知识都要经过仔细检验。科学家对于自己和别人的工作都应持怀疑态度。有条理的怀疑主义作为科学的社会规范，能帮助科学家发展创新精神。在科学史上，正是由于达尔文大胆怀疑上帝创世的宗教神学而提出了生物进化论；爱因斯坦也是由于没有恪守牛顿力学，大胆地进行怀疑，才创建了相对论。有条理的怀疑主义，是任何有作为的科学家应有的行为规范。

后来，默顿把竞争性也作为科学的社会规范之一，它强调科学的社会建制要鼓励知识创新中的优先权竞争。通过同行承认和奖励，肯定科学家的独创性工作，以补偿科学家遵守科学社会规范时履行的义务，激励科学家担当好其角色，以维护科学的正常运行。

在默顿提出科学的社会规范之后，遭到了一些学者的批评，他们认为科学家常会不遵守这些规范。然而不可否认的是，大多数科学家的行为符合并认同这些规范。当规范被少数人破坏时，就会激起科学家们的道德义愤；当科学家受到比较大的社会制度压制而不能按科学的精神气质行事时，科学家捍卫规范的集体力量便显示出来，形成一种科学抗争运动。因此，尽管存在非议或有其他科学社会规范的提出，默顿规范的核心价值仍然存在。

（三）科学交流与同行评议

科学共同体内部成员间互动的一种主要方式是科学交流。因为，属于同一专业、同一研究领域的科学家，其职业岗位可以分布在不同国家或地区、不同机构之中，那么形成这种共同体联系的唯一途径就是科学交流。只有通过发表论文、参加相关的会议与学术访问、交流和合作，才能使这些分散的人员联系起来。科学共同体在专业问题上的一致，也是通过科学交流来逐步实现的，如符号系统、模型、范例以及概念、理论、方法或仪器工具的使用等，都是通过科学交流而逐步取得一致的。科学交流是一种无声的力量，它把分散的科学家的认识汇聚和统一起来，形成不同的研究领域、专业和学科，进而形成不同层次的科学共同体。

科学交流还是科学家获取学术承认的重要途径。按照社会学中的“交换理论”，提交给科学期刊的论文实际上是一种“礼物”，它换取的报酬是学术承认。在美国科学社会学家哈格斯特龙（W. Hagstrom）看来，科学行为是为了要得到承认而进行的信息交换；信息（或者说知识）是科学家赠予其他科学家的礼物，以换取希望得到的承认作为报酬。也就是说，科学交流就是通过一定的方式把科学家获得的知识信息传播出去，以获得同行和社会承认的过程。

科学交流还有一种非正式形式，这被普赖斯首次发现，他在《小科学，大科学》中将其交流群体称为“无形学院”。“无形学院”在英国皇家学会成立前就已出现，现在依然存在；其成员通过互送未定稿、通信、直接交谈等进行迅速的非正式交流与合作。在科学交流过程中，往往是由“无形学院”通过少数人的非正式交流系统创造出新知识，然后由大范围的正式交流系统来评价、承认、推广和传播。

科学论文怎样得以正式发表呢？由于科学论文的质量有很大差异，编辑们只会尽量发表新颖的、有说服力的、与杂志设置目标相匹配的论文，于是很多稿件被退回或被要求修改。退稿比例对于不同的杂志和学科有很大差别，但都很少低于20%；《自然》或《科学》等有声望的杂志，可能高达80%。[①] 科学论文发表之前，要经过同行的评议、选择和鉴定。一般学术杂志的编辑，都具有一定的职业技能去评价和选择所投的论文，有的还要求征求同行专家的意见。这些专家被称为鉴定人（referees）或评论者（reviewers），他们是与被评价论文的作者工作在相同领域的其他科学家。一篇论文在被同行评议后发表，其内容一般还没有被完全确认，只有在经受其他科学家所作的足够长期的批判性评价而被科学共同体鉴定之后，才会得到职业承认（professional recognition）。

同行评议是个复杂的社会过程，它要求集中体现科学的社会规范；但由于其中渗透着社会的和心理的因素（如作者、编者和鉴定人的利益），所以常会表现出违规现象：一是评议过程中出现牟取私利、剽窃他人成果、弄虚作假等行为；二是常出现科学同行抵制科学发现等情况。由于同行评议中的观念、门户之见及权威作用，也会阻碍科学发现的承认。

也就是说，科学权威在科学发现的承认过程中具有两重性。他们是学术带头人，有作为学术核心推动科学前进的一面；但如果他们故步自封，就有造成学术迷信而压制科学创造性的一面。当人们在科学发现的确认问题上十分重视科学权威的意见时，不要忘记，即使是第一流的科学家也难免有判断失误之时，而那些名不见经传的无名小辈，倒有可能拥有科学的真理。

尽管同行评议有不少缺陷，但它仍然是科学共同体内部一种重要的运行机制。对于科学基金的项目评审以及其他科学奖励系统的运行，乃至科学界社会分层的形成，同行评议都起着不可替代的作用。

（四）科学共同体的社会分层

对于科学共同体的不同成员，由于其贡献的大小有别，他们所获得的承认也有程度上的不同，从而导致了科学共同体的分层结构。

---

① 约翰·齐曼．元科学导论．刘珺珺，等译．长沙：湖南人民出版社，1988：94

普赖斯首先在《小科学，大科学》中按论文产量来划分科学家：占总数的75％的称为“低分者”的作者，发表的论文量仅占论文总数的1/4，位于金字塔底部；10位高产者（每人10篇以上）发表的论文占论文总数的1/2以上；2人则发表全部论文的3/4，位于金字塔顶尖。

美国女社会学家朱克曼更明确地分析了科学界分层的金字塔现象，她是从分析美国诺贝尔奖金获得者的有关情况来进行的。她在《科学界的精英》一书中指出：“与在美国的每个诺贝尔奖金获得者相对而言，有大约6800位自封的科学工作者；4300位载入《全国科技人员登记册》的科学家；2600位有足够资格列入《美国男女科学家》一书中的科学家；还有2400位获得博士学位的科学家；更上层的话，有大约13位全国科学院院士。”① 如果院士被称作科学界的精英，那么诺贝尔奖金获得者则是科学界的超级精英，是金字塔的顶尖。

J. 科尔与S. 科尔两兄弟在《科学界的社会分层》一书中，根据美国物理学界的情况，广泛讨论了科学界的社会分层问题。科尔兄弟指出，对科学界的分层现象可以从不同方面进行研究，比如，个人的科学声望、科学产出率、学科专业声望等都有差异，甚至还有非学术等级制度。科学界的分层是多样化的。科学界存在明显的年龄分层及性别差异。《科学界的精英》书中的资料表明，诺贝尔奖获得者67人（1951—1972年）中，作出获奖项目时年龄分布的百分比是：20～29岁占16％，30～34岁占25％，35～39岁占22％，40～44岁占21％，45～49岁占7％，50～54岁占7％，全部获奖人作出获奖项目时的平均年龄是37.6岁。这个年龄是科学创造的最佳年龄，当然不排除个别人是大器晚成的。此外，科学文献按其学术水平和使用价值也呈分层现象，存在一种核心期刊效应。联合国教科文组织1967年的一项研究显示，物理学和化学领域中重要文摘杂志摘编的75％的论文，仅来自10％的被摘录期刊，少数期刊位于金字塔顶端。

怎样解释科学的社会分层现象呢？最重要的两个关于社会分层的理论是功能理论和冲突理论。② 戴维斯和摩尔的功能主义，把分层现象看成是精英所承担工作重要性的体现。冲突理论认为，科学界的分层现象不符合普遍主义，甚至是权力不平等分配的一种结果，但它却不能说明许多科学家的声望更多地与学术思想而非社会因素直接相关。功能理论认为，重要岗位上稀缺的人获得更

① 哈里特·朱克曼．科学界的精英．周叶谦，等译．北京：商务印书馆，1979：14

② 乔纳森·科尔，史蒂芬·科尔．科学界的社会分层．赵佳苓，等译．北京：华夏出版社，1989：67—73

高地位会激励科学才能的发展；但它因不能具体说明怎样确定功能重要性而受到批评，而且也不能说明从事科学的内驱力。此外，还存在一种奥尔特加假说：伟大科学家的工作是以普通科学家的小发现构成的金字塔为基础的；没有大量科学家的点滴发现，那些真正伟大的突破是不可能的。

无论如何，科学界的社会分层现象是显然存在的。科尔兄弟认为，决定科学分层过程的因素有：科学天资、累计优势、发表的科学成果。科学天资的分析表明，科学家往往有极高的标准智力测分值，但也有不相关或者负相关的证据：一旦获得了博士学位，智力上的差异就不影响学术产出率了。天资、动机、个性等都会影响科学层次上的成功。累积优势分析表明，通过自我选择和社会选择过程，大多数有潜力的年轻科学家进入较好的研究生院，能与显赫科学家互动，便于有大的成就而处于最上层。科学产出分析表明，一个科学家在分层体系中的位置最终依赖于他已发表的科学成果。

（五）科学奖励系统

像其他的社会建制一样，科学也有其根据角色履行情况分配奖励的制度，[①] 即科学奖励系统。自从这一概念被提出之后，就成为默顿学派的核心研究内容，他们对奖励系统的结构、运行机制及其功能的研究，又是其重中之重。

1. 科学奖励系统功能的机制分析

西方学者关于科学奖励系统功能机制的研究，集中体现在奖励的动力、控制和竞争方面，即机制研究的“三点一面”。

（1）科学奖励系统的动力作用

首先，在理想情况下，奖励应该起到增加成功科学家知名度的作用，他们为其他科学家树立了楷模。奖励应该弘扬这些科学家的工作，他们遵循科学规范，并在此过程中为其领域作出了独创性的贡献。通过集中关注杰出科学家的工作并给予荣誉，奖励应强化产生优秀研究的行为模式。虽然，不同声望的奖励对于处于科学分层体系中不同层次的科学家，具有不同的激励作用，如诺贝尔奖金对绝大多数普通科学家没有什么激励作用，而只对少数能取得重大科学成就的科学家有重要影响。然而在角色实现上，无论是对著名的还是不著名的科学家，奖励都有证明并激发其科研潜力的作用：对不著名、年轻的科学家来说，局部奖励是激发潜力的动力；而对著名科学家而言，奖励是过去成就的指

① Merdon，R. K. *Sociology of Science*：*Theoretical and Empirical Investigation*，Univercity of Chicago Press，1973，446

标，这增加了其获得新的资源和设备的可能性，并激励其积极作出独创性发现。

其次，奖励应该通过使授予机构与当代科学中的伟大发现联系起来而增加其声望和知名度。奖励与授奖机构两者的声望之间存在着相互强化的关系：授奖机构通过对杰出科学家给予荣誉，发挥了强化科学规范的功能；而通过奖励高质量的工作，授奖机构也强化了导致具有重要意义的科学发现的工作模式，这种强化作用也为它自身带来了荣誉和声望，并激励其继续如此。

最后，奖励是科学共同体乃至整个科学建制良性运行的动力。科学建制的目标和规范结构要求科学家把独创性的知识贡献给整个科学界。当科学家将其成果贡献给科学界后，其唯一目标就是获得科学同行的承认。承认是对科学家“角色表现”的认可，也是对其继续承担这种角色的保证，因而是科学建制良性运行的动力。

（2）科学奖励系统的竞争作用

这种竞争作用首先表现在不同的激励作用层面上。

①创造力激励。该机制能极大地激发科学家的智力潜力，使其达到最佳竞争状态。科学史家的研究表明，科学家的最佳创造力表现期为25～45岁，这既是生理优势使然，也是奖励的激励使然。

②目标激励。每一奖励在颁发之前都是科学家竞争的目标。

③榜样激励。榜样的力量是无穷的。每一奖励在授予之后，该奖励获得者就成了其他科学家竞相效仿的榜样。

其次是通过自动调节竞争机制强化科学资源合理分配的模式。热门课题由于竞争性强，一旦获得承认意义极大，所以对此投入的各类资源自然远远超过冷门课题。正是通过这种竞争机制的自动调节，才使科学资源的配置达到自然合理的状态。这种竞争机制尽管存在一些可能的弊端，如剽窃、信息垄断、为抢先而草率发表成果等，但它依然是科学家创造力的源泉。

（3）科学奖励系统的控制作用

一方面，科学研究的承认是对科学家活动价值的重要强化，并借助于严格的同行监督制度，能有效地引导科学家自觉遵守科学规范，避免出现越轨行为，从而充分实现对科学建制的内部控制。也就是说，奖励是其内部实施自我控制的主要方式之一。

另一方面，奖励是科学建制进行外部控制的重要手段，亦即科学奖励系统可使政府更科学地制定科学政策，确定科研方向以及进行科学管理，从而使决策不断趋于科学化、合理化和最优化。首先，科学奖励系统具有引导行为方向的功能。这是因为奖励本身既是目标又是控制的手段，从而促使科学家按照目标所示方向作出独创性贡献。其次，科学奖励系统还是一种简便易行的参照指标。国家借助它既可以了解本国科学状况和某些领域的科学指标，并作为制定科学政策的依据；同时也可以衡量科学家个人或科研机构的科研能力，以作为是否资助某一科研项目的参考。这些都是国家或政府利用科学奖励系统对科学实行外部控制的具体体现。

2. 科学奖励系统功能的效应分析

科学奖励系统运行的必然结果是形成各种各样的效应，以下是主要的几种。

（1）“马太效应”

“马太效应”（Matthew Effect）这一名词来自于《新旧约全书·马太福音·第二十章》：“凡有的，还要加给他叫他多余；没有的，连他所有的也要夺过来。”1968 年，美国科学史研究者罗伯特·默顿（Robert K. Merton）借用这句话提出了“马太效应”的术语，用以概括科学研究领域的一种社会心理现象：相对于那些不知名的研究者，声名显赫的科学家通常得到更多的声望，即使他们的成就是相似的；同样的，在同一个项目上，声誉通常给予那些已经出名的研究者。结果就形成了科学研究中的优势积累效应，它表现为某些科学家一旦具有一定优势后，就有了更多机会去进一步获得成果、承认；反之，则变得更加默默无闻。“马太效应”虽然有其一定的消极影响，但由于它们都根源于科学共同体内的同行承认，而这种承认又是建立在全体成员自愿的基础上的，所以它们又是科学共同体得以维系的重要保证。

（2）“光环效应”

在科研论文中，人们倾向于引证那些对所研究的问题或领域具有影响的工作，但同时也倾向于引证那些著名科学家的工作。这些科学家最初作出了重要发现，以后他们的工作也被频频引证，而被引证的程度可部分表明一位科学家的“可见性”，科尔兄弟称之为“光环效应”。该效应表明，容易被别人引证的科学家的工作更易被别人引证；反之亦反。这意味着该效应是马太效应在论文引证方面的表现。它也会导致科学界发生极端不公平的现象，加剧“贫富”现象的两极分化，进而影响科学的良性运行。因此，对之应理性地加以控制。

（3）“回溯效应”

当一位科学家的杰出成就得到承认以后，人们可能会追溯并重新评价其早期工作，科尔兄弟称这种现象为“回溯效应”。该效应表明，对一位科学家早期工作引证数量的增加，不是由于其早期工作的重要性被重新发现，而是由于其现在所处分层体系的位置。该效应与马太效应相比，后者倾向于对科学家获得承认以后工作的扩散有所影响；而前者则正好相反。

（4）“波顿克效应”

经常被用来解释科学家们因在机构分层体系中的地位不佳而造成的承认不利。① 该效应最严重的受害者是那些在低声望和边远地区机构任职的科学家，他们很难获得同行承认，即使是其应得的奖励也是如此。显然，承认的分配有益于那些名牌机构的科学家，而无论其成就如何。并由此给人一种印象：平凡科学家在低声望机构任职，故绝大多数未获奖励的成就出现在该类机构中；与之相反，杰出科学家在高声望机构中任职，故获得奖励的成就往往出现在此类机构中。

（5）“棘轮效应”

默顿发现，科学家荣誉的获得是一种“棘轮效应”，即科学家一旦因自己的工作而获得某种承认与地位，就再也不会退回到原来的位置。这种现象恰如棘轮装置，故被称为“棘轮效应”。它也是马太效应起作用的基础。该效应表明，科学分层结构中的流动是单向的，只能升迁，不可逆转，并且等级越高表现越明显。正如朱克曼所说：“一旦成为一个诺贝尔奖金获得者，不论是好是歹，都将稳固地居于科学界的精英行列。”② 一旦某位科学家获得了国家科学院院士席位，除非他死去，否则将终身占据这一位置。该效应既有引导科学家继续努力作出更大的科学成就的积极作用的一面，又有一定的负面影响：只上不下的单向流动不利于科学的交流与合作，会压制年轻的、富有创造力的科学家的成长，并导致僵化和封闭的用人体制，不利于公平竞争，因而会在一定程度上阻碍科学的进步与发展。

二、科学技术社会运行的保障

（一）科研经费的投入

科技活动必须有充分的社会条件的保障，这些社会条件涉及人力、财力、信息等资源乃至整个社会政治环境。

科研经费投入是科技活动中社会投入的财力支持，它是科研活动的基本条件之一。现代科技活动规模巨大、过程复杂，涉及仪器设备和劳动的费用空前高昂，需要社会巨大的资金投入。D·普赖斯认为，“大科学时代最无规律的

① 加斯顿著；顾昕，等译．科学的社会运行．北京：光明日报出版社，1988：18

② 朱克曼著；周叶谦译．科学界的精英．北京：商务印书馆，1982：343

东西，莫过于科学的经费问题。科学经费的支出最无规律，然而，从社会和政治意义上看，它又是处于相当高的支配地位的。”①

现代科技的经费投入不仅是一种事业性投入，而且是一种生产性投入。现代科技体系是一个巨大而复杂的体系，具有知识性与物质性两重属性。知识性表现为理论、观念等知识形态，属于社会意识形态。物质性表现在生产力上。过去计划经济体制下把科技活动视为消费性活动，科技经费投入被简单生产性投入所挤占。当代科技业已成为第一生产力，科技投入成为最重要的投入。科学计量学的研究发现，现代科技的发展，要求社会对它的资助急剧增长。D·普赖斯的研究表明，大科学的科研经费，是以杰出科学家人数四次方的倍数而增长的。② 现代科技的发展，不仅需要国家给予全力的财政支持，而且还需要全社会各种财力的支持。事实上，各国都在不断增加科技投入。

科研经费的数量是反映一个国家科学技术事业规模和发展程度的一项重要指标。一般用研究发展（R&D）经费占国民生产总值（GNP）或国内生产总值（GDP）的比例来衡量一个国家的科研投资水平。据《中国科技统计年鉴》记载，2003年有关国家研究发展经费占国内生产总值比（R&D/GDP）为：中国1.13%、美国2.60%、韩国2.64%、日本3.15%、英国1.89%、法国2.19%、德国2.55%、加拿大1.94%、新加坡2.13%、俄罗斯1.29%、以色列4.93%、芬兰3.49%、冰岛3.04%。由此看来，发达国家一般R&D/GDP值较高，大于2.0%；而中国近些年来虽然科研经费投入增长很快，但距离发达国家还有一定差距。

增加科技投入的保障是必须要有充足的科技经费来源。西方发达国家中，政府、社会都有丰富的科技经费来源支持，一般有政府、企业、高等院校、其他非营利机构四大通道。其中政府的投入遥遥领先，如美国、法国、英国、意大利、加拿大等国家的R&D经费总量中，政府R&D资金所占份额在20世纪50年代到80年代前期一直保持在45%以上。自80年代中期开始，随着冷战的结束，美国等发达国家政府逐渐削减了对国防研发的资助额度，政府R&D投入所占比重降到1/3左右。但是进入21世纪，特别是“9.11”事件之后，美国、英国、加拿大等国政府R&D投入又开始大幅度增加。此外，企业的经费投入也很大。

科研经费的投入方式一般采取科技基金制形式。企业科技基金从企业内部

① D. Price. *Little Science*, *Big Science*, New York and London, 1963: 70
② D. Price. *Little Science*, *Big Science*, New York and London, 1963: 70

各项经费中提取，国家和政府各部门的科研基金由财政预算拨款。此外，也可以通过私人赞助、科技贷款、风险投资等方式投入科研经费。

（二）科技人才的培养

科技人员是科技活动的主体，进行着能动性的科学创造和技术发明活动。所以，科技人员特别是高素质的科学家及工程师等科技人才，是开展科技活动最宝贵的资源。良好的科技人才培养体系，是科技运行极其重要的保障。

按照英国著名的科学社会学家贝尔纳的说法，科学成为一种社会建制的主要标志，就是有相当数量的、以科学为职业的科学家。据联合国教科文组织统计，在19世纪左右，全世界科研人员总共约有1000人。19世纪末，全世界科研人员少于5万人，其中研究与促进科学发展者不足1.5万人，科学家只有2000人。到1917年，科学家已达1.5万人。而到20世纪70年代，仅美国、苏联、法国、英国、联邦德国、日本、意大利这7国的科学家总数就大于200万人。到20世纪90年代，仅美国从事研发的科学家和工程师就有约300万人，其中被工业界雇佣的约200多万人，被联邦政府雇佣的约20多万人，被大学雇佣的约40万人。D·普赖斯通过定量分析后指出，科学家人数是按指数增长起来的。科技人员数量和质量的增长是科技发展的重要指标之一。

培养造就科技人才，应遵循人才成长的客观规律。

1. 人才发展的阶段性

对于个体而言，科技人才的孕育和发展大体上要经历几个阶段，即智力萌发阶段、知识继承与能力发展阶段、创造阶段、能力衰退阶段。日本东京大学教授度道茂曾提出过“三万天学习论”。他认为人的一生可划分为3个阶段：第一，成长阶段（0岁～27岁约1万天）；第二，活跃阶段（28岁～54岁约1万天）；第三，充实总结阶段（55岁～81岁约1万天）。当然，各阶段也不是截然分开的，而且各阶段都有开发余地，所以终身教育成为必然。

2. 人才发展群体结构的互补性

对于特定社会的科技活动系统，科技人才的培育是以群体形式发展的。人才群体是由按一定比例的多种结构所构成，如专业结构、职类结构、智能结构、年龄结构等。各种结构只要保持恰当比例，人才的群体发展就会具有相互感应的互补功能。在人才群体的成长过程中，还有一种师承效应。这就是在特定的人才群体中，有一个或几个学术带头人，在他们的指导培养下，能把整个群体带到学科前沿，造成高屋建瓴、势如破竹的形势，使群体成果累累、人才辈出。

3. 人才发展过程中数量与质量的统一

现阶段我国高校扩招的结果，一方面提高了国人的整体素质；但另一方面也使得人才“相对过剩”，出现了高校毕业生就业难和高端人才匮乏的双重局面。因此，如何保证人才数量与质量的统一是经济社会高速发展中一个极为重要的课题。

与科技人才的成长规律相对应，人才培养的基本途径主要包括基础教育、高等教育、继续教育以及一些专项人才培养计划。基础教育一般包括小学和中学教育，主要是在促进学生身心健康和智力发育的基础上，进行科技人才的兴趣、爱好、气质等方面的培养，并使学生掌握某些基础的科技知识。高等教育则要培养科技人才的创造能力，并要实现教学、科研与实践的结合；其中，研究生教育在科技人才培养中占据显著地位，发达国家中70%的优秀科技人才源自研究生教育。继续教育则包括各种在职进修、岗位培训、博士后研究，甚至包括工作中的“边干边学”，它们为社会拓宽了科技人才培育的终身渠道。

此外，目前世界上许多国家都在实施不同形式的“人才强国”战略，设立各种人才培养的专项计划。例如，20世纪80年代美国政府批准了国家科学基金会的“总统青年研究员资助计划”和海军的“青年研究员计划”，旨在加强对青年科技人才的培养。我国也针对当前的实际情况，设置有“服务外包人才培养计划”、“动画人才培养计划”等。

（三）信息资源与科技传播

信息资源的有效利用与科技传播是科技社会运行的基础。所谓信息资源，这里是指科技活动中所运用的信息文献或情报资料。科技信息是指源于科技活动、反映科技活动状态、实现科技创造的信息。科技传播是科技信息有序运动的一种形式，其目的是实现科技信息的交流与共享。

作为一种重要的社会活动建制，科技活动成为一般社会劳动的一部分，信息资源成为与物质、能量并列的三大自然资源之一。马克思在《资本论》中讲道，科学劳动是一般社会劳动，这种劳动部分地以今人的协作为条件，部分地又以对前人劳动的利用为条件。[①] 这种“前人劳动”的成果，就是记载在文献资源中的科技信息资源；而“今人的协作”则包括科学交流、技术协作等。在今天，信息资源对科技活动的重要性尤其突出。

科技信息资源及其传播问题早已引起了科学社会学家的广泛重视。贝尔纳在20世纪上半叶就曾指出：“今天我们已经明白科学情报数量之多已使其传播成为巨大问题，现在的机构完全不能应付。除非采取某种措施，否则我们就将

---

① 马克思恩格斯全集（第25卷）．北京：人民出版社，1974：120

面临知识一经获得就立即无用的局面。”① 如今，人们已经建立起了复杂的信息资源系统，科技活动正是在此基础上得以运行的。前苏联情报学家米哈依洛夫1960年对3万多名专家的调查研究结果是：使用文摘杂志者占科学工作者总量的80.4%，研究生占78%，情报工作人员占65.3%，高校教师占57.8%；若按照各种不同知识领域对文摘杂志的利用进行分析，生物学为88.7%，物理、数学为64.4%，化学为75.8%，医学为62.8%，地质地理科学为74.6%，农业科学为48%，技术科学为42.3%。

信息资源的利用对现代科技活动非常重要。由于现代科技情报信息呈爆炸式增长，而大量知识信息的涌现又带来了利用率低等问题。科技人员常花大量时间用于搜集整理资料。据统计，一项科研课题的完成，约1/3的时间用于信息情报的检索，再加上情报资料的整理，总共需要花去一半的时间。而对一项探索性课题进行研究，对信息资料的检索和整理会花费更多的时间。因此，科研活动需要便捷、有序的信息资源系统的支撑。

科技信息资源具有一般信息资源所没有的特点。从内容上看，科技信息资源具有科学性、专业性、价值可转移性（失去时效后转为知识）、价值增值性（信息升为知识或转化为产品）；从外在资源功能上看，科技信息资源具有再生性、共享性、社会性。这表明科技信息资源在科技、经济和社会发展中具有重要功能。

科技信息资源的功能是通过科技传播过程体现出来的。科技传播是知识信息的扩散流动。贝尔纳按信息资源或受众的不同把科技传播分为两大类：第一类涉及科学出版物本身的职能和科学家之间个人联系的其他手段；第二类涉及科学教育和科普工作。考虑到向生产流动的技术，科技传播常划分为专业交流、科技教育、科技普及、技术传播等。显然，贝尔纳所说的第一类科技传播，就是通常所说的科学交流。这种交流就是科学共同体内的信息传播，包含正式交流与非正式交流两种途径。

由于科技信息量极大，通过正式交流获取科技传播信息，一般要进行信息检索。根据检索对象的不同形式，信息检索可分为文献资料（文摘、题录或全文等）检索和数据检索（事实数据等）。信息检索工具主要有目录、索引、文摘等。现在已由手工检索为主转向以计算机检索为主。

现代信息网络技术的发展，使信息资源利用的科技传播手段发生着质的变化。图书馆实体的虚拟化、信息资源的网络化、信息交流与服务的社会化，成

① J.D·贝尔纳．科学的社会功能．陈体芳译．桂林：广西师范大学出版社，2003：341

为今后科技信息传播的重要趋势。

（四）科技活动的社会政治环境

科技活动要得以正常运行，除了需要有财物投入、信息资源开发及人才培养等社会条件外，还需要有社会政治环境的保障。

关于社会政治因素对科技发展的作用，人们的探讨涉及两个方面：一是科技活动的方向、速度和规模所受的影响；二是科技知识的内容所受的影响。对于后者，有两派对立的观点，一派是较为传统的科学知识社会学，它认为科学知识的内容不受社会政治的影响，科学知识是由客观自然规律所支配和决定的。基于此，科学的社会规范，如无私利和普遍主义等，要求科学家以一种政治中立的方式行事，科学共同体内的活动应尽力回避政治。另一派被称为“社会建构论”，它认为科学知识本身也是社会政治环境作用的产物，甚至是由社会文化和政治等因素所决定的。显然，“社会建构论”揭示了社会政治环境因素对知识产生的重要性，但它极端地否定了知识客观性的一面，是令人难以接受的。

我们在此主要关注的是社会政治环境对科技发展方向、速度和规模的作用。人们已经普遍认同，现代科技与社会密切相关，科技的发展方向及速度与社会的、政治的因素密切相关。科技发展状况取决于社会文化氛围及政治经济策略。第二次世界大战以后，科技与政府之间的关系日益密切，国家依靠科技提高实力，而科技也在更大程度上依赖于政府的财政支持。普赖斯对此指出：“最有意义的发明或研究，不是包含在雷达或原子弹中的技术奥秘，而是产生这些技术成果的管理系统和一套起作用的政策。”①

社会政治环境对科技运行的作用，集中体现在科技政策中。事实证明，正是科技政策控制着一个国家科技活动的规模、速度和方向。科技政策的作用常通过价值导向、相关政策渗透或直接的政策指向来实现。科技政策的内容，常根据国家不同时期所面临的经济社会目标、政治状况及科技本身的特点来决定，其效果也随着历史的变化而变化。例如，在中世纪的欧洲，科学家及其科学研究普遍受到教会和政府的迫害，导致西方科学的发展在这一时期陷入“千年黑暗”。18 世纪法国资产阶级革命的前后期，革命家就对科学技术采取了不同政策。在革命高潮时，他们打击科学家及其活动，如税务官、化学家拉瓦锡和巴黎市长、天文学家巴伊等被送上断头台，并声称“共和国不需要科学家”。但革命政府很快发现他们需要科学家帮助制造武器，于是迅速启用科学家担任要职。第二次世界大战期间，受法西斯德国迫害的科学家有爱因斯坦、玻恩、

① 张碧晖，王平．科学社会学．北京：人民出版社，1990：392

费米等，他们逃到美国后受到优待，并为美国的科技发展作出了卓越贡献。自新中国成立以后，中国的科技政策也有几次起伏。先是科学技术的蓬勃发展，“两弹一星”等项目成功问世；接着便是十年动乱期间科学和科学家所遭受的不公待遇；之后是“科学的春天”真正来到，中国科学家的社会地位也逐步上升。在“科学技术是第一生产力”、“建设创新型国家”等时代号召下，在政府主导的一系列新的科技政策的宏观调控下，中国的科技事业必将有更美好的未来。

除政治环境外，恰当的经济和法律制度等，也是科技发展得以顺利进行的重要社会环境。由于科技活动与经济社会的密切联系，在经济层面上一般采取契约形式，实行科研合同制、科学基金制、技术市场等机制，这就需要恰当的科技经济运行机制及其规则体系。与此相适应，科技活动还需要调整其社会关系的法律规范。对这种法律规范的需求，已从古代的技术规范发展到近现代的知识产权，再到当代的宏观科技法制。

适宜的文化氛围也是科技活动得以顺利进行的重要条件。任何科技活动都是在一定的文化环境中进行的。文化对科技的影响，是通过文化的价值观念和行为规范层次、文化的制度层次以及文化的器物层次等发生作用的。

历史上，科学革命之所以发生在16、17世纪的欧洲，一个重要的原因是文艺复兴运动、宗教改革运动、新教伦理等为近代科学的诞生准备了文化条件。我国传统文化有着“自强不息”、“厚德载物”、“和而不同”等优秀精神，但也存在着一些不利于科技发展的因素。讲究尊奉权威、讲究等级制度，无助于形成一个培育个体创造力的环境，这成为我国科技创新的一个重要的文化障碍。因此，建设科学、民主和创新的先进文化，有着重要意义。

三、学术自由和社会干涉

（一）学术自由和社会干涉的论争

科技与社会之间干涉与自由的论争是伴随着科学与国家的关系演化而展开的。这种论争早在19世纪时就已出现，经历了20世纪3场著名的争论，目前又体现在关于克隆人等一系列争执之中。

19世纪，科学与政府的关系基本上是处于自由放任时期；但在英国也有两次较有影响的主张国家干预科学的呼声，并引起过激烈争辩。

第一次争辩是1830年由查尔士·巴贝治（Charles Babbage）等人发起的。[①] 当时，英国对科学研究的资助和对科学教育的促进，开始在国内变成高

① See Vernon Bogdanor (ed.). *Science and Politics*. New York: Oxford University Press, 1984: 58

度的政治性问题。1830年，作为计算机发明家的巴贝治发表了一篇引起激烈争辩的文章——《对英国科学衰落的反思》。这篇文章在遣责英国科学衰落的同时，主张政府对科学进行财政支持。其他一些科学家却不赞成他的主张，他们觉得无论如何科学都应脱离国家保持独立。

第二次争辩始于1870年英国的“科学改革运动”。[①] “科学改革运动”包括三部分：国家与科学的关系运动、资助科学运动和科技教育运动。斯瑞奇是“科学改革运动”的主要发起者之一，他于1868年发表《论国家干预与确保物理科学进步之必要性》一文。其后，主张国家应大力支持科技事业的思想派别与反对这种支持的自由放任思想派别展开辩论。反对派一是出于自由放任思潮反对国家权力的集中和干预，认为国家除了保护臣民之外，无权去做任何事；二是认为科技乃是个人事业而不是国家事业。国家在科技领域的“干预”被认为是一种集中化，有多种危险，尤其危及科研自身的活动。

在20世纪，关于科技与社会政治间干涉与自由的著名论争有3场，它们先后发生在波兰尼与贝尔纳、万·布什与基洛古、美国NSF与国会之间。[②]

20世纪30年代末的英国，化学家和哲学家波兰尼与化学家和科学学奠基人贝尔纳就科学的干预与自由问题展开了一场激烈争论，这对欧洲科学产生了深远影响。争论的焦点是：为了达到一定的社会经济目标，国家科学计划的可行性和范围是什么？波兰尼强调科学的自由，认为科学要对长远的社会目标作出贡献，科学共同体需要自治和自我管理，自主性是科学应用的必要条件。贝尔纳则认为，自主科学是无效益或低效益的，只有通过政府和社会的共同计划和组织，科学对人类巨大的潜在价值才能实现。

第二次世界大战后，围绕着如何保持和利用战时动员的科技资源为国家服务的问题，出现了不同观点的论争。波兰尼与贝尔纳之间的争论在美国得到延续，其代表人物分别是万·布什（Vannevar Bush）和参议员基洛古（Martin Kilogore）。万·布什强调科学的自由，基洛古则强调政府对科学的积极干预。万·布什的主张最终获得胜利，他主张的美国科学基金会（NSF）于1950年建立。NSF的建立，表明自由探索的研究在国家政策水平上获得了承认：基础研究可通过能力建设对国家目标作出间接贡献。

1992年，美国科学基金会与国会之间发生了关于资助政策的争论。作为保障基础研究自由的政府机构NSF，主张加强基础研究，而国会则坚持把资

---

① 吴必康. 权力与知识：英美科技政策史. 福州：福建人民出版社，1998：62—76

② 樊春良. 科学中的计划和自由. 科学学研究，2002（1）

金投到国家发展目标要求的应用领域。1993 年之后争论继续进行。国会赞同 NSF 未来委员会的结论，同时又提出基础研究的类型应是多样的，所谓战略研究类型是可以按国家目标计划而组织的，建议把更多资金投放到战略研究领域。1994 年，国会批准了 NSF 在 11 年里增长 17%的预算。科学自由与社会政治的干预达成妥协。

随着英国诞生克隆羊多利（Dolly）的消息在 1997 年初被报道，关于克隆人研究的争议空前激烈。科技与社会政治间干涉与自由的争论呈现出新的局面和特点：一是范围广，争论涉及国际社会和广大公众；二是程度高，国会与政府官员直接干预；三是干预性质有新的变化，不仅涉及研究资金、组织计划等，还涉及科研的权力、伦理及法律等。对此，我们有必要弄清楚学术自由与社会干涉的张力规律。

（二）自由研究的学术意义

科技与社会政治的权力张力中，自由研究是其重要的一极。自发的好奇心是科技发展的内在动力，学术自由具有重要的意义和价值。同时，处于权力张力中的自由研究必然存在其固有限度。

一般认为，科技发展的驱动力主要来自于两方面：一是学科发展自身的驱动力，就科技主体而言主要是好奇心的驱动；二是社会环境的驱动，也就是社会需求或国家利益的驱动。知识经济时代，对后一种驱动力的研究迅速增加，但好奇心的驱动仍然带有根本性。著名科学史家乔治·萨顿在其巨著《科学的历史》中明确讲道："好奇心（人类最深刻的品性之一，的确远比人类本身还要古老）在过去如同在今天一样也许是科学知识的主要动力。需要被称之为是技术（发明）之母，而好奇心则是科学之母。"①

究竟什么是好奇心？它是如何产生的呢？其作用又如何呢？古希腊的亚里士多德曾作过深刻说明，他认为好奇心是人的本性，是人对万物的惊奇。好奇心驱使人去求知，并无任何实用目的，这是求知的最高境界。马克斯·韦伯把这种好奇心看做是心灵的迷狂与热情，并认为这是在学术中产生想法和灵感的根本因素。事实上，科学史上由好奇心所驱动的重大科学发现比比皆是。

在科技的功利性导向日益强烈的今天，各国为了保护科学探索的动力源泉、维持科技事业持续发展的战略基础，国家政治主体日益有意识地支持这种科学研究的好奇心。2000 年 7 月 2 日，江泽民同志在为美国《科学》杂志撰写的评论中，代表中国政府对科学在中国的意义作了阐明。他提出，中国政府

---

① 孟建伟. 功利主义和理想主义的张力. 哲学研究，1998（07）

支持科学家在国家需求和科学前沿的结合上开展基础研究，尊重科学家独特的敏感和创造精神，鼓励他们进行“好奇心驱动的研究”。

为了保护科学研究的好奇心，众多的科学家、学者，无论是过去还是现在，都高度重视和强调学术自由的价值。抗日战争时期，贺麟先生专门撰文指出，独立自由是学术的根本，保持学术的独立自由也是保持政治民主的尺度。[①] 著名科学社会学家巴伯在指明科学必然受到政治等社会因素一定程度控制的同时，非常强调相对自由的政治氛围对于科学活动和科技发展的重要价值。著名学者哈耶克还明确谈到科技人员采取“不问政治”的态度是有积极意义的。然而，这种“不问政治”的态度和行为具有很大局限性。正如埃德加·莫兰指出的：“科学家对政治的指责因此变成了研究者逃避了解科学领域、技术领域、社会领域和政治领域之间密切和复杂的相互作用的手段。它阻止他们认识科学/社会之间关系的复杂性，并促使他们逃避他们固有的责任问题。”[②]

学术的充分自由与自主始终对科技活动和科技发展具有根本性意义，但这种自由与自主又是相对的。在现实的社会生活中，科学的自由研究必然受到社会条件的制约，存在一定限度。大科学时代，自由研究的限度实际上越来越分明，越来越严格。第一，从早期个人的自由探索到现代众人的合作研究，科技活动的自由所受到的限制日益增大；第二，随着现代科技深刻地渗透到社会生活的各领域、各层面，科技人员的社会责任也日益增大，科技活动必然受到社会规范的制约；第三，科技活动的自由限度不仅体现在社会规范上，还深刻体现在科技活动对于国家研究资金的依赖上；第四，科研成果能否被社会接纳，能否转化为社会价值，也被认为是科技活动是否自由的一个限度。由于上述原因，现代科技活动的自由只能是相对的，整体上必然受到政治等社会因素的制约。现代科技活动进一步分化为基础研究、应用研究和开发研究三大领域，它们的目标性质不同，受到政治和社会的制约及干预程度不同，因而研究的自由度也不同。

（三）社会干涉的作用与程度

德国著名学者哈贝马斯认为，自19世纪的后25年以来，在先进的资本主义国家中出现了两种引人注目的发展趋势：一是国家干预活动增加了，这种干预活动是要保障资本主义制度的稳定性；二是科学研究和技术之间的相互依赖关系日益密切，这使得科技成为第一生产力。而国家干预对经济发展过程所作的持续性的调

① 贺麟．文化与人生．上海：上海文艺出版社，2001：192

② 埃德加·莫兰．复杂思想：自觉的科学．陈一壮译．北京：北京大学出版社，2001：90

整，是从抵御放任自流的资本主义的功能失调中产生的。

自近代科学诞生到19世纪末，科技活动基本上是少数科学家在家庭实验室中从事的具有个人性质的研究，社会和政府对科技活动虽然很早就有着某种程度的介入，但基本上采取自由放任的态度。到20世纪初，科学获得了巨大发展，从事科技活动、以科学为职业的人数急剧增长，科学迅速形成了一种庞大的社会建制。在这种情况下，作为大批从业者的科技人员的生活权利需要维护，活动需要资助和组织，而原先已有的社会组织不能承担这个功能，只有国家等政治主体才能很好地担当这一角色，国家干预的必要性便凸显出来：

——现代科研活动需要国家政策发挥作用，才能有效地协调工作和增强效率。因为科学建制化形成之初和国家政策干预之前，科技活动最突出的问题是缺乏组织协调，效率低下。

——大科学时代，只有政治主体有计划地干预，才能有效促进科技与社会的共同发展。如今的科研活动，工程巨大、组织复杂、社会意义显要，没有强有力的政府和政策推动，根本难以开展。各国政府都需要有特定的科技政策和科技管理模式。

——科技发展带来的巨大的社会问题和负面作用，迫切要求政治力量加以干涉、控制和规范。

——对于日益严重的科研越轨行为，仅靠科技共同体内部的自我控制机制已难以奏效，必然需要非正式以及正式的外部社会控制，即政治机构的有效介入。

这就是说，现代科技的发展必然要有政治的介入与干预。科技政策的设计就是专门用于促进科技进步或规范其发展和应用的。实施科技政策的主要方式是对科技活动进行规划和计划。这里的“规划”或“计划”具有相近的意义，是指导、组织和规范科技活动的具体方案。按照巴伯的说法，进行科技计划的基本目标是：对科技活动进行控制使科学的有利影响最大化，同时使其造成的可能损害最小。[①]

那么，科学可以被规划或计划吗？贝尔纳和巴伯分别于20世纪30年代末、50年代初在《科学的社会功能》和《科学与社会秩序》中，专门把此作为一个重要问题加以讨论。贝尔纳深入分析了科研活动中应有的规划关系，明确指出，不仅可以而且应当制订科学规划，从而确立发展科学的战略[②]，尽管

---

① 巴伯. 科学与社会秩序. 顾昕，等译. 北京：三联书店，1991：274

② J. D. 贝尔纳. 科学的社会功能. 陈体芳译. 桂林：广西师范大学出版社，2003：378－384

科学在本质上是探索性的、难以预测的。巴伯则着重分析了美国政府科学（government science）中的“规划”情况。① 在第二次世界大战后的几年里，美国政府集中了大约3万名来自物理学、生物学、农业科学、工程科学领域的专家，其研究的涉及面非常广泛，涉及每一门科学学科和子学科。其中，农业科学、医学、军事科学的研究是美国政府科学规划中发展的重点，而这些规划和计划能给美国的科学成就和财富增长带来巨大的价值。

恰当的科技政策与规划是政治干涉科技活动的基本手段，是当今科技发展必不可少的重要条件。然而，聪明的政治家往往能够意识到科技与政治之间干涉与自由的张力，认可政治干涉之外科技活动的自由空间。以200年前的美国总统杰弗逊为例。1801年，美国历史上影响深远的政治家杰弗逊竞选获胜，连任两届总统，他同时也是美国哲学学会主席（1797－1815），是科技界的领袖。他既坚持科技事业的相对自由，又以实际行动促进政府与科技相互关系的发展；相反，有些政治领导人，如苏联领导人斯大林和赫鲁晓夫，常无视和超越干涉之外的科技活动空间，因而给科技带来了严重危害。

社会政治等因素对科技干涉的范围与科技自由活动空间的关系，被一些人比喻为子女与父母间的关系。子女的成长需要父母的资助、引导与监督，但子女有自己的思想与个性，父母不能过度干涉子女的言行，以免造成对子女的伤害。类似的，国家和政府需要为科研活动提供资金和良好环境，并进行一定的计划组织；但如果越过了积极干预的应有空间，就会阻碍科技的发展。

（四）科技共同体内外规范的衔接

在整个人类社会的活动系统中，科技活动系统是其中一个相对独立的子系统。科技共同体的活动有其内在规律，它的运行既受到科技共同体内学术规范的制约，也受到科技共同体之外政治的、社会的非学术规范的制约。只有当社会政治等方面的非学术规范与科技系统有机结合，既能促进科技共同体活动的顺利进行，又不阻碍科技共同体内部学术规范发挥应有的正常功能时，科技与社会才能良性互动。因此，科技共同体的内部规范与外部规范必须有机衔接。

为了探讨科技共同体与其外部社会规范的衔接，学术界的惯例是把科学技术与社会的连续体划分为内、外两部分来进行考察，形成所谓的科学的“内部社会学”与“外部社会学”。② 英国学者约翰·齐曼设想“科学”与“社会”之间的边界为一层半渗透性的膜，知识只是透过这层薄膜向外部流动，由科学

① 巴伯．科学与社会秩序．顾昕，等译．北京：三联书店，1991：275－281

② 约翰·齐曼．元科学导论．刘君，等译．长沙：湖南人民出版社，1988：8－11

领域进入技术领域，再进入社会领域。

在科学的外部社会学中，通常假设科学是一个“黑箱”，它的内部机制可以忽略不计，关注的焦点在于应用科学解决实际问题。于是，科学服务于政治、军事和商业的工具性能力被看做是最重要的，科技活动便被外部社会组织起来。但是，正如齐曼所指出的，有组织的研究与开发活动显然与学术思想相背离。这样，就存在一个如何将科学的内部活动方式和规范与科学的外部活动规范有机连接起来的问题。

小摩里斯·N·李克提出了科学活动的两种交换系统的概念。他认为，科学共同体的功能就是维护科学的完整性，即维持一种自身的交换系统，这种系统使科学家们彼此联系起来。这种类型的交换就是科学的内部社会的交换系统，它相当于前面讲到的科学共同体内的科学交流。还有另一类交换系统存在，就是科学共同体与外界之间的交换系统，科学共同体用发现或发明来换取外部社会组织的资助。只有科学共同体成员同时遵循这两类交换系统的规则，科技共同体内的运行规范与其外在规范才能很好地统一起来。①

科技共同体如何保持独立自治？如何做到基金流入科技共同体而没有干扰其内部规范和惯例？齐曼对此有明确阐述，他提出了一个关键原则：“所有私人或公众的赞助都要通过公共筛选（commutal filters）的引导。捐款通常交由学术委员会来处理分配细节。国家学术机构和研究组织受到由科学名人组成的委员会的管理。拨款的发放、研究项目的实施以及研究人员的委任，都以同行评议为基础。”②

总的来说，社会有机体是一个大系统，科技只是其中一个相对独立的子系统。科技与社会政治、经济、军事、文化教育等各子系统之间有着广泛而复杂的联系，而且存在着多样性的互动机制。这种持续互动，不仅推动了科技与社会自身的发展，而且为科技革命与社会转型奠定了基础。

思考题：

1. 如何理解科学的社会规范？
2. 怎样认识科技运行的社会保障？
3. 怎样理解学术自由与政治干涉之间的张力？

---

① 小摩里斯·N·李克特．科学是一种文化过程．顾昕，等译．北京：三联书店，1989：142－144

② 约翰·齐曼．真科学——它是什么，它指什么．曾国屏，等译．上海：上海科技教育出版社，2002：64

资料链接

历史上科学优先权的争让

科学评价中的优先权，在历史上曾引起过极为激烈的争夺。牛顿与同是皇家学会成员的胡克为光学和天体力学的优先权发生过几次论战。牛顿把胡克描绘为“对什么都提出要求的人”。牛顿还与德国哲学家、数学家莱布尼茨就微积分的发明权进行了长期痛苦的论战。英国化学家戴维是法拉第的老师和提携者，后来却为了优先权的问题与法拉第完全闹翻，以至于他利用自己皇家学会会长的地位顽固地反对法拉第的会员资格。当然，科学史上也不乏君子之举，在优先权上相互谦让和宽宏大量。例如，两个伟大的英国生物学家达尔文和华莱士都想把进化论的首创权让给对方，在这件事发生后 50 年，华莱士仍然坚持这一点。

思考题：

同样是科学家，为什么在科学优先权上差别会这么大呢？

科学权威作用的两重性

卓越的科学家也不能完全避免错误。卢瑟福是首先实现人工核裂变的科学家，可以说，人工利用原子能的大门就是他打开的。但是，1932 年，当报纸上载文预言有朝一日可能利用原子能时，卢瑟福立即加以反对。1933 年，他在一次会议上发言说：“就释放能量来说，用原子核来做实验可以说纯属浪费。所有那些谈论在工业上利用核能的人们都是在做荒唐的空谈。”直到 1937 年逝世，卢瑟福都始终坚持人类在任何时候都不可能利用蕴藏在原子中的能量。可惜他没有看到，1938 年人类就发现了铀的链式反应。类似情况在其他科学家那里也经常出现。

思考题：

科学权威在科学发展过程中究竟起到了怎样的作用？

在马克思看来，科学是一种在历史上起推动作用的、革命的力量。

——恩格斯

第十一章　科学技术与社会的互动

互动是指各种因素之间相互影响、相互促进、互为因果的作用和关系。科学技术与社会的互动，就是科学技术与社会之间所形成的相互联系、相互影响、相互制约和相互作用的关系。

科学技术与社会的互动，从总体上看是一种双向作用：一方面，科学技术能对其他社会活动产生影响作用，这称为科学技术的社会功能；另一方面，由于科学技术是在一定的社会环境条件下存在和发展的，其他社会活动也会对科学技术的发展产生制约作用，这种作用构成科学技术发展的社会条件。

一、科学技术对人类社会的影响

（一）科学技术对人类社会的积极影响

科学技术始终是一种在历史上起推动作用的、进步的革命力量。科学技术对于人类社会的影响，总体上讲是积极的，正面的和有益的。

人类为了生存和发展，必须认识自然和改造自然，从自然获取生活资料。科学技术就是人类认识自然、改造自然的手段和成果。整个人类文明史实质上就是人利用科学技术认识和改造自然，从自然的束缚下解放出来，不断提高自己的物质生活和精神生活水平的历史。因此，科学技术的发展和进步对于社会生产力和经济的发展、对于人们思维方式与生活方式的改变、对于社会的变革与进步所产生的作用和影响是积极的。

1. 推动生产力和社会经济的发展

近代以来，科学技术与社会经济发展的关系越来越密切。科学技术极大地促进了社会生产力的进步，社会经济的发展在相当大的程度上依赖于科学技术。

迄今为止，人类历史上已经发生了3次重大的科技革命以及由此而引发的产业革命，每一次这样的革命都使生产力产生巨大的飞跃，对社会经济发展产生强大的推动作用。

第一次科技革命发端于18至19世纪，以纺织技术的改进为开端，以蒸汽动力技术达到实用为标志，形成了一个以机器技术为主导技术的技术体系，促进了社会生产力的迅速发展，使得人类社会面貌发生了根本变化，从传统的农业社会向近代工业社会跃进。第二次科技革命发端于19世纪末至20世纪初，以电气化技术为主导技术。电气技术革命产生的大量新成果，如发电机、电动机等电气系统以及电报、电话和无线电等电信系统被广泛地运用于社会生产领域，从而进一步改变了社会生产的劳动方式和组织形式。这次科技革命的结果是使生产过程在机械化的基础上进一步实现了电气化，把机器大工业的生产方式推进到了更加集中化、大型化、连续化和社会化的新阶段。第三次科技革命发端于20世纪中叶。由于空间技术、原子能技术、新材料技术、电子计算机技术、激光技术、光纤通信技术、生物工程技术等一系列高新技术的出现，使这次科技革命在实现生产过程的信息化的基础上把整个人类的社会生产转移到信息网络技术的基础上来，从而极大地体现了“科学技术是第一生产力”的功能效应。

现代科学技术借助于文字、符号、图纸、指令等信息，能够使劳动资料、劳动对象和劳动者按一定的比例和方式，相互结合成为一个具有完整性、协调性和高效性的优化、合理的生产力系统，充分发挥其功能。在现今生产力系统内部，科技、教育、信息、组织管理等非实体性要素的作用在日益增大，而实体性要素的作用在逐渐减小。现代生产力的发展，主要不是依靠实体性要素的增加，而是依靠非实体因素的改善和提高。统计表明，在20世纪60年代以前，影响生产力发展的因素中，原材料、能源、劳动力的投入以及资金的投入（转化为设备）占60%以上；到了20世纪70～80年代，它们的比重下降到40%以下，而科学技术的作用、知识的作用占到了60%以上。所以，现代科学技术革命大大提高了非实体性要素的“软件”在生产力系统中的地位和作用。这表明，科学技术已经成了生产力发展的决定性力量。

科技进步对整个社会经济产生了深刻影响。一是对经济增长的贡献率不断上升。这一贡献率在农业经济时代不足10%，工业经济时代后期达到40%以上，而在知识经济时代将达到80%以上。二是带来了产业结构的变化，使以农业为主的第一产业、以制造业为主的第二产业向着以服务业为主的，包括金融业、商业、运输业，以及科研、文化、教育等部门的第三产业转化；使劳动密集型、资金密集型产业向技术密集型、知识密集型产业发展，促进了产业结构的升级换代。三是带来了劳动方式的变化。现代科学技术的发展，生产的日益自动化和智能化的作用上升，体力的作用下降。与此同时，社会生产的组织方式、管理方式也在向信息化、知识化、全球化的方向发展。

2. 推动思维方式和生活方式的改变

科学技术以尊重实践、崇尚理性、开拓创新为其灵魂和宗旨，这对于人们改变思维方式，提高和增强认识能力，消除迷信、愚昧，都能起到积极的作用。

科学技术解决的是对物质世界客观规律的认识、掌握和运用，与迷信和愚昧是完全不相容的。从近代欧洲文艺复兴起，科学就成为人们批判宗教迷信和旧的习惯势力、宏扬理性、解放思想的有力武器。人们通过学习、掌握和发展科学技术，不断提高自己认识世界的理性思维能力。现代科技革命的产生也带来人们思维方式的巨大变革。作为这一革命产物的全球化大生产和信息化的实现，极大地开阔了人们的视野并拓展了交往的范围，在打破地域局限的同时也使人们的思维摆脱了传统的落后性与狭隘性，使其具有系统性、整体性、开放性、精确性、创造性等特征。思维方式的变革，有助于全面提高人的智能状况，有效地开发人类的智力资源。在科学研究的历史过程中，人们也逐渐形成了尊重实践、实事求是、不迷信权威、追求真理、勇于创新的科学精神。这种科学精神向政治思想领域的渗透，总会导致民主意识的增强和活跃，对整个社会精神面貌和人们的道德观念都产生了深刻影响，大大推进了人类社会的文明进程。

科学技术的发展也影响和改变着人们的生活方式，改变着人们的衣、食、住、行等物质生活的内容和形式。科技进步推动社会生产力的发展，创造出愈来愈多的社会财富，使人们的生活水平与质量不断提高；现代信息技术的运用为人们提供了更为方便、快捷的处理、存储和传递信息的手段，加快了社会生活的节奏，全方位地改变了人们的交往方式、学习方式、消费方式、娱乐方式；劳动生产率的提高给予人们日益增多的闲暇时间，使人们不仅能够更多地休闲，还能更好地从事各种创造性活动，满足自己个性发展的需要。科学技术已成为推动人类建立美好、健康、优质、便捷生活方式的强大力量。

3. 促进和推动社会变革

马克思认为，科学技术是一种在历史上起推动作用的革命力量。他首次揭示了科学技术的社会变革功能。

科学技术变革社会的作用首先表现在对于生产力的促进。生产力的大发展本身就是社会变革表现的一个方面，而且它还是其他社会变革的前提和基础。其次，科学技术促进生产力发展的结果，或迟或早会引起生产关系和整个社会形态的变革，成为推动社会发展的巨大杠杆。当然，社会制度的变革不可能仅仅依靠科学技术的力量，在这里，科学技术的作用就在于给新的社会制度的产生奠定物质技术基础。在当今世界科技革命的迅速发展中，世界各发达国家以及一些发展中国家，已经越来越意识到发展科学技术对于提高本国的经济实力和政治地位的极端重要性，纷纷通过各种形式的社会改革，制定科技发展战略和相应的科技政策，迎接科技革命的挑战。也正是这一挑战，使我国的改革从经济体制深入至科技体制，直至将科教兴国当做我国社会发展的根本战略。当今世界的科技革命促进了世界各国的社会改革，这从一定程度上也说明了科学技术的发展对于社会变革的推动作用。

4. 形成并完善了社会生态调节功能

科学技术的运用和发展，改变了人与自然的关系，大大提升了人类改造自然界的能力；但同时也出现了盲目使用甚至滥用这些能力，造成生态环境迅速恶化的现象和趋势。当今世界，全球性的生态危机、环境污染和资源枯竭，已成为人类生存和发展的最大威胁。要消除这一威胁，就要求社会必须具有生态调节的功能，科学技术在其中扮演重要角色。正是由于科学技术的发展提供了认识这种严重后果，并自觉控制人类活动，使之朝着不危害人类生存的方向进行的可能。科学技术的生态调节功能，就是在掌握自然规律、正确认识人类对自然过程干预不当所引起后果的基础上，有计划、有目的地调节和控制人类改造自然的活动。应用科学技术防止和消除有害后果，有效地、充分地、经济地利用自然资源，保持生态平衡，创造一个适合人类生存和可持续发展的自然环境。

综上所述，无论从历史上看，还是就现代社会看，科学技术对于社会发展的积极作用是不可否定的。当然，社会的发展不能仅仅归因于科学技术，而且科学技术对于社会发展的积极作用也要通过社会自身的有效接受才能实现。从社会的未来发展看，许多社会问题、全球性问题的解决也必须依赖于科学技术的进一步发展。因此，从科学技术与社会相互关系的发展趋势看，科学技术对于社会发展的积极作用毋庸置疑，是占主导地位的。

（二）科学技术对人类社会的负面影响

现代科学技术的发展和运用犹如一把双刃剑，对于人类社会有着双重作用。科技的发展一方面造福于人类，为社会创造了巨大的物质和精神财富，促使人们更加理性地认识世界和改造世界；但另一方面，科学技术在应用过程中也产生了许多负面效应，影响人类社会的和谐发展。

科学技术对人类社会所产生的种种负面影响，实质上就是科学技术对于人的异化。异化是一个哲学术语，意即主体所创造出来的客体摆脱了主体的控制，反过来与主体对立、支配甚至危害主体的现象和过程。科技成果应用不当，会异化为一种破坏人类生活，违背人的本意，制约人、压迫人的“异己”力量。科学技术异化对社会产生的负面影响有以下表现。

1. 对人类的生存构成威胁

这集中体现在环境、资源和核战争危险等问题上。

(1) 环境问题

科学技术是人类改造自然的工具和手段，运用科学技术所进行的社会生产必然会改变自然界原有的合理的物质比例和有序的能量结构，从而产生一定的后果。有生产就会有消耗，有消耗就会产生污染，高生产、高消耗通常产生高排放、高污染。伴随着科技进步的人类生产、生活活动所造成的环境污染已日益严重：过多燃烧煤炭、石油和天然气释放出大量的二氧化碳等气体，这些气体进入大气层而产生温室效应；农药、化肥的大量使用与工业垃圾过度排放，造成土壤和水质的严重污染；目前棘手的核废料和太空垃圾的处理，等等问题。

(2) 资源问题

科学技术的运用推动着社会生产发展，使其生产效率愈来愈高，产品数量不断增加，这无疑需要耗费更多的资源。而地球上的不可再生资源如煤、石油和其他矿产资源却储量有限。据勘探和推算，按照现今的生产消耗，石油将于21世纪末枯竭，煤将于25世纪枯竭，一些常用的金属如铝、铅、锌等也将在200~250年内采完。一些可再生资源，如土地、水、森林、生物物种等的情况也未可乐观，一则再生是需要时间的；二则有些也变为不可再生的了，如土地大面积沙漠化、生物物种灭绝等。

(3) 核战争的威胁

军事科技的发展，使人类社会的整体安全始终面临严峻的考验。世界上已有不少国家掌握了核技术，拥有了核武器。目前，世界上储存的核武器的能量足以毁灭地球几十次。这使人类社会时刻都处在核战争、核武器的威胁之下。

2. 弱化了人自身的力量

科学技术的发展运用本应以人为本，应该以人的自由全面发展为归宿。但是，随着科技的进步，随着高技术装备的自动化、智能化程度和水平愈来愈高，使得人越来越多地依赖于这些工具装备，甚至在某种程度上沦为机器的附庸。如电脑的广泛普及，致使人对之产生过度的依赖，在脱离键盘输入以后会遭遇暂时性书写困难的窘境；网络信息过量的现象，也严重影响着人独立思考的能力，但凡遇到问题，大多数人的想法就是上网搜索。人一旦丧失独立思考的能力，在科技面前就会显得低能弱智。总之，人类对于科技的过分依赖，已经使很多人的生理和心理素质出现了下滑的趋势。

3. 挑战社会的价值与伦理观

科学技术的发展及其成果，对于传统的社会价值观和伦理观产生了强大的冲击。如生物工程技术的发展就向人的传统形象、传统价值和社会伦理观念提出了重大挑战，提出了亟待解决的社会伦理问题。具有代表性的是克隆技术即无性繁殖是否可以应用于人这一价值、伦理问题：如果将克隆技术用于人类自身，当“人”可以利用技术手段复制生产出来以后，那么“人是什么”这一关系到人的价值与尊严的问题便摆在人们面前。按照马克思的观点，人的本质是一切社会关系的总和，人与人的本质区别要从其所处历史条件下的社会关系中去探求。如果单纯依靠科技复制人体，将彻底打乱人对其社会关系的认识，使人伦关系模糊、混乱乃至颠倒。在此种情形之下，“人”则仅仅是某个已知体细胞的必然产物，与“物”毫无区别。又如因特网的建立、电子计算机的普及使高技术犯罪行为愈演愈烈，网络安全越来越难以保证。再如宇航与空间技术技术的发展，加速了人类对月球甚至太空的开发，但由此造成的太空生态灾难也已初现端倪。

4. 科学技术产生负面社会影响和效应的原因

(1) 人为的原因

这是指由于人对于科学技术使用不当而造成的负面效应。现今的社会中，人分为不同的群体，其需要和目标也是多种多样的。这种主体利益和价值选择的多元化使得科学技术的运用朝着多方向发展。科学技术作为一种工具和手段，人们可以用它来为不同的目的服务，既可以为创造性的目的服务，也可以为毁灭性的目的服务。因此，科学技术活动在其自身规律许可的范围内，可以在性质不同甚至完全相反的目的上发挥作用。比如，微生物技术既可用于医药卫生、食品制造、水体净化、污染处理、环境保护，也可以用来传播疾病、污染环境、制造细菌武器等等。因此，当一种科学技术出现以后，它对于社会究竟产生什么作用关键看是什么人掌握了它、出于什么目的去运用它。是用它来为人类造福呢？还是用它来为社会制造灾难？

(2) 自发性原因

这是指在科学技术的正确使用过程中和范围内自然引发的一些负面效应，

基于科学技术自身的原因而产生的。科学技术是人们改造自然的工具和手段，人们只要利用它们对自然界施加了作用，就必然会对自然界本身的结构与平衡造成一定的改变甚至破坏，当这种改变或破坏达到一定程度时，就形成了自然对人类的反作用或报复，其表现就是科学技术运用所带来的负面效应。比如，农药和化肥的大量使用固然提高了农作物的产量，丰富了人们的食物，但同时也导致了食物的天然质量下降，土壤板结和贫瘠化，环境污染；汽车等现代交通工具方便了人们的生活，促进了经济发展，但同时也制造了噪音和空气污染；修建水库固然能给人们以蓄水防旱的好处，但这种对地质结构的改变往往会破坏自然地貌和生态，甚至成为发生地震的诱因。由此可见，即便是科学技术的正常使用，也会产生一些难以避免的副作用，从而对社会产生负面影响。

（3）认识的原因

这是指人们未能正确认识和处理好科学技术双重效应的关系。科学技术作为人类改造自然的强大物质力量，是人类对自然施加影响和作用的手段、中介。然而，它的运用具有正面与负面双重效应：一方面，科学技术的发展有可能打破人与自然系统的原有的平衡，使人与自然系统向着更适合于人类发展的方向快速进化；另一方面，科学技术的发展也可能造成人与自然系统的原有平衡不可逆转地被破坏，而新的人与自然系统的平衡、稳定和有序又无法建立起来。然而，长期以来，人类始终未能正确认识和处理好科学技术双重效应的关系，只看到其正面效应，忽视了其负面效应，导致了科学技术的滥用，使科学技术在某种程度上成为人们破坏自然、榨取自然的工具，由此而产生了诸如生态失衡、环境污染和资源枯竭等一系列严重后果。所以，科学技术对于社会所产生的负面影响，实质上也是其负面效应被不断扩大化、普遍化和深化的结果。

（三）对科学技术的社会评价

对于科学技术的社会影响的认识，即对于科学技术的社会价值的判断，自近代科学技术兴起以来就一直存在着两种不同的观点。早在 17 世纪，英国的哲学家培根提出了“知识就是力量”的口号，充分肯定科学技术的社会价值。到了 18 世纪，法国思想家卢梭对科学技术的社会价值持否定态度，认为科技发展使文明程度提高，但却导致了人性的堕落，给社会带来了罪恶，导致了人类的不平等。同一时期的法国思想家伏尔泰则反对卢梭的观点，把科学技术看做是人类支配自然的手段。到 19 世纪中叶，马克思通过分析科学技术对于社会生产力的巨大推动作用，对科学技术的社会功能给以充分的肯定，明确提出科学技术是推动社会发展的革命力量。直到第二次世界大战后的一段时期内，由于当代科技革命的兴起，科学技术极大地推动了经济、社会的迅速发展，这一时期绝大多数人对科学技术的社会功能仍主要持肯定态度。但自 20 世纪 80 年代以后，科学技术的应用在带来经济、社会高速发展的同时，也带来了一系列严重的社会问题，诸如环境污染、生态危机、资源枯竭、核威胁以及道德伦理问题等等，从而促使人们对科学的社会价值作重新思考，出现了各种不同的观点。

对于科学技术的社会价值的评价，主要有三种观点，其一是乐观主义，其二是悲观主义，其三则是现实主义。

科学技术乐观主义认为，科学技术是社会发展的一个决定性的因素。人类只要掌握了科学技术，可以解决一切社会问题并创造无比美好的未来社会。这种观点并不否认科学技术的发展和应用带来了不少的问题，但却乐观地认为这些问题完全可以通过科学技术的持续发展来加以解决；现在尚不能解决的问题，随着科学技术的发展将来肯定能够得到解决。如果人们能足够早地认识到科学技术发展所带来的消极影响，并且相应采取一些预防措施，科学技术发展所产生的所有对人类社会不利的因素都能够被克服。因此，发展与增长是没有极限的，人类社会的前景是美好的。

科学技术悲观主义则认为，科学技术的发展造成了人与自然关系的紧张冲突，甚至对立，是当代环境问题和人类困境的元凶。技术化社会中人类丧失了自由，人性被扭曲。科学技术的发展和应用导致了自然资源的极大消耗和生态环境的严重污染，并且其速率是按指数函数变化的。而人类所处的地球是有限的，它对于人类的活动有一定的承受限度，因而社会的增长也是有极限的。当接近这个限度时，或由于资源耗尽，或由于污染严重，会使经济增长出现停滞，甚至会产生无法控制的崩溃而使人类社会陷入巨大的灾难。科学技术的发展既无法解决它自身所造成的诸多问题，也无法使人类摆脱困境，因而社会的未来是阴暗和令人绝望的。

科学技术现实主义者既不赞同盲目的科学技术乐观主义，也反对消极的科学技术悲观主义。科学技术乐观主义只强调和相信光明的未来，而科学技术悲观主义只看到社会发展进程中的阴影。它要求人们要客观、全面、系统地看待科学技术的社会影响。这种观点认为，科学技术是否能解决各种问题，取决于人类对科学技术发展和应用的决策，取决于对人的创造力、想象力、理解能力、学习能力的开发。

事实上，科学技术是一把“双刃剑”。社会对科学技术的应用既可能对社会的发展产生积极的作用，又可能产生消极作用。同时，无论这种作用是大或是小，最终都不是取决于科学技术本身，而是取决于科学技术与社会之间的互动，取决于科学技术的发展以及社会对科学技术的应用。

二、社会对科学技术的影响

科学技术的发展是在由各类社会活动和各种社会关系构成的社会大系统内进行的，因此，在肯定科学技术对社会发展的推动作用的同时，也应当研究对科学技术的发展起重要作用的各种社会条件。

（一）社会经济对科学技术发展的影响

经济是科学技术发展的基础。经济发展所产生的需求是科学技术产生和发展的强大动力。正如恩格斯所言："社会一旦有技术上的需要，这种需要就会比十所大学更能把科学推向前进。"[①]如 18 世纪的蒸汽技术革命，就是在英国大规模的世界贸易已发展到以人力、畜力为动力的手工劳动已不能满足市场需求的时候发生的。经济的发展也为科学技术的发展提供了必要的物质条件。经济实力决定了投入科学技术的人力、物力、财力的数量和质量，从而决定了科学技术发展的规模和速度。与此同时，经济发展水平还决定着科学技术转化为生产力的能力、范围和速度，影响着科学技术社会功能的发挥。经济发展的方向也制约着科学技术的发展。因为如果经济的发展不是通过依靠科技进步和提高劳动者素质来实现，经济增长方式没有从粗放型转向集约型，从数量型转为效益型，科学技术的功能效用就得不到充分发挥，这亦将制约科学技术的发展。

（二）社会政治对科学技术发展的影响

科学技术是在社会环境条件下存在和发展的，因而必然受到社会政治的制约和影响。政治现象同社会各权力主体的利益密切相关，由于这些利益具有不同程度的排他性，使得各个权力主体为了获取和维护利益而建立制度并进行斗争。因此，政治制度和政治斗争都是为某种利益而建立、进行的。一定社会的政治制度主要反映占统治地位的阶级的意志和利益。在历史上，科学技术成果总是被当时的统治阶级所占有、掌握和利用，并为巩固其政治统治服务。当今世界上一些国家的政府和财团，或为科学技术研究提供物质条件和经济支持，或通过各种方式影响、干涉甚至遏制某些科学技术的研究和开发应用，其目的无非是为了让科学技术满足他们的政治需要，而不危及自身的利益。因此，尽

---

① 马克思恩格斯全集（第 4 卷）. 北京：人民出版社，1995：732

管科学技术本身是没有阶级性的，但它在不同的社会政治制度下可以被不同的利用，用来达到不同的目的。忽视科学技术受社会政治现象的制约，认为科学技术可以与政治制度相脱离的观点是不正确的。

社会政治对科学技术的影响和制约，还突出表现在社会政治制度的变革往往为科学技术的发展开辟前进的道路。英国 17 世纪资产阶级革命的成功确立了资本主义政治制度，为英国成为近代科学革命的中心，以及 18 世纪的产业革命创造良好的社会条件。近代日本在科学技术上的崛起，不能不说是同 19 世纪 60 年代明治维新导致的社会政治制度变革密切相关。而中国古代科技文明走在世界前列，到近代却大大地落后于西方了，这在很大程度上是由于腐朽而又顽固的封建专制制度已成为科学技术发展的桎梏。此外，在“文化大革命”期间“以阶级斗争为纲”和在改革开放时期“以经济建设为中心”这两种截然不同的社会政治主题和政治氛围下，我国科学技术所经历的两种完全不同的发展轨迹和结果，也表明了社会政治对于科技发展的巨大影响和作用。

（三）社会思想文化对科学技术发展的影响

社会思想文化主要是指哲学和宗教思想、伦理道德观念以及文化教育等。这些社会因素对科学技术的发展往往起着相当重要的影响作用。

在历史上，先进的哲学思想指导、推进科学技术的发展，而落后保守的哲学思想却常常起阻碍作用。17 世纪英国的培根和 18 世纪法国的狄德罗等人的唯物主义哲学思想，就对近代欧洲蓬勃兴起的自然科学提供了进步的世界观和科学的方法论，大大促进了自然科学的进步和发展。而中国明清时期以传统的儒家哲学为核心的文化专制主义，是导致近代中国科学技术衰落的重要社会原因。

宗教本质上是与科学不相容的，欧洲中世纪基督教的黑暗统治使科学技术停滞几百年，近代科学正是在与宗教势力的斗争中产生和发展起来的。但宗教与科学的关系也有复杂的一面，16 世纪欧洲的宗教改革运动和新教伦理对近代科学技术的发展客观上起过一定的促进作用。

伦理道德观念对科学技术的影响，首先表现在如果一个社会形成了尊重知识、热爱科学、追求真理的良好道德风尚与价值取向，那么就能有力地推动科学技术进步；反之，如果形成的是鄙薄科学技术的社会风尚和价值取向，像中国传统观念中将其视之为“奇技淫巧”以及所谓“巫医乐师百工之人，君子不齿”的社会价值观，科学技术社会地位低下且不受重视，那就不利于发展科学技术。其次，道德对科学技术的作用还表现在通过影响科技工作者的行为而实现。在长期的科学研究的历史过程中，科学家在践履社会道德的同时，形成了一套科学道德规范。科学道德是用以调整科学家之间、科学家与社会之间关系的行为规范，能激励科技人员克服困难，勇攀科学技术高峰，对科学技术的发展有很深的影响。

科学技术的发展还有赖于文化教育事业的进步。科学技术的发展和运用都需要高素质的人才，而人的素质的提高，主要是人的认识能力和思想水平的提高，这就要依靠教育。教育的质量直接关系到科技人才的素质。只有通过教育的发展培养出大批合格的人才，才能真正保证科学技术的繁荣与发展。同时，教育还可以使科学技术知识在社会上得到传播和普及，为社会公众所掌握，提高公民的科学文化素养。由此可见，文化教育是推动科学技术发展的一个重要社会因素。一个国家的教育质量、规模、发展速度和水平，反映着这个国家的科学技术水平，同时也直接影响科学技术发展的进程。

（四）体制对于科学技术的影响

由于科学技术的迅猛发展，科学技术日益社会化，社会日益科学技术化，从而使得对于科学技术发展进行社会管理变得愈来愈重要。这一管理，既要处理好科技领域内部的各种关系，有利于科技事业的发展，又要处理好科技与社会、经济的相互关系，促进它们协调发展。为此，要建立起适应经济、社会发展需要和适应科学技术发展规律的科技体制。

体制因素对于科学技术运用和发展有着重大的社会影响。

1. 它能充分地发挥科学技术对于社会的功能和作用

合理的体制有利于实现科学技术研究资源（资金、人才、技术、信息等）的合理配置，有利于促进科技成果向现实生产力转化，并使科学技术通过各种途径为经济、社会发展服务，使科学技术真正体现和发挥其对于社会的功能和作用；同时，也有利于科学技术在这一过程中，获得自身进一步发展的源泉和动力。

2. 它能为科学技术的发展提供经济支持

当今社会，由于科技与经济的紧密结合而产生了二者的互动，即科技愈进步就愈能推动经济的发展，而科技的创新与进步又需要经济提供有力的支持。现代社会中，随着科学研究的范围、规模愈来愈大，高新技术的不断涌现，科技发展的耗资也愈来愈高。这就要求社会以制度的形式为科技的发展提供经济上的保障与支持。

3. 它能对科技活动进行有效的组织管理

当代科技活动的社会化程度愈来愈高，涉及的范围愈来愈广，所发挥的社会作用愈来愈大，需要耗费的人力、物力、财力也愈来愈多。这就要求社会对科技活动进行有效的组织、管理和指导。必须建立相应的管理体制，制定和规划科技的发展战略与发展方向，计划和管理科研经费，使科学技术活动在社会中能够有序进行。

4. 它能为科学技术成果提供法律保障

科学研究和技术发展所产生的成果，是科技人员智慧与心血的结晶，是其创造性劳动的产物。这不仅需要社会的承认，更需要得到社会的保护。一个社会为科技发展提供的法律保障愈健全愈完善，就愈有利于科学技术的健康发展。

三、现代科学技术革命与经济增长方式

（一）经济增长方式

1. 经济增长方式的含义

经济增长的过程表现为各种生产要素、各种资源的组合配置以及由此而产生的作用和效能。要素与资源的组合方式不同，其在经济增长中所发挥的效用也就不同，这样会使经济增长呈现出不同的特征，从而就有了不同的经济增长方式。因此，这一概念通常是指决定经济增长的各种要素的组合方式，以及各种要素组合起来推动经济进步和发展的形式。

2. 两类不同的经济增长方式

按照马克思的观点，经济增长方式可归结为扩大再生产的两种类型，即内涵扩大再生产和外延扩大再生产。外延扩大再生产，是指主要通过增加生产要素的投入，来实现生产规模的扩大和经济的增长。内涵扩大再生产，是指主要通过技术进步和科学管理来提高生产要素的质量和使用效益，以实现生产规模的扩大和生产水平的提高。

现代经济学从经济增长的效率角度把经济增长方式划分为粗放型经济增长和集约型经济增长。粗放型经济增长是指靠大量的资本、劳动力、原材料和能源的投入来推进经济增长。其特点是：片面追求数量、产值和速度，忽视增长的质量和效益；经济增长靠消耗大量资源来支撑，要素生产率的提高对经济增长的贡献不大。集约型经济增长是指靠提高活劳动和物化劳动的效率来推进经济增长。其特点是：更注重投入要素的生产效率，要素生产效率的提高对经济增长的贡献大。根据决定经济增长的因素贡献率的不同把经济增长方式划分为两类，一类是主要靠要素投入增加所推动的经济增长，另一类是主要靠要素生产率的提高推动的经济增长，这就把影响经济增长的因素也划分为两类，即要素投入的增加和要素生产率的提高。要素投入的增加是指劳动和资本投入量的

增加，要素生产率的提高是由知识发展、技术进步、规模经济、资源配置的改善带来的。随着时间的推移，要素生产率的提高对经济增长的贡献会越来越大。根据上述对经济增长方式的不同解释可以看出，粗放与要素投入、集约与生产率的提高的含义基本上是一致的。

随着科学技术的飞速发展以及管理水平和管理手段等的不断改进，劳动、资本等生产要素对经济增长的贡献份额逐渐下降，要素生产率的提高成为经济增长的主要源泉。从世界经济发展的历史看，科学技术、管理手段等在经济增长中的作用日益重要。国与国之间经济上的竞争在很大程度上表现为技术的竞争、人才的竞争和管理的竞争。因此，集约型经济增长方式代表了世界经济发展的方向。从这个意义上，我们认为经济增长方式应该由粗放型向集约型转变。而外延扩大再生产和内涵扩大再生产并没有优劣之分，因为经济的增长不仅要求原有企业不断挖潜改造，更需要建立起现代化的适应时代要求的高技术、高管理水平的新企业，这种外延扩大再生产就不是低水平的重复，而是更高层次、更高水平的新建。因此，把经济增长方式转变表述为由粗放型转向集约型，更能体现经济增长方式转变的真实含义。

在现实经济中，单纯靠要素投入增加或要素生产率提高来推动的经济增长很少见，最常见的是粗放与集约结合型，即经济增长既靠要素投入增加，又靠要素生产率的提高。在这种情况下，若经济增长中要素投入增加的贡献大于要素生产率提高的贡献，则经济增长以粗放型为主；反之，若要素生产率提高对经济增长的贡献大于要素投入增加的贡献，则经济增长以集约型为主。根据总量生产函数分析和资本产出弹性与劳动产出弹性的计算，可将一个时期的经济增长率进行分解，即分解为由生产要素投入量增加导致的经济增长部分和由要素生产率提高导致的经济增长部分。如果要素投入量增加引起的经济增长比重大，则为粗放型增长方式；如果要素生产率提高引起的经济增长比重大，则为集约型增长方式。

注重提高经济增长质量和效益，是保持经济平稳较快发展的紧迫要求。如果不改变主要依赖物质投入、拼资源环境、靠外延扩张的传统的粗放型增长方式，保持经济全面、协调和可持续发展的目标就难以实现，这样的增长也是无法持续的，得不偿失的。

（二）科学技术革命与经济增长方式的转变

1. 经济增长观念的转变

现代科学技术革命改变了传统的经济增长方式，也改变了人们对于经济增长的观念。第二次世界大战以后，科学技术的发展突飞猛进，日新月异，它与社会生产发展的关系也更为密切。从科学理论的发现到技术的发明再到生产的实际应用，这一时间间隔周期已大为缩短，从而极大地加快了科学技术转化为直接生产力的进程。

正是鉴于对科学技术在经济发展中的重要作用的认识，在西方经济学界出现了新古典经济增长理论。这一理论认为，影响经济增长的因素是劳动、资本、土地、技术进步和社会经济制度环境。如果产出的增加大于劳动和资本投入的增加，据此就可认为发生了技术进步。具体来讲，所谓技术进步就是指一定时间内生产的产品及其生产技术和工艺发生变化的过程。在传统的劳动、资本、土地和经济制度环境等影响社会经济发展的诸因素中加入了技术进步并将其视为促进经济增长的要素，这反映出新古典经济增长理论对于技术进步在经济增长中重要作用的认识。这一理论的创始人索洛认为，经济长期增长率是由劳动力增加和技术进步决定的，前者不仅指劳动力数量的增加，而且还含有劳动力素质与技术能力的提高。索洛所创立的长期增长模型打破了一直为人们所奉行的“资本积累是经济增长的最主要的因素”的观念，向人们展示了长期经济增长除了要有资本以外，更重要的是靠技术的进步、教育和训练水平的提高。在一定程度上，技术进步、劳动力质量的提高比增加资本对经济增长的作用更大。除此以外，索洛和斯旺还在柯布-道格拉斯生产函数的基础上，创造和运用了估算技术进步对经济增长贡献的剩余法。但总的来讲，这一理论还是将“技术进步”作为外生变量来处理的。索洛等人认为，在没有外力推动时，经济体系无法实现持续的增长。只有当经济中存在技术进步或人口增长等外生因素时，经济才能实现持续增长。这一理论的缺陷也是明显的：一方面，它将技术进步看作经济增长的决定因素；另一方面，它又假定技术进步是外生变量而将它排除在考虑之外。

20 世纪 80 年代，保罗·罗默提出了新经济增长理论。新经济增长理论是分析研究长期经济增长的动力机制的理论，即经济的长期、持续增长是由何种动力推动的理论。这一理论认为，技术和知识不仅是推动经济增长的最重要的因素，而且也是决定经济发展的内生变量。这标志着人们对于技术进步在经济增长中的作用的认识进一步深化。

科学技术进步对于经济增长的决定作用，主要表现在以下三个方面：

第一，科学技术的发展促使产业结构从劳动密集型、资金密集型向技术密集型和知识密集型方向转变，以此促进经济的增长。以信息技术为先导的高新技术产业所提供的产品和服务本身就是高附加值的，它的优先发展可以直接提升整个产业的经济效益。由于凝聚于其中的科学技术知识多、附加价值高，这些产品通常能带来巨大的经济效益。曾有人做过计算，以每公斤产品出厂价格计，如果钢筋为1，则小轿车为5，彩色电视机为30，计算机为1000，集成电路为2000。以美国为例，进入20世纪90年代后，伴随着信息技术的迅猛发展，美国产业结构发生了根本性变化，技术密集型、知识密集型服务业逐步取代一些传统服务业，成为美国的支柱产业。数字显示，高新技术产业对美国经济增长的贡献率早已达到55%以上。

第二，运用高新技术和适用技术对传统产业进行改造，使传统产业的主导技术逐步被高新技术所取代。这不仅大大提升了传统产业的技术水平和生产效率，对传统产业获得新的生命力具有重要的作用，而且也广泛地拓展了高新技术产品市场，对经济增长起到了促进作用。例如，在我国钢铁工业中，宝钢冷轧厂投资1300万元，用于计算机控制系统改造，项目完成投入营运后，产值增加6个亿，纯经济效益2380万元；济南钢铁总厂采用计算机控制生产流程，投资2000万元，使设计能力为25万吨的设备实际年产量达到40万吨，增加产值1．5亿元，全部投入产出比高达1∶30。由于高新技术与传统产业高度融合，产业结构升级淘汰的不再是所谓的夕阳产业，而只是夕阳技术。美国传统产业在20世纪90年代劳动生产率的快速提高，据前美联储主席格林斯潘的估计，其中50%来自于高新技术对传统产业的运用。再如，信息电子技术向汽车产业的渗透，十余年间使每辆汽车的电子装置从1990年的1383美元上升到2000美元，为整个汽车电子业带来数千亿美元的产值。

第三，在高科技基础上形成的独立的产业，其产值直接成为国民生产总值的组成部分和经济增长的重要来源。科技进步和创新不断推动高新技术产业集群的产生，不断培育形成新的经济增长点。世界科学技术的迅猛发展，科技领域出现的新的突破，都会带动一批新兴产业的发展，并且成为促进经济增长的决定性因素。20世纪50年代以来发展起来的新型工业，都是建立在现代科学技术新成果的基础之上，现代科技是新型产业之源。例如，在高分子化学和现代化工技术的基础上建立起了现代化学工业和新型材料工业；在固体物理学和微电子技术的基础上建立起了半导体工业；在控制论、现代数学、电子技术和计算技术的基础上建立起了计算机工业；在空气动力学、工程热物理学、自动控制技术和新型材料技术的基础上发展起了航天工业；在核物理学、核化学和核能技术的基础上建立起了原子能工业；在光子学、激光技术的基础上建立起了光子工业，等等。这些新兴产业的发展对于当今社会经济的增长与发展都具有举足轻重的作用。2007年，中国已建立的54个国家级高新技术产业开发区内，共有600多项省部级以上的科研成果实现产业化。中国高新技术产业开发区的主要经济指标年均增长率连续10年保持在60%，已成为拉动国民经济增长的重要力量。据估算，科学技术进步对于经济增长的贡献率在农业经济时代不足10%，工业经济时代后期达到40%以上，而在知识经济时代将达到80%以上。

现今，人们已经清楚地认识到，推动经济增长的科技进步实际表现为一个过程。它不是指一个或几个孤立的发现、发明或突破，而是表现为由一系列相互联系的发明创造所组成的复杂的过程。它在微观层次上体现为科技创新，在宏观层次上则体现为产业结构的变动。科学技术进步作为一种客观现象，是一定社会的经济、科学、教育、文化、政治、国际条件、自然环境等因素相互影响和相互作用的不断加深而产生的必然结果。科技进步是一个经济技术概念，它既包含着丰富的经济内容，也包含着丰富的技术内容，同时它也是一个动态的概念。在科技革命浪潮汹涌澎湃、科学技术发展一日千里、日新月异的今天，一个国家的经济发展，一个企业的高速成长，都离不开科技进步的作用。当今社会中，科学技术进步不仅是推动经济增长的最重要的力量，也是衡量经济增长数量和质量的最主要的指标。

2. 经济增长方式的转变

现代经济增长理论中对经济增长因素的分析表明，科学技术革命所带来的成果即科技进步已成为经济增长中最重要的因素，也是现代经济增长的基础。科学技术进步的概念有狭义与广义之分。狭义的科技进步是指人们在物质生产中使用效率更高的劳动手段、先进的工艺方法，以推动社会生产力不断发展的运动过程。它反映的是生产技术水平的变革。广义的科技进步是指一种存在于一切社会活动中的有目的的发展过程。它不仅包括了狭义科技进步的内容，而且包括管理技术、服务技术以及智力投资方面的变革。这些因素对促进经济增长和提高经济增长的质量，进而促进经济增长方式的转变都有着重要的影响。因而可以说，科技进步不仅是现代经济增长的重要推动力，而且是推动经济增长方式转变的核心力量。

经济增长方式的选择应坚持以下原则：① 是否有利于持续、协调的经济增长；②是否有利于投入产出效益的提高；③是否有利于满足社会需要，即有利于经济结构优化、社会福利改善和使环境得到保护等。据此原则，实现经济增长方式的转变，即由粗放型增长向集约型增长转变已是迫在眉睫。

经济集约增长的实质是低投入、低消耗、高产出、高效益，而这关键取决于科技进步。科技进步可以改进产品与工程的设计，可以更新机器、设备，降低能耗，提高资源利用率，从而节约物化劳动的投入和使用。同时，科技进步可以缩短产品的生产周期，或是在同样的时间内生产更多的产品，从而降低单位产品的活劳动含量，节约活劳动，提高劳动生产率。此外，科技进步还能提高产品的质量，增加产值，提高效益，从而实现经济增长的低投入、低消耗、高产出、高效益。因此，科技进步是经济增长方式转变的前提和基础。当今业已实现经济集约化增长的国家和地区，在实现经济增长方式转变时，都具有较高的科技水平，并且都十分重视科学技术的运用。例如，1956 年，日本政府的《经济白皮书》提出了把发展科技作为经济集约化增长的重要战略方针。1959—1979 年，日本从西方其他发达国家引进的技术达 33854 项，居世界第一位。日本在引进西方技术的过程中，不是简单地照搬照抄，而是充分注意消化、吸收和创新。这正是日本经济自 20 世纪 60 年代后实现高速增长的重要原因。与此同时，日本的劳动生产率也迅速提高。1955—1966 年，日本劳动生产率年均增长近 10％；这其中，56％源于设备更新、改造所实现的效率增长，44％则是由于采用新工艺、新产品所致。

要切实转变经济增长方式，从科学技术角度讲，必须从两个方面入手：一方面依托现有最佳实用技术，推动产业升级，实现技术进步与效率改善：另一方面在循环经济、低碳经济领域寻求技术突破，以更大限度提高资源生产利用率。后一方面尤为重要。循环经济不仅是一种新的经济发展模式，也是一种新的经济增长方式。而发展低碳经济是发展循环经济的必然选择、最佳体现与首选途径。低碳经济是低碳发展、低碳产业等一类经济形态的总称。低碳经济以低能耗、低排放、低污染为基本特征，以应对碳基能源对于气候变暖影响为基本要求，以实现经济社会的可持续发展为基本目的。低碳经济的实质在于提升能源的高效利用、推行区域的清洁发展、促进产品的低碳开发和维持全球的生态平衡。总而言之，只有将提高资源利用率置于科学技术发展的中心地位，才能以最少的资源消耗获得最大的经济成果，也只有这种经济增长方式才有可能真正实现经济社会的可持续发展。

四、科学技术与中国现代化

（一）科技革命与中国现代化道路

科技革命实质上是新生产力革命，它必然深刻地改变人类历史进程，改变世界格局，影响现代化的未来走向。中国现代化是世界现代化进程的一个重要组成部分，因而科技革命也决定着中国现代化的运行与发展轨迹。

从洋务运动的“师夷长技”，到 19 世纪 90 年代维新运动的“新学”与“新政”；从 20 世纪初辛亥革命运动的《建国方略》，到 1919 年五四运动的

"民主与科学"，直至30年代的"本土文化"与"全盘西化"之争……反映了旧中国艰难曲折的现代化历程。这一过程历经坎坷，无不包含着中华民族先进分子救亡图存、振兴中华的殷切期望。中国共产党人认识到，不改变旧中国半封建半殖民地的性质，就难以完成工业化、现代化的历史使命，因而领导人民进行了新民主主义革命，扫除了中国走现代化道路的社会制度障碍，奠定了中国现代化最基本的前提条件。新中国成立后，我国主要依靠内部的积累，特别是农业的积累，为工业化奋斗了半个世纪，从一个落后的农业大国转变成为拥有独立的、比较完整的并有一部分现代化水平的工业体系和国民经济体系的国家。但是我们也要看到，1949年以后我国的工业化道路，是国家强制将经济资源从农业部门集中到工业部门，在工业内部执行重工业优先增长战略的道路。这条路子虽然使我国工业产品占GDP的比重提升得很快，使我国在较短的时期建成了一个初具规模、门类齐全的工业体系，但却是以资源的极度浪费、城乡差距的进一步拉大为代价的，它只完成了初步工业化的任务。在新的历史时期，这条传统的工业化道路不仅培养不出新的竞争优势，就连它自身的发展和运行都难以为继。如何顺应当代科技革命的浪潮、改变传统的发展模式，找到一条与自己国情相适合的现代化发展道路，就成了摆在中国面前一个亟待解决的大课题。要解决这一课题，必须从科学技术革命这一现实出发，确立新的发展理论和发展模式，开拓新的发展道路。由于科技革命已经把现代化进程从工业化提升到信息化阶段，因此，以信息化带动工业化，走新型工业化的道路就成为实现中国现代化的必由之路。党的十六大从当今世界科技革命的发展趋势出发，根据当代世界发展模式的转变，在总结了中国现代化进程的历史经验的基础上，提出了中国的现代化建设要走新型工业化的道路，即坚持以信息化带动工业化、以工业化促进信息化，走出一条科技含量高、经济效益好、资源消耗低、环境污染少、人力资源优势得到充分发挥的新型工业化的路子。

新型工业化道路与传统工业化道路的根本区别就在于有没有以信息技术为先导的高新技术产业的存在和发展。而优先发展以信息技术为先导的高新技术产业，具有两方面的功能：一方面是为了建立起一个带动我国经济快速增长的全新产业；另一方面，也是对我国来说更为重要的，就是用信息产业改造传统产业，即以信息化带动工业化，形成信息化与工业化的互动。工业化为信息化提供物质基础，对信息化发展提出应用需求；而信息化则通过工业化发展而不断地深化和加速。信息化与工业化的结合，不仅可以提高传统产业的生产效率与效能，还能有效地改进微观和宏观经济管理，催生新的生产经营方式和新的业态，迅速提高我国工业化与现代化水平。

而今，中国现代化又面临着发展过程中不可避免地出现的诸多问题：在国际上，与发达国家相比较，中国的工业化处在它的中期阶段，信息化起步也较晚；在国内，关系整个社会主义现代化建设全局的经济体制改革目标模式——社会主义市场经济体制，是一项亟待完成的艰巨的系统工程，它的许多配套的改革措施必须同步跟上；与此同时，经济结构调整、资源配置与利益分配格局的变动，带来了城乡差距、地域差距、贫富差距、环境污染、人口的结构与比例失调等矛盾日益明显，这些都是现代化进程中亟待解决的问题。

为了走出一条有中国特色的现代化道路，必须纵览全局，研究分析由科技革命引起的社会发展的新问题。进入新世纪，科学技术革命、经济全球化与文明冲突三股浪潮，更猛烈地冲击着人类社会的发展进程。党的十六大以来，党中央提出并确立了科学发展观。这是关于中国现代化发展的道路、模式和战略的总体看法和根本观点：第一，中国现代化是科学的发展，要坚持科学观点，体现科学精神，运用科学方法，分析解决现代化发展中出现的问题；第二，中国现代化是以人为本的发展，凡是现代化建设工作都必须依靠人民、为了人民，维护和实现好最广大人民群众的根本利益；第三，中国现代化是全面协调与可持续的发展，中国社会主义现代化建设是一项史无前例的、长期的、复杂的系统工程，要用系统方法协调各方面的关系，特别是人与自然的关系。科学发展观从理论与实践相结合上，对新中国半个世纪以来的现代化进程作出了高度概括与总结，它将把中国现代化建设推进到一个新的历史阶段。

（二）新科技革命为我国现代化发展提供了战略机遇

全球 200 多年的工业化，仅仅使不到 10 亿人口实现了现代化，但自然资源已面临枯竭的威胁，生态环境遭受巨大破坏。前瞻全球现代化发展大势，包括中国在内的近 30 亿人口追求小康生活和实现现代化的宏伟历史进程与自然资源供给能力和生态环境承载能力的矛盾日益凸现、尖锐。按照传统的大量耗费不可再生自然资源和破坏生态环境的经济增长方式，或沿袭少数国家以攫取世界资源为手段的发展模式已难以为继。这就迫切需要人类开发新的资源，创新发展模式和发展途径，创建新的生产方式和生活方式，走科学、协调、可持续发展的道路。这一需求与矛盾，这一人类社会现代化进程的重大变革，强烈呼唤着科学和技术的革命性突破。无论从科学技术发展面临的外部需求分析，还是从科学技术的内在矛盾判断，我们有充分的理由相信，当今世界科技正处在革命性变革的前夜。在不久的将来很有可能发生一场以绿色、智能和可持续为特征的新的科技革命和产业革命，这将会改变全球产业结构和人类文明的进程。即将到来的新科技革命，对于我们来讲，既是严峻的挑战，又是实现现代化的重大历史机遇。纵观现代化历史进程，近现代社会的每一次重大变革都与科技的革命性突破密切相关，科技革命深刻影响和改变着民族的兴衰、国家的命运。那些抓住科技革命机遇实现腾飞的国家，率先进入现代化行列。近代中国却屡次错失科技革命的机遇，从一个世界经济强国沦为一个积贫积弱的国家，饱受列强欺凌。面对全面实现小康社会和现代化建设目标的战略任务，面对可能发生的新科技革命，我国再也不能错失机遇，必须及早准备。从当前和今后一个时期看，依靠科技创新调整我国产业结构、创造新的经济增长点，是化危为机的根本手段；从长远看，拥有十几亿人口的中国的现代化是人类发展史上的大变革、大事件，能否抓住新科技革命的历史机遇，培育新的发展模式，走出一条绿色、智能和可持续的发展道路，将在很大程度上决定着我国现代化的进程和方向。

科学革命和技术革命都是在长期知识积累基础上产生的突变，表现出一定的规律性。科学革命是科学思想和理论所产生的突变和飞跃，源于现有理论与科学观察、科学实验现象的冲突，表现为新的科学理论体系的构建。自20世纪下半叶以来，尽管知识呈爆炸增长态势，但基本上都是对现有科学理论的完善和精细化，未能出现可以与20世纪上半世纪的相对论等六大成就相提并论的理论突破或重大发现。技术革命则是人类生存发展手段的进步与飞跃，源于人类实践经验的升华和科学理论的创造性应用，导致重大工具、手段和方法的创新，表现为人的能力和效率的质的提升。从近现代技术革命发生的周期看，每隔一个世纪左右发生一次技术革命是可能的。专家们认为，未来几十年，下列基本科学问题将可能会产生重大突破：在宇宙演化方面，对暗物质、暗能量、反物质的探测，将使人类进一步深化乃至从根本上改变对宇宙的认识；在物质结构方面，人类正在进入“调控时代”，可能实现对构成物质的原子、分子甚至电子的调控，进而在光/电/热高效转化、光合作用、光催化，能量储存与传输等领域产生新的突破；在生命起源与进化方面，合成生物学的出现打开了从非生命的化学物质向人造生命转化的大门，为探索生命起源和进化开辟了崭新途径，将可能导致生命科学和生物技术的重大突破；意识的本质是当代最具挑战性的基本科学问题，一旦突破将极大深化人类对自身和自然的认识，引起信息与智能科学技术新的革命。上述领域中任何一个领域的突破性科学创新，都会为新科学体系的建立打开空间，引发新的科学革命；任何一个领域的重大技术突破，都有可能引发新的产业革命，为世界经济增长注入新的活力，引发新的社会变革，加速现代化和可持续发展的进程。

围绕新科技革命，一场占领未来发展制高点的新的世界竞争正在全面展开。美国、日本、英国、德国等发达国家都把科技创新放在首要位置，积极备战可能发生的新科技革命，布局未来发展，培育新的竞争优势和经济基础。例如，美国计划将GDP的3%以上用于研究和开发，投入强度将超越20世纪60年代“太空竞赛”时的水平，并通过一系列配套政策，促进清洁能源、医学和保健体系、环境科学、科学教育、国际合作等领域的创新和发展，力图保持科技的领先优势和全球经济的领导地位；日本提出了“ICT新政”，旨在3年内创造100万亿日元规模的市场新需求，推动相关领域的产业结构改革，提升国际竞争力。2007年夏季，中国科学院组织300多位高水平专家，为前瞻思考世界科技发展大趋势、现代化建设和科学发展对科技创新提出新要求，开始了面向2050年科技发展路线图研究，并于2009年6月发表了系列报告。该报告从政治文明、物质文明、社会文明、精神文明、生态文明和对外开放六个方面描绘了我国2050年实现现代化的图景，提出了“以科技创新为支撑的八大经济社会基础和战略体系”的整体构想，即构建：可持续能源与资源体系；先进材料与智能绿色制造体系；无所不在的信息网络体系；生态高值农业和生物产业体系；满足我国十几亿人口需要的普惠健康保障体系；支撑我国人与自然和谐相处的生态与环境保育发展体系；空天海洋能力新拓展体系；国家与公共安全体系。正如中国科学院院长路甬祥所言：“八大体系是我国现代化进程中八个关键方面的图景，是科技创新的国家战略需求，面向未来，着眼世界发展大势，着眼中国现代化建设全局，着眼新科技革命突破的方向，明确了未来我国科技发展的着力点。”

当今世界正处于科技革命的前夜，这是实现跨越式发展、占领未来经济发展制高点的有利时机。我们必须把握机遇，推动我国经济尽快走上创新驱动的现代化发展的轨道。

（三）“十二五”期间中国科学技术的发展与规划

在“十二五”期间，我国的科技发展将以服务科学发展为主题，以支撑经济发展方式转变为主线，以改革创新为动力，着力推进自主创新，攻占科技制高点，培育经济增长点，围绕民生关注点，找准改革突破点，推动中国经济社会发展更多依靠科技创新驱动和社会的内生增长，加快创新型国家的建设。

在继续坚持创新导向、需求牵引、统筹兼顾、以人为本和跨越式发展这五项原则的基础上，“十二五”期间，中国科技发展主要包括以下内容：

——加快组织实施科技重大专项。继续把实施科技重大专项作为推动自主创新的重要任务，完善市场经济条件下新型的举国体制，优化配置资源，突出系统创新，并在清洁能源、深海探测、深地勘探等方面进行进一步充实。

——积极培育和发展战略性新兴产业。选择节能环保、新能源、新一代信息技术、生物医药、新材料、新能源汽车等战略性新兴产业，加强产品开发、重要技术体系和产业体系建设。

——前瞻部署基础科学和前沿技术发展。基础研究要优化和完善基础科研布局，促进基础学科均衡发展，实施蛋白质、量子调控、纳米、发育与生殖、干细胞以及全球气候变化等重大科学计划；前沿技术研究要在蛋白组学技术、纳米技术、全光通信网等战略方向，突破核心关键技术。

——运用高新技术加快提升传统产业。加强信息技术、新材料、新能源等高新技术成果转化和推广应用，促进传统产业升级；加快发展研发设计与服务、现代物流、创意等知识和技术密集型的产业；深化国家高新区的建设和发展，培育一批具有国际竞争力的高新技术企业龙头。

——大力提升科技改善民生的能力，切实加快农业科技创新，促进城乡统筹发展。加强人口健康、环境保护和公共安全等研究；实施全民医药健康科技行动，提高应对气候变化的科技能力；加强对于极端气候、重大自然灾害预警预报；提高全民应对气候变化和节能减排的自觉性。

——加强科技人才队伍建设。组织开展“创新人才推进计划”，为杰出科学家建立科学家工作室，加大对优秀创新团队的稳定支持；加强面向生产一线的实用工程人才、工程师和技能人才的培养；大力培养和造就一批创新型领军人才和创新创业科技人才团队；重视管理人才及创新型专业人才的培养，激励全社会创新创业的热情。

——加强科学技术普及，提高全民科学素质。全面实施科学素质工程，以促进人的全面发展为目标，针对未成年人、农民、城乡劳动人口和领导干部以及公务员的需求，深入实施全民科学素质行动计划，提高各个层次、各个领域的全民科学文化素质。

——进一步扩大和深化科技对外开放。充分利用全球资源，开展广泛的科技合作交流；主动实施平等互惠的国际科技合作计划，加大参与国际大科学计划的力度；支持中国科学家参与国际组织工作，发挥中国在国际技术标准制定中的作用；鼓励和支持跨国公司在华设立研发中心，支持科研机构和企业界走出去建立研发中心。

思考题：

1. 如何认识科学技术对社会的影响？为什么说科学技术是一把双刃剑？

2. 分析说明影响科学技术发展的诸种社会因素。

3. 科学技术进步对于经济增长的决定作用从哪些方面体现出来？

4. 如何正确理解科技革命与转变经济增长方式之间的内在联系？

5. 如何认识新科技革命为我国现代化提供的战略机遇？我们应当如何应对？

资料链接

《创新2050：科技革命与中国的未来》[①]

中国科学院2009年6月10日在北京发布《创新2050：科技革命与中国的未来》系列报告，为我国描绘了面向2050年科技发展路线图。

这份300多名专家经过一年多研究形成的路线图认为，当今世界正处在科技创新突破和新科技革命的前夜，在今后的10年至20年，很有可能发生一场以绿色、智能和可持续为特征的新的科技革命和产业革命。面对全面实现小康社会和现代化建设目标的战略任务，面对可能发生的新科技革命，我国必须及早准备。据了解，中科院面向2050年科技发展路线图战略研究形成了战略研究总报告和能源、人口健康、矿产资源、空间与海洋、信息、材料、生态与环境等17个分领域报告，将以中英文形式陆续出版。中科院还将在此基础上每5年修订一次相关领域路线图，为国家宏观科技决策提供科学建议。

当今世界处在科技创新突破和新科技革命的前夜。科技革命的发生取决于现代化进程强大的需求拉动，源于知识与技术体系创新和突破的革命性驱动。前瞻全球现代化发展大势，包括中国在内的近30亿人口追求小康生活和实现现代化的宏伟历史进程与自然资源供给能力和生态环境承载能力的矛盾日益凸现和尖锐，按照传统的大量耗费不可再生自然资源和破坏生态环境的经济增长方式，或沿袭少数国家以攫取世界资源为手段的发展模式难以为继，必须走科学、协调、可持续发展的道路，这一人类现代化进程的大变革，强烈呼唤科技创新突破和科技革命。从当今世界科技发展的态势看，奠定现代科技基础的重大科学发现基本发生在20世纪上半叶，“科学的沉寂”至今已达六十余年，科技知识体系积累的内在矛盾已经凸现，在物质能量的调控与转换、量子信息调

① www.wenku.baidu.com/view/

控与传输、生命基因的遗传变异进化与人工合成、脑与认知、地球系统的演化等科学领域，在能源、资源、信息、先进材料、现代农业、人口健康等关系现代化进程的战略领域，一些重要的科学问题和关键技术发生革命性突破的先兆已经显现。

本报告从政治文明、物质文明、社会文明、精神文明、生态文明和对外开放六个方面描绘了我国 2050 年实现现代化的图景，提出了“以科技创新为支撑的八大经济社会基础和战略体系”的整体构想，并分阶段刻画了八大体系建设的特征和目标。一是构建我国可持续能源与资源体系，大幅提高能源与资源利用效率，大力发展战略性资源的大陆架和地球深部勘察与开发，大力发展新能源、可再生能源与新型替代资源。二是构建我国先进材料与智能绿色制造体系，加速材料与制造技术绿色化、智能化、可再生循环的进程，促进我国材料与制造业产业结构升级和战略调整，有效保障我国现代化进程材料与装备的供给与高效、清洁、可再生循环利用。三是构建我国无所不在的信息网络体系，发展提升智能宽带无线网络、网络超级计算、先进传感与显示和先进可靠软件技术，加快和提升我国信息化进程和水平，消除数字鸿沟，走出一条普惠、可靠、低成本的信息化道路。四是构建我国生态高值农业和生物产业体系，促进我国农业产业结构的升级，发展高产、优质、高效、生态农业和相关生物产业，保证粮食与农产品安全。五是构建满足我国十几亿人口需要的普惠健康保障体系，推动医学模式由疾病治疗为主向预测、预防为主转变，将当代生命科学前沿与我国传统医学优势相结合，在健康科学方面走到世界前列。六是构建支撑我国人与自然和谐相处的生态与环境保育发展体系，系统认知环境演变规律，提升我国生态环境监测、保护、修复能力和应对全球气候变化的能力，提升我国对自然灾害的预测、预报和防灾、减灾能力，不断发展相关技术、方法和手段，提供系统解决方案。七是构建我国空天海洋能力新拓展体系，大幅提高我国海洋探测和应用研究能力，海洋资源开发利用能力，空间科学与技术探测能力，对地观测和综合信息应用能力。八是构建我国国家与公共安全体系，发展传统与非传统安全防范技术，提高监测、预警和应急反应能力。

围绕这八大体系，本报告规划了相应的至 2050 年重要领域科技发展路线图，凝练出了影响我国现代化进程的 22 个战略性科技问题。一是影响我国国际竞争力的 6 个战略性科技问题，包括：“后 IP”网络的新原理新技术研究和试验网建设、高品质基础原材料的绿色制备、资源高效清洁循环利用的过程工程、泛在感知信息化制造系统、艾级（10^{18}）超级计算技术、农业动植物品种的分子设计。二是影响我国可持续发展能力的 7 个战略性科技问题，包括：中国地下4000m透明计划、新型可再生能源电力系统、深层地热发电技术、新型核能系统、海洋能力拓展计划、干细胞与再生医学、重大慢性病的早期诊断与系统干预。三是影响国家与公共安全的2个战略性科技问题，包括：空间态势感知网络、社会计算与平行管理系统。四是可能出现革命性突破的4个基本科学问题，包括：暗物质与暗能量的探索、物质结构调控、人造生命和合成生物学、光合作用机理。五是发展迅速的3个综合交叉前沿方向，包括：纳米科技、空间科学探测及卫星系列、数学与复杂系统。这些战略性科技问题在我国现行科技规划中尚未部署或部署力度不够，宜用国家行为，发挥集中力量办大事的优势，采用战略性先导科技专项、重大科学研究计划或重大研究领域方向集群等方式组织实施，科学设计、统筹布局、分工协作、持续攻关，力争在科学原理层面取得原创性突破，在关键技术和系统集成层面取得重大变革性创新。

构建八大经济社会基础和战略体系，必须走符合规律和中国特色的科技创新道路，实现从模仿跟踪为主向自主创新的战略性转变。走中国特色的科技创新道路，就是要坚持对外开放，走以我为主、有效利用全球创新资源的道路；坚持以人为本，走立足创新实践凝聚与造就创新创业人才的道路；坚持立足国情，走政府主导与市场基础配置有机结合的道路；坚持深化改革，走国家创新体系各单元分工合作、协同发展的道路；坚持统筹协调，走以管理创新促进科技创新的道路。

思考题：

1. 系列报告从哪些方面描绘了我国2050年实现现代化的图景，提出了什么样的整体构想？

2. 系列报告凝练出哪些影响我国现代化进程的战略性科技问题？其现实意义何在？

3. 中国特色的科技创新道路是一条什么样的道路？

参考文献

1. 刘华，梅光泉．自然科学概论．北京：海洋出版社，2000
2. 黄顺基，黄天授，刘大椿．科学技术哲学引论——科学技术时代的自然辩证法．北京：中国人民大学出版社，1991
3. 殷瑞钰，汪应洛，李伯聪．工程哲学．北京：高等教育出版社，2007
4. 全国工程硕士教材编写组．自然辩证法——在工程中的理论与应用．北京：清华大学出版社，2008
5. 胡春风．自然辩证法导论．上海：上海人民出版社，2007
6. 俞吾金．科学精神与人文精神必须协调发展．探索与争鸣，1996（1）
7. 徐志坚．人文精神的时代内涵与大学生人文素质培养．常熟高专学报，2001（6）
8. R．默顿．科学的规范结构．哲学译丛，2000（3）
9. 李醒民．科学精神的特点和功能．社会科学论坛，2006（2）上
10. 胡旭华，邱若宏．陈独秀的科学思想探析．安庆师范学院学报，2000（3）
11. 郭国祥．论科学精神与人文精神的当代融通．学术论坛，2005（1）
12. 赵成．人文精神的内涵研究及其意义．学术论坛，2005（5）
13. 张星昭．伦理视野中的科学精神．求实，2004（10）
14. 刘大椿．自然辩证法概论．中国人民大学出版社，2008
15. 李山林．人文精神的内涵与人文教育的实质．湖南科技大学学报，2006（1）
16. 刘大椿．自然辩证法疑难解析．中国人民大学出版社，2007
17. 杨寿堪．略论西方哲学的科学与民主精神．北京师范大学学报（人文社会科学版），1999（2）
18. 陈昌曙．技术哲学引论．北京：科学出版社，1992
19. 尚永亮，张强．人与自然的对话．合肥：安徽教育出版社，2004
20. 人与自然系列（20 册）．北京：京华出版社，1997

21. 刘兵，李正风. 自然辩证法参考读物. 北京：清华大学出版社，2003
22. 李斯孟，等. 自然辩证法新编. 武汉：华中科技大学出版社，2002
23. 杨玉辉. 现代自然辩证法原理. 北京：人民出版社，2003
24. 陈昌曙. 自然辩证法新编. 沈阳：东北大学出版社，2001
25. 沈骊天. 当代自然辩证法. 南京：南京大学出版社，1997
26. 曾国屏. 当代自然辩证法教程. 北京：清华大学出版社，2005
27. 张华夏，叶侨健. 现代自然哲学与科学哲学（自然辩证法概论）. 广州：中山大学出版社，1996
28. 张之沧. 科学哲学导论. 北京：人民出版社，2004
29. 刘大椿，何立松. 现代科技导论. 北京：中国人民大学出版社，1998
30. 夏基松. 现代西方哲学教程. 上海：上海人民出版社，1985
31. 陈昌曙. 技术哲学引论. 北京：科学出版社，1999
32. 陈其荣. 当代科学技术哲学导论. 上海：复旦大学出版社，2006
33. 高亮华. 人文视野中的技术. 北京：中国社会科学出版社，1996
34. 舍普. 技术帝国. 北京：北京三联书店，1999
35. 乔瑞金，牟焕森，管晓刚. 技术哲学导论. 北京：高等教育出版社，2009
36. 刘大椿. 自然辩证法研究述评. 北京：中国人民大学出版社，2006
37. 赵修渝. 自然辩证法概论. 重庆：重庆大学出版社，2001
38. 傅家骥. 技术创新学. 北京：清华大学出版社，1998
39. 陈其荣. 技术创新的哲学视野. 北京：科学技术哲学，2000（4）
40. R·库姆斯，等. 经济学与技术进步. 北京：商务印书馆. 1989
41. 蒋美仕，雷良，周礼文，杨如. 科学技术与社会引论. 长沙：中南大学出版社，2005
42. 陈光. 自然辩证法概论. 成都：四川大学出版社，2004
43. 徐辉. 科学· 技术· 社会. 北京：北京师范大学出版社，1999
44. 肖峰. 现代科技与社会. 北京：经济管理出版社，2003
45. 吴季松. 知识经济. 北京：北京科学技术出版社，1998
46. 罗肇鸿. 高科技与产业结构升级. 北京：中国远东出版社，1998
47. 贝尔纳. 科学的社会功能. 北京：商务印书馆，1985
48. 丹尼尔·贝尔. 后工业社会的来临. 北京：商务印书馆，1984
49. 中国科学院. 创新 2050：科技革命与中国的未来（系列报告），2009

后　记

《自然辩证法概论》的编写、出版，算是初步完成了电子科技大学研究生院教改课题《基于〈自然辩证法〉教学的理工科硕士生科学精神和人文精神培养》规定的任务；但更为艰巨的工作还在后面，即通过有效施教，真正提升理工科硕士生的科学人文素质。

编写一本既符合教育部教学大纲，又能结合学校学科特点、富有特色的自然辩证法教材一直是我们的追求。我们在依据教育部教学大纲的前提下，充分考虑到理工科硕士生的专业特点和学校特色，按照自然—科学技术—社会的基本思路，在科学地解读科学—技术—工程的本质功能和发展规律的基础上，把重点放在深入阐释自然与人类社会的相互关系上，力图强化读者的社会责任感。这既构成了本教材的基本逻辑结构，又体现出本教材的基本特色。本教材适合普通理工科硕士生和工程硕士生学习使用，也可供科学技术工程人员和自然辩证法爱好者阅读使用。

本教材由主编王让新教授和副主编龙小平博士拟订编写提纲和思路。编写具体分工如下：导论，王让新、王建；第一章，吴晓云；第二章，龙小平；第三章，侯伦广；第四章、第五章，刘富胜；. 第六章、第十章，赵春音；第七章，徐一飞；第八章，欧阳彬；第九章，郭芙蕊；第十一章，张敏。吴晓云、刘富胜、欧阳彬等参加了部分统稿工作。全书由王让新和龙小平统稿、定稿。

本教材在编写过程中参阅和借鉴了部分自然辩证法教材与相关研究成果，由于篇幅所限，未能一一列出，在此表示真诚的歉意和感谢。同时，感谢电子科技大学研究生院、马克思主义教育学院，四川大学出版社的大力支持和帮助。由于作者水平所限，书中难免存在瑕疵和不足之处，恳请专家学者、读者批评指正。

编者
2010 年 7 月

第二版后记

《自然辩证法概论》第二版是在第一版基础上，根据教学中任课教师和学生的反映与建议，同时借鉴和吸收相关学科最新研究成果而完成的。第二版在保持原书基本框架、逻辑结构和价值取向的同时，对相关内容进行了补充、调整、删改，使得内容更加充实，观点更加全面，更加理论联系实际，较好地体现了提升理工科硕士生与科学技术工作者科学人文素质和思想政治素质的编写目的与要求。

本书第一版由王让新教授任主编，龙小平博士任副主编，编写分工如下：导论，王让新、王建；第一章，吴晓芸；第二章，龙小平；第三章，侯伦广；第四章、第五章，刘福胜；第六章、第十章，赵春音；第七章，徐一飞；第八章，欧阳彬；第九章，郭芙蕊；第十一章，张敏。

本书第二版除龙小平博士承担了第四章、第五章的修订之外，其他作者各自完成了自己原写章节的修订，最后由王让新、龙小平统稿、定稿。

《自然辩证法概论》第二版借鉴了部分相关教材和研究成果，在此表示感谢；同时，感谢电子科技大学研究生院、马克思主义教育学院和四川大学出版社的大力支持。由于作者水平所限，修订版中仍不免存在不足之处，恳请专家学者、读者批评指正。

编者

2011 年 2 月